中国乌龙茶
种质资源利用与产业经济研究

杨江帆　屠幼英　叶乃兴　主编

中国乌龙茶产业协同创新中心
福建农林大学园艺学院
茶学福建省高校重点实验室
武夷学院　浙江大学

U0239007

中国农业出版社
北　京

图书在版编目（CIP）数据

中国乌龙茶种质资源利用与产业经济研究／杨江帆，屠幼英，叶乃兴主编.—北京：中国农业出版社，2020.12

ISBN 978-7-109-27621-5

Ⅰ.①中… Ⅱ.①杨… ②屠… ③叶… Ⅲ.①乌龙茶—种质资源—资源利用—研究—中国②乌龙茶—茶叶—产业经济—研究—中国 Ⅳ.①S571.102.4②F326.12

中国版本图书馆 CIP 数据核字（2020）第 251002 号

中国乌龙茶种质资源利用与产业经济研究
ZHONGGUO WULONGCHA ZHONGZHI ZIYUAN LIYONG YU
CHANYE JINGJI YANJIU

───────────────────────────

中国农业出版社出版
地址：北京市朝阳区麦子店街 18 号楼
邮编：100125
责任编辑：王琦瑢
版式设计：王 晨 责任校对：吴丽婷
印刷：中农印务有限公司
版次：2020 年 12 月第 1 版
印次：2020 年 12 月北京第 1 次印刷
发行：新华书店北京发行所
开本：787mm×1092mm 1/16
印张：13.25 插页：16
字数：305 千字
定价：98.00 元

───────────────────────────

编　委　会

主　　　编：杨江帆　屠幼英　叶乃兴

常务副主编：杨　昇　陈荣冰　张　渤　黄亚辉　管　曦

副　主　编：陈常颂　洪永聪　房婉萍　陈　潜　刘　伟　王飞权
　　　　　　张见明

成　　　员（按姓氏拼音排序）：

陈　萍　陈百文　陈荣茂　陈奕甫　陈祖武　褚克丹
傅天龙　高建芸　关　鹏　何普明　何长辉　黄建锋
金　珊　金日良　李　博　李绍滋　李远华　李振方
林　畅　林　刚　林洁鑫　王鹏杰　王启灿　魏月德
吴　仲　吴光远　吴芹瑶　夏侯建兵　谢向英　徐国兴
许亦善　于文涛　岳　川　曾　贞　张　兰　张灵枝
郑德勇

统 稿 人 员：杨江帆　王鹏杰　吴　仲　陈　潜

编　　　务：黄建锋　吴芹瑶

序
PREFACE

茶，是21世纪全人类最天然、最健康、最时尚的饮料，在世界三大饮料（茶、咖啡、可可）之中，茶叶的生产量、消费量、增长量均位居世界第一。中国是茶的发源地，古往今来，茶都是中国的名片和符号，是我国外交的重要桥梁。茶在中国农村经济发展乃至中国文化传播中发挥着越来越重要的作用。

目前，全国共有20个省、自治区、直辖市产茶，截至2019年，中国干毛茶总产值突破2 300亿元。乌龙茶是中国独有的特色产业，在中国乃至国际茶产业占据了重要的地位。乌龙茶主产地有福建、广东、台湾，主产地间交流较为密切，但深度不够，各自为政，产业协同与战略谋划不足。2015年，杨江帆教授领衔组建了由校、所、企等21个单位组成，含有100多名茶叶资深专家和跨领域专家的团队，并创建中国乌龙茶产业协同创新中心，力争创新中国乌龙茶产业协同机制，推动中国乌龙茶产业加快转型升级和实现高质量发展，此举恰逢其时，具有跨时代意义。

《中国乌龙茶种质资源利用与产业经济研究》是在中国乌龙茶产业协同创新中心研究的成果基础上总结凝练而成的。通览全书，作者对所研究成果科学梳理分类，全书含总论、中国乌龙茶种质资源研究、中国乌龙茶功能成分与资源利用研究、中国乌龙茶产业经济研究、中国乌龙茶产业协同创新机制构建、结果与展望等六章，是一部汇集中国乌龙茶种质资源、中国乌龙茶产业资源创新利用与保健功能开发、中国乌龙茶产业可持续发展对策研究、中国乌龙茶协同机制创新等方向的最新前沿成果的茶学书著。全书呈现给读者的是一批研究内容新颖系统、技术前沿创新、理论全面深入的茶业系列干货，参考价值非常之高。

今天，茶业正处在大协同、大合作时代，各产区之间逐步形成协同联合机制，发挥各自优势，共同打响区域或同茶类品牌；企业间协同联动共同平衡好产业上下游利益链，优化产业结构，调动产业积极性，提升产业综合效益；产学研政加快协同合作，有针对性方案与科学手段打造多层次世界级的茶叶品牌，提升中国茶叶的国际竞争力，让中国茶叶更好地走向世界。《中国乌龙茶种质资源利用与产业经济研究》的内容与设计给茶产业的大协同、大合作提供了很好的示范。

因此，我相信该书的出版，不仅能为茶产业的研究方向提供指引，推进茶产业间的协同合作，加快实现茶产业的转型升级和高质量发展步伐，而且对我国茶业生产和经济发展都具有现实针对性与理论指导意义。

是为序。

中国工程院院士：刘仲华

2020 年 12 月

目 录
CONTENTS

1

摘　　要

　　乌龙茶是中国特有的、具有鲜明特色的茶类,乌龙茶以其浑然天成千香百味的品质特征,精湛独特的加工工艺,博大深厚的文化内涵和富含功能性保健成分,成为健康时尚的饮品,发展前景十分广阔。2019年中国乌龙茶产量达到27.6万吨,安溪铁观音、武夷岩茶、凤凰单丛等乌龙茶品牌在区域品牌评比中多次位居前列,彰显出乌龙茶在全国茶产业中的引领性和重要性。针对乌龙茶产业发展中出现的新问题、新形势和新趋势展开研究,对于乌龙茶产业自身发展乃至中国茶产业长期发展,都有着重要的现实意义和参考价值。

　　基于对乌龙茶产业发展中共性问题的协同合作和联合攻关,中国乌龙茶产业协同创新中心受批成立,通过机制创新,打造武夷学院牵头,福建农林大学、浙江大学、华南农业大学等茶学学科国内知名高校、福建省农业科学院茶叶研究所和福建省茶叶质量检测与技术推广中心等乌龙茶科研、检测机构、武夷山香江茶业有限公司、日春股份公司、魏荫名茶有限公司、武夷山正山世家茶业有限公司和福建春伦集团有限公司等重点龙头茶叶企业共同参与的乌龙茶产学研共享平台,通过高度整合不同参与单位的学科、人才、平台、科研、资源优势,重点围绕:①乌龙茶种质资源利用与共性技术应用;②乌龙茶保健功效及其分子机制与深加工产品研发;③乌龙茶产业创新发展策略展开横向协作,通过构建乌龙茶产业协同创新新机制,形成乌龙茶产业推广应用的新体系。《中国乌龙茶种质资源利用与产业经济研究》是在中国乌龙茶产业协同创新中心研究的成果基础上编撰的。

　　在乌龙茶种质资源利用与共性技术应用方面,通过对中国乌龙茶优质品种资源的收集、鉴定和品种创新利用研究,建成中国面积最大、种类最齐全的乌龙茶种质资源圃,并率先建成乌龙茶种质资源标本室,完成基于Internet的乌龙茶种质资源检索开源数据库建设;开展乌龙茶种质资源基因分型鉴定与应用研究,应用SNP分子标记技术对100余份乌龙茶品种资源指纹图谱和分子身份证进行了构建,开展基于高通量EST-SNP的大红袍品种溯源鉴定和铁观音成品茶精准真伪鉴定;破解第一个乌龙茶品种黄棪的二倍体染色体级别基因组和两套单体型基因组,并对乌龙茶主栽品种福建水仙和肉桂的黄化种进行了分子和代谢物水平的解析;先后培育优良种质30份,育成省级良种1份,建立多个乌龙茶种质资源示范园,乌龙茶优质品种示范面积累计超1万亩*,相关技术培训带动农户1.6万人次。

　　在乌龙茶保健功效及其分子机制与深加工产品研发方面,利用一种磁性花状纳米材料的涂层的SPME技术,取得乌龙茶中黄酮类物质快速检测的技术;构建了福建水仙、肉桂等乌龙茶的特征香气指纹图谱与产地鉴别研究;探究了乌龙茶功能因子对大鼠肠道菌群、血清中总胆固醇、甘油三酯、高密度脂蛋白、肝脏中脂肪代谢、血清中抗氧化酶的作

---

　　* 亩为非法定计量单位,15亩=1公顷,下同。——编者注

用机理；在茶对视觉康复作用与个性化预防糖尿病方面，提供一个全新的视角和途径；首次建立鸡胚模型研究茶黄素抗卵巢癌机制研究。这些研究成果，为探明乌龙茶健康功效的分子机制奠定基础。此外，还研制开发了茶口服片（茶黄素＋茶多酚＋维生素C）、乌龙茶爽含片、茶氨酸片、茶味花生牛轧糖、蜂蜜茶醋饮料等乌龙茶保健食品，开发了乌龙茶洗发皂、氨基酸洁面皂、大红袍茶面膜等乌龙茶日化产品。这些新产品已在武夷星茶业有限公司、杭州英仕利生物科技有限公司等实现产业化。茶叶功能成分保健效应研究与产业化应用获2019年度福建省科学技术奖三等奖。

在乌龙茶产业创新发展策略方面，通过扎实开展中国乌龙茶产业理论基础研究，积极探索中国乌龙茶产业的前沿发展动态，并在开拓福州世界茶港、打造武夷山世界茶叶圣地、拓展乌龙茶消费、构建茶叶特色经济圈方面为政府建言献策，同时，主编《中国茶产业发展研究报告（茶业蓝皮书）》《中华茶通典·茶产业经济典》《福州茶志》《武夷茶大典》《丝路闽茶香——东方树叶的世界之旅》等系列茶叶专著，夯实了中国乌龙茶产业协同创新中心作为乌龙茶经济全国研究高地的核心地位；创新性提出中国乌龙茶产业指数化建设和信息化发展，围绕着文化技艺传承人队伍建设探索传播和提升中国茶文化软实力的多重路径和效果，积极推动协同创新成果应用转化，促进产业的转型升级，取得了显著的社会效益、经济效益和生态效益。

通过各个协同单位的联合攻关和横向协作，中国乌龙茶产业协同创新中心先后获得福建省科技进步二等奖和三等奖各1项，福建省第七届高等教育教学成果奖特等奖1项，福建省标准贡献奖二等奖1项，《丝路闽茶香——东方树叶的世界之旅》获得第34届华东地区优秀哲学社会科学图书奖二等奖；在项目延伸上，依托中国乌龙茶产业协同创新中心的联合攻关和有效拓展，中国乌龙茶产业协同创新中心各协同单位先后获得包括国家自然科学基金面上和青年项目在内的28项科研项目资助，项目总经费达到1700多万元；在科学研究上，中国乌龙茶产业协同创新中心各协同单位先后发表各类研究论文264篇，其中SCI收录40篇，CSCD核心期刊收录138篇，先后编纂出版著作35部；在人才培育上，中国乌龙茶产业协同创新中心各协同单位先后2人入选闽江学者特聘教授，1人入选国家产业技术体系岗位科学家，获得包括"全国优秀茶叶科技工作者""张天福茶叶发展贡献奖""中华优秀茶教师""全国优秀女茶叶科技工作者""福建省高校新世纪优秀人才支持计划"在内的多项称号，5人在研期间获得职称晋升，完成培养硕博士60余人。无论在协同机制的创新还是成果的推广示范上，中国乌龙茶产业协同创新中心都进行了有益探索和经验总结，并产生了正向的溢出效应，这对于中国乌龙茶产业今后可持续发展的实践操作和理论研究，都有着重要的启示。

《中国乌龙茶种质资源利用与产业经济研究》全书由中国乌龙茶种质资源、乌龙茶功能成分与资源利用、乌龙茶产业经济以及中国乌龙茶产业协同创新机制构建等研究内容构成，并提出了展望与对策，是一部汇集中国乌龙茶种质资源创新利用与保健功能开发、中国乌龙茶产业可持续发展对策研究、中国乌龙茶协同机制创新等方向的最新前沿成果的茶叶工具书著。

第一章 总 论

第一节 研究背景和意义

茶产业是集经济、生态、社会效益为一体，与农民增收、农业增效紧密联系的重要产业，在中国农村经济发展中占据越来越重要的地位。目前，全国共有20个省、自治区、直辖市产茶。2018年，中国茶业在受宏观经济下行压力影响下，克服了内销市场消费不振，贸易壁垒严重阻碍出口，产业效益提升进入瓶颈期等不利局面，仍然保持稳中有进的态势。截至2018年，中国干毛茶总产值突破2 000亿元大关，达到2 157.3亿元。同时，随着人民生活的改善，消费理念的更新升级，茶作为一种时尚生活方式，越来越受全球人们的追捧，成为21世纪全人类最时尚交流载体与健康饮品。

乌龙茶是中国的重要特色茶类，为中国独有，在中国乃至国际茶产业占据了重要的地位。2018年中国乌龙茶产量达到27.82万吨，占全国茶叶总产量的10.65％。乌龙茶在出口茶叶中单价最高，安溪铁观音、武夷岩茶、凤凰单丛等乌龙茶品牌在区域品牌评比中多次位居前五，彰显出乌龙茶在全国茶产业中的引领性和重要性。2018年产量达27.82万吨，是中国的特色产业，乌龙茶自古以来是中国与"一带一路"国家和地区经贸往来的重要商品之一，是中国对外输出的代表性特色农产品，独特品质风味、深厚文化底蕴，深受海内外消费者追捧。其价格高于其他茶类，2018年，其出口创新高，出口量涨幅最大达到了17.2％；单价涨幅最高达到了30.7％。中国乌龙茶对全球的茶叶生产消费起到重要的导引作用，在"一带一路"建设以及中国对外经济、文化交流中发挥重要作用。近年来，中国乌龙茶产业取得较大发展，如我国福建打造千亿茶产业集群计划；我国台湾茶转战祖国各大茶销区，加速布局内地市场；广东广州芳村的茶叶"华尔街"、岭南茶文化空间等，使乌龙茶生产平稳发展，质量水平稳步提升，优势品牌逐渐形成，产业融合效果明显，出口量出口额创新高。

当前，中国乌龙茶在宏观经济下行压力影响下以及各类茶竞争下，也暴露出一些发展问题。这些年，中国乌龙茶产业整体研究力量可以说是逐年增强，但因各自为政，力量分散，重复研究现象严重，导致资源共享率不高，很多资源得不到充分应用；乌龙茶种质资源应有的效益也没有得到很好地发挥，区域之间协同不够，导致许多优良品种未被挖掘与推广种植，乌龙茶树良种结构搭配不合理；产业链优化升级偏慢，产业附加效益低，主要表现在乌龙茶产业人才结构不平衡，茶叶生产加工现代化程度低，智能化、信息化技术推广应用不广，茶产品质量安全水平有待进一步提升，精深加工及新产品开发滞后，许多产业成果停留在科研层面，未得到很好的转化与推广，产业协同机制单一等诸多产业问题，创建乌龙茶产业协同机制，推动乌龙茶产业加快转型升级和实现高质量发展已成当务之急和业界共识。

中国乌龙茶产业协同创新中心围绕教育部《高等学校创新能力提升计划》的总体目标和国内外乌龙茶产业需求，针对中国乌龙茶产业发展中存在的关键技术问题及中国乌龙茶产业科技创新存在的机制体制创新等问题，组织福建农林大学、浙江大学、华南农业大学、厦门大学、南京农业大学、福建省农业科学院茶叶研究所、宁德师范学院、福州海关技术中心、福建省茶叶质量检测与技术推广中心、福建春伦集团有限公司、福建安溪铁观音集团股份有限公司、武夷山香江茶业有限公司等高校、院所、企业的学科、人才、平台、科研、资源优势，聚焦中国乌龙茶种质资源创新与乌龙茶产业发展核心问题。中国乌龙茶产业协同创新中心的组建具有三个方面的重要作用：一是建立协同创新，实现资源整合，推进校校、校所与校企等深度融合，提升高校人才、学科、科研三位一体的协同创新能力，创新协同机制体制，更大发挥各产区特色优势，整体的提升。二是有利于集中力量，解决乌龙茶产业关键问题，推进乌龙茶人才队伍建设，着力于服务国家茶产业体系发展战略。三是有利于乌龙茶产业的成果推广与应用，推动乌龙茶产业升级与转型，提高乌龙茶产业核心竞争力和可持续发展。

第二节　研究目标和任务

本研究的目标任务是以中国乌龙茶产业重大需求为牵引，致力于中国乌龙茶和茶产业发展中的共性与关键技术、产业经济问题的研究，并在科研成果产出方面取得新进展与新突破，为中国乌龙茶的品种创新和产业发展发挥示范引领作用。

围绕目标任务，重点开展乌龙茶种质资源利用与共性技术协同创新、乌龙茶保健功效及分子机制与深加工产品研发、中国乌龙茶产业可持续发展策略及其对策研究等3个方向研究。同时，有效整合校内外资源，促进校校、校所、校企多方合作，构建中国乌龙茶产业协同创新机制。通过组建乌龙茶产业高水平创新团队，优化团队结构，强化学科交叉融合，培养乌龙茶产业拔尖创新人才。

中国乌龙茶产业协同创新中心具体开展了包括中国乌龙茶产业升级的产前、产中和产后三大环节的关键技术研究（表1-1）。重点涵盖了筛选优良乌龙茶种质资源，建立快繁技术及与之配套的低碳、生态茶园模式；开展茶叶质量安全监控、标准化生产与检测技术创新研究；建立乌龙茶风味品质智能化评价与分析技术；建立乌龙茶现代化、机械化、自动化、连续化加工技术；开展地方特色乌龙茶生产技术传承与创新研究；开展乌龙茶保健功能评价及新产品开发、乌龙茶资源综合利用；开展乌龙茶消费与市场拓展、乌龙茶信息化与传播、乌龙茶产业链延伸及拓展关键技术研究等诸多攻关项目，力求为促进乌龙茶产业转型升级、提升乌龙茶产业综合竞争力提供技术支撑。

表1-1 主要任务指标

专题		考核指标
（一）乌龙茶种质资源收集、鉴定与创新利用	武夷名丛种质资源收集、鉴定与选育	建成中国乌龙茶种质资源圃80亩；收集乌龙茶种质资源50份；构建乌龙茶种质资源数据库1个；筛选出优特乌龙茶品系2～3份；发表核心期刊以上论文2～3篇，其中SCI论文1篇
	闽台乌龙茶种质资源收集、鉴定与选育	收集闽台乌龙茶种质资源30份；筛选出优特乌龙品系2～3份，1～2个新品种提交审（鉴）定；发表核心期刊以上论文2～3篇，其中SCI论文1～2篇；申请专利或品种权1～2件
	广东凤凰单丛种质资源收集、鉴定与选育	收集广东凤凰单丛等种质资源20份，筛选出优特乌龙茶品系1～2个，发表核心期刊以上论文2～3篇，其中SCI论文1篇
（二）乌龙茶种质资源基因分型鉴定与质量安全	乌龙茶种质资源基因分型鉴定与应用研究	开展乌龙茶优异种质快繁技术研究，构建乌龙茶种质资源基因分型鉴定技术1套；建立SNP分子标记图谱数据库，完成40～50份乌龙茶种质资源DNA指纹图谱；发表核心期刊以上论文4～5篇，其中SCI论1～2篇；申请专利2～3项
	乌龙茶种质资源抗性机理与风险元素防控技术研究	对茶树主要病虫害基因进行克隆与功能分析，包括时空表达分析、超表达载体构建、农杆菌介导转化拟南芥等，在Genbank提交相关抗性基因序列10～12条；探明稀土和重金属在茶树体内的代谢机理及其对品质的影响，建立中国乌龙茶区土壤重金属及稀土数据库1个；建立茶园"双减"示范基地3 000亩，筛选新农药2～3种，筛选抗病（虫）种质5～6份；发表核心期刊以上论文6～7篇，其中SCI论文或EI论文2～3篇
（三）乌龙茶功能成分化学、保健功效及深加工应用	乌龙茶功能成分代谢组学及创新分离方法研究	开展乌龙茶功能成分代谢研究。开发乌龙茶品质"电子阵列"传感器，并分离乌龙茶中功能成分或糖苷类香气前体物质5～8个；发表核心期刊以上论文5～6篇，其中SCI论文2～3篇；申请专利1～2项
	不同产区乌龙茶保健功效、分子机制与深加工产品研发	完成乌龙茶活性成分对心血管疾病等的作用机理研究；开展乌龙茶精深加工产品研制，获得功能性新产品3～5个；发表核心期刊以上论文6～8篇，其中SCI论文3～4篇；申请专利2～3项
（四）中国乌龙茶产业信息化与发展研究	乌龙茶大数据共享平台构建与产业发展研究	开展中国乌龙茶数据库与文献信息建设研究，建设乌龙茶数据工作站，建立乌龙茶产业信息数据库平台1个，主持出版书著1部；开展中国乌龙茶区域竞争力水平及产业发展趋势研究，形成中国乌龙茶品牌信息库1个，完成中国乌龙茶品牌竞争力研究报告1份；开展中国乌龙茶生产模式比较研究，完成中国乌龙茶生产模式与茶产业经济关联的研究报告1份，建立中国乌龙茶主产区成本收益固定跟踪观察点数据库1个；发表核心期刊以上论文6篇
	互联网＋乌龙茶创新推广研究	开展互联网＋乌龙茶推广研究，构建青少年乌龙茶茶文化传承与推广平台1个；建立中国乌龙茶境内外产品交流推广平台1个；孵化"互联网＋茶产业"高层次创新创业团队1个；发表核心期刊以上论文2篇

专　题		考核指标
（五）中国乌龙茶"一带一路"贸易与文化研究	基于"一带一路"与自贸区下的中国乌龙茶贸易研究	开展中国乌龙茶市场拓展与贸易推进研究，完成中国乌龙茶贸易推进政策建议 1 份；发表核心期刊以上论文 3 篇
	中国乌龙茶"一带一路"文化构建与传播研究	开展"一带一路"中国乌龙茶传播、贸易历史演变与文化研究，完成"一带一路"中国乌龙茶传播与贸易研究报告 1 份，出版"一带一路"茶文化书著 2 部，开展"乌龙茶传统制作技艺传承人"高级研讨班 2～3 期，主办"中国乌龙茶茶叶之旅"国际夏令营 2～3 期，发表核心期刊以上论文 2 篇

第三节　研究的创新成效

中国乌龙茶产业协同创新中心紧紧围绕中国乌龙茶产业可持续发展，聚焦产业发展需求，开展理论基础研究；把握产业前沿动态，破解行业共性问题；强化产业平台建设，推动行业技术融合；注重产业成果转化，提升社会服务水平，取得了很好的成效。具体如下：

一、乌龙茶种质资源收集、鉴定、选育与创新利用

中国乌龙茶产业协同创新中心开展福建省乌龙茶种质、广东凤凰单丛种质、闽台乌龙茶种质等茶树种质资源的收集、鉴定与品种创新利用研究，建成中国面积最大、种类最齐全的乌龙茶种质资源圃，包括武夷学院主圃（80 亩，357 份）、福建省农业科学院茶叶研究所社口分圃（20 亩，980 份）、华南农业大学分圃（10 亩，87 份），收集的中国乌龙茶种质资源达到总资源的 98%。中国乌龙茶产业协同创新中心率先进行了乌龙茶种质资源标本室的建设，制作、保存和展示了 71 份乌龙茶种质的标本，鉴定了 63 份乌龙茶种质资源生物学性状及生化成分，鉴定评价 20 份表现优良的抗寒凤凰水仙品系，构建基于 Internet 的乌龙茶种质资源检索数据库。中国乌龙茶产业协同创新中心杂交创新优特种质 30 份，筛选出优特乌龙茶树新品系 56 个，选育有玉琼茶、瑞丰等 10 个新品系在武夷山布区开展区试，多个新品系在福建省武夷山示范种植数百亩，育成省级良种"春闺"（闽审茶 2015001）；选育有华农 1801 品种名称完成了农业部 DUS 检测，并与其他几个适制广东乌龙茶的新品系在广东省饶平县浮滨镇双髻娘山种植 30 余亩茶园进行生产示范。建设魏荫乌龙茶种质资源示范园、日春乌龙茶种质资源示范园、正山世家峡腰区乌龙茶种质资源示范园，累计示范优质品种 60 余种，面积为 1 万多亩。这些进展对于保护我国乌龙茶树种质资源，促进我国乌龙茶树种质资源的研究和利用、茶树优良品种的选育具有重要作用。

二、乌龙茶产业共性技术的协同研究与创新突破

中国乌龙茶产业协同创新中心首次构建中国乌龙茶种质资源 SNP 指纹图谱数据库，完成 100 份乌龙茶种质资源（含国家级、省级认定品种、地方种等）DNA 指纹图谱，已

筛选出适用于乌龙茶种质资源的具有多态性的 48 个 SNP 标记位点，并建立了乌龙茶种质资源 SNPtype 数据库，初步完成乌龙茶种质资源基因分型鉴定技术的开发。基于自主开发的 SNP 分型技术，中国乌龙茶产业协同创新中心进一步开展大红袍种源追溯与 SNP 分型鉴定，并创新性地进行乌龙茶产品精准鉴定，对 45 个铁观音样品进行品种溯源，有利于市场监管并提升消费者对乌龙茶地理标志产品品牌的信任。中国乌龙茶产业协同创新中心首次解析了高香型品种黄棪的二倍体染色体级别基因组和两套单体型基因组，基于首套茶树单体型基因组的丰富遗传信息发现大量的遗传变异及与重要性状相关的特异性表达等位基因，包括与香气和胁迫相关的等位基因；并发现相较于已公布的"舒茶早"基因组，萜类合成酶基因数量的扩张和表达水平的提高可能是奠定茶树品种高香特征的基础。中国乌龙茶产业协同创新中心在茶叶产区建立 10 余个绿色防控示范基地，示范推广茶园面积 2 万多亩次。举办绿色防控技术培训班 21 期，培训 16 300 余人次。为地方茶叶企业、茶农开展专业技术培训 260 余人次。采用多组学手段分析乌龙茶品种资源的抗性、品质形成分子机制，挖掘了一批与茶树抗逆、品质形成密切相关的基因。此外，还对乌龙茶主栽品种福建水仙和肉桂的黄化种进行了分子和代谢物水平的解析，鉴定出潜在影响品种黄化的光保护与色素合成基因及标志代谢物。这些研究和实践验证并完善了茶树防控技术模式，辐射带动了基地周边及福建省无公害茶叶和绿色食品茶叶生产的发展，并有力地为茶树种质资源的遗传多样性和品种的精确鉴定奠定基础。

三、乌龙茶功能成分与新产品开发利用

中国乌龙茶产业协同创新中心开展乌龙茶功能成分与资源利用研究，取得了一批创新性成果，并实现产业化。在乌龙茶功能成分检测与指纹图谱构建研究方面，利用一种磁性花状纳米材料的涂层的 SPME 技术，研究取得乌龙茶中黄酮类物质快速检测的技术。同时，初步构建了气相色谱质谱指纹图谱，利用指纹图谱分析了漳平水仙茶加工过程中香气前体变化、闽北水仙茶香气与产地判别以及不同焙火程度及品种武夷岩茶内含成分等。在乌龙茶功能成分的保健功效研究方面，分别开展了复方茶降血糖机制、复方茶改善糖尿病大鼠视神经机制、乌龙茶功能因子对肠道菌群的调节作用与预防糖尿病、肥胖、心血管疾病机理等研究；研究得到乌龙茶功能因子对大鼠肠道菌群以及血清中总胆固醇、甘油三酯及高密度脂蛋白、肝脏中脂肪代谢、血清中抗氧化酶等都有较明显影响。在茶对视觉康复作用与个性化预防糖尿病方面，提供一个全新的视角和途径。同时，首次建立鸡胚模型研究茶黄素抗卵巢癌机制研究，拓宽了乌龙茶健康研究的动物模型，为探明乌龙茶健康功效的分子机制奠定基础。乌龙茶香气安神产品和天然染色剂产品的研发研究方面，研制开发了茶口服片（茶黄素＋茶多酚＋维生素 C）、乌龙茶爽含片、茶氨酸片、茶味花生牛轧糖、蜂蜜茶醋饮料等乌龙茶保健食品，同时还开发了乌龙茶洗发皂、氨基酸洁面皂、大红袍茶面膜等乌龙茶日化产品。这些新产品已在武夷星茶业有限公司、杭州英仕利生物科技有限公司等实现产业化。

四、开展中国乌龙茶产业发展与经济研究

中国乌龙茶产业协同创新中心开展中国乌龙茶产业战略研究，持续主持出版权威《中

国茶产业发展研究报告（茶业蓝皮书）》，有关专家指出，这一系列的茶业蓝皮书完整、忠实地再现 2010 年以来中国茶产业发展全貌和趋势，是目前国内唯一集客观、全面、专业、实用于一身的茶叶年度报告，具有很高的参考价值和资料价值。牵头产业典籍编撰，担当《中华茶通典·茶产业经济典》典长单位，《中华茶通典》是《"十三五"国家重点图书、音像、电子出版物出版规划》之"自然科学与工程技术"第 82 项，是全国第一部茶产业经济正典，它系统、完整、科学地反映了中国茶产业经济发展的整体面貌和最新研究成果。助力武夷国际茶文化艺术之都建设，主持完成《武夷茶大典》编撰，《武夷茶大典》的编撰工作历时 5 年、全文 50 余万字，由二十余位学术造诣深厚的学者和精通武夷茶的专家与践行者合力编撰，以翔实的资料、严谨的论证及丰富的图片深入浅出地介绍了武夷茶的方方面面，是一部关于武夷茶的百科全书。2018 年该书荣获"2018 茶媒推荐阅读十大茶书榜单"称号。注重基础公益研究，创造性高质量主持完成《福州茶志》编纂工作，《福州茶志》本志以马克思主义辩证唯物主义和历史唯物主义为指导，实事求是，全面、客观、系统、真实地记述福州茶树栽培、茶叶加工、茶政、科教、品鉴、文化、贸易、宗教、人物、传承等各方面的历史变化与现状，力求科学性和资料性相统一，为茶产业发展服务。中国乌龙茶产业协同创新中心积极致力于社会公益服务，为政府决策推动产业发展参考，在北京、厦门、深圳、广州、湖南、湖北、福州等国际与国家级大型论坛上，提出了以消费拉动经济发展，提出了当前茶行业的使命与责任担当；提出了构建"武夷茶"经济圈，打造世界级茶叶品牌；提出了"一带一路"国家茶叶合作共赢；提出了茶旅发展，提出了在福州建立世界茶港，以及创新性提出了武夷国际茶文化艺术之都的建设规划等指导性意见。这些研究成果被省有关部门作为决策参与成果，并在行业推广，取得了显著的社会效益、经济效益和生态效益，为茶以及相关产业经济做了重要贡献。同时，中国乌龙茶产业协同创新中心注重汇聚多方资源、集合多方智慧、引领多方参与，积极推动协同创新成果的应用转化，促进产业的转型升级。

五、中国乌龙茶产业信息化与传播研究

中国乌龙茶产业协同创新中心创新性开展中国乌龙茶产业信息化建设，创建中国乌龙茶产业协同创新中心门户网站，构建中国乌龙茶产业种质资源、中国乌龙茶 SNP 指纹图谱、中国茶产业"一带一路"贸易、中国乌龙茶消费与价格指数等 4 个数据库，为中国乌龙茶产业大数据建设提供了全行业的共享信息平台，同时结合当前高新信息技术，以 VR、3D 渲染、霍格沃兹的墙和动漫微视频为手段，推动了中国乌龙茶产业传播方式的创新。中国乌龙茶产业协同创新中心注重社会公益服务，建立青少年乌龙茶文化传承与推广平台，为在青少年群体中推广茶文化做出一定贡献。分别在武夷学院、福建农林大学、福建春伦集团有限公司等高校和企业进行"小小茶艺师"系列活动，更好地将乌龙茶文化在青少年中进行传承与发展，此外福建省农业科学院茶叶研究所举办了第十七期青年学术交流论坛，福建农林大学园艺学院举办了多届茶文化节和承办"中非"茶文化夏令营，福建农林大学、华南农业大学、浙江大学、武夷学院均培养优秀的茶艺队队伍派出竞赛，推动茶学学科的特色人才培养和质量提升。其中，福建农林大学茶艺队连续三届（分别于 2014 年、2016 年和 2018 年）蝉联全国大学生茶艺技能大

赛团体赛一等奖，并有百余名选手获得茶艺技能个人赛一二三等奖，在全国高校茶艺技能人才培养上居于首位。该茶艺队在 2018 年期间二次受福建省政府委托，带队参与中共中央对外联络部举办"中国共产党的故事——绿色发展"专题宣介会、中日黄檗文化大会，对福建省人才引进作出突出贡献，并连续 12 年在 6.18 中国海峡项目成果交易会代表本校进行宣传，同时参与中非夏令营及"小小茶艺师"等志愿者活动，在传播茶艺茶道上做出应有贡献。

中国乌龙茶产业协同创新中心公开出版了一系列"一带一路"中国乌龙茶传播与文化研究书著：主编出版新时代第一部讲述茶叶与丝路故事的书著《丝路闽茶香——东方树叶的世界之旅》，入选福建省第十三届"书香八闽"全民读书月活动百种优秀读物推荐目录第 78 项，并获得华东地区优秀读物奖。完成《少儿新茶经》书稿，举办茶文化教材《少儿新茶经》审稿研讨会，与福建教育出版社初步达成出版意向。完成《民国时期武夷茶文献选辑》，出版社与时间待定。完成《武夷茶种》《武夷茶路》《武夷岩茶》《武夷红茶》《中国乌龙茶种质资源利用与产业经济研究》5 本编著的撰写。同时延伸 3 个省级课题：①福建省科学技术协会的"新常态背景下的福建茶产业发展战略思路"；②福建省省生态文明社科基地重大项目"基于生态文明观的福建茶叶品牌竞争力提升"；③2016 年教育厅新世纪人才项目"生态文明视野下的福建地理标志品牌竞争力提升"。形成 3 份研究报告：《新常态背景下的福建茶产业发展战略思路研究报告》《基于生态文明观的福建茶叶品牌竞争力提升研究报告》《生态文明视野下的福建地理标志品牌竞争力提升研究报告》。延伸一个中国科学技术协会创新驱动助力工程"'一带一路'倡议中国科学技术协会主导型茶产业协同创新共同体建设"项目；延伸一个横向课题"'一带一路'国家茶叶贸易中心"项目。为展现行业发展全貌，服务区域产业发展，牵头率先出版《福建茶产业发展研究报告》，围绕福建省茶产业发展现状〔包括茶叶种植业发展、茶叶加工业、重点龙头企业发展情况、"一带一路"与自贸区下的福建茶叶贸易、茶业服务业（第三产业）发展情况、茶叶教育与科技发展现状等〕，对福建省内重点茶区的茶叶生产状况（乌龙茶、红茶、白茶、茉莉花茶）进行全面分析。

六、中国乌龙茶产业协同创新机制的构建

中国乌龙茶产业协同创新中心制定并实施《中国乌龙茶产业协同创新中心组织管理规定》《中国乌龙茶产业协同创新中心专项经费管理办法》《中国乌龙茶产业协同创新中心关于聘用 PI 岗位的规定》等 3 项管理制度，规范了人事管理、绩效考评、经费管理、知识产权管理和学术交流等相关制度，以制度规范、促进中国乌龙茶产业协同创新中心的发展；探索形成了以"任务牵引、责权利结合""产业贡献导向为主""绩效奖励"的综合评价机制，"中心首席专家＋岗位专家＋团队骨干成员"三位一体的科研组织形式，"任务牵引、深度融合、开放使用"的资源配置机制。通过中国乌龙茶产业协同创新中心，打破高校与企业、科研院所间的壁垒，面向茶产业领域，以乌龙茶产业需求为导向，高度共享各方资源，实现技术开发、人才建设、经济发展的良性循环。

中国乌龙茶产业协同创新中心建立"指标单列、导师互聘、学分互认、资源共享"的人才培养机制，每年进行 2～3 次项目交流、国际会议合办、邀请讲学和互访等工作；强

化学科交叉融合，将茶学、医药学、食品学、人工智能、日用化工有机结合，组建了高层次创新团队，培养了一批从事茶叶全产业链科技创新与应用的"一专两师"拔尖创新型人才；以中国乌龙茶产业协同创新中心为依托，茶学学科积极推进专业和教学改革，获批福建省本科高校"专业综合改革试点"项目、"产学研用联合培养茶学应用型人才"等项目，成为"福建省重点学科"；中国乌龙茶产业协同创新中心主任杨江帆教授主持、中国乌龙茶产业协同创新中心骨干人员参与完成的教学成果"挖掘'五茶'资源，学校-产业-社会多维联动培养应用型茶学人才"获 2014 年福建省第七届高等教育教学成果奖特等奖；福建农林大学茶学专业 2019 年入选首批国家一级本科专业建设点武夷学院、华南农业大学茶学专业 2019 年茶学专业分别入选首批福建省、广东省一流本科专业建设点；茶学专业学生在全国性学科竞赛中屡创佳绩，五年来，已向社会输送了包括茶学、茶文化、茶经济专业方向的本科毕业生 900 余人，连续四年有 50 余人考取国内知名高校硕士研究生，为福建省乃至全国茶产业的发展注入了新的生力军。茶学专业学生在全国性学科竞赛中屡创佳绩。在"第二届全国大学生茶艺技能大赛"中获创新茶艺一等奖 1 项、二等奖 1 项、三等奖 1 项；获茶席创新竞技一等奖 2 两项，三等奖 2 项；团体三等奖 1 项。在第二届"中华茶奥会"茶艺大赛中，获茶艺创新竞技团体一等奖、品饮竞技一等奖 1 项、二等奖和优秀奖 4 项。在"2015 中国天门'陆羽杯'国际茶道邀请赛"中，荣获最佳创意奖与铜奖；指导研究生为第一发明人获发明授权专利 3 项；培养博士研究生获得"博士研究生国家奖学金"、培养研究生获得第十四届"挑战杯"福建省大学生课外学术科技作品竞赛三等奖；还承办"熹茗杯"国际大学生乌龙茶创新创业设计大赛，注重对应用型专业技术人才的培养。

第二章 中国乌龙茶种质资源研究

乌龙茶种质资源是中国乌龙茶生产和育种的物质基础，为了提高资源的利用效率、作物育种和生产发展的水平，项目组提出并建设中国乌龙茶种质资源圃。通过协同武夷学院、福建农林大学、福建省农业科学院茶叶研究所、华南农业大学、武夷山香江茶业有限公司、武夷山正山世家茶业有限公司、福建日春茶叶有限公司等高校和企业在茶树种质资源收集、杂交创新及研究上的优势，重点针对中国乌龙茶种质资源的收集、保存、鉴定、创制、选育、乌龙茶资源圃的建设、乌龙茶基因分型鉴定、乌龙茶种质资源抗性及风险防控技术等方面开展工作。中国乌龙茶产业协同创新中心建成中国面积最大、种类最齐全的乌龙茶种质资源圃，包括武夷学院主圃（80亩，357份）、福建省农业科学院茶叶研究所社口分圃（20亩，980份）、华南农业大学分圃（10亩，87份），建立3个乌龙茶种质资源示范园，累计示范优质品种60余种，面积为1万多亩。对于保护我国乌龙茶树种质资源，促进我国乌龙茶树种质资源的研究和利用、茶树优良品种的选育具有重要作用。

技术路线如图2-1所示。

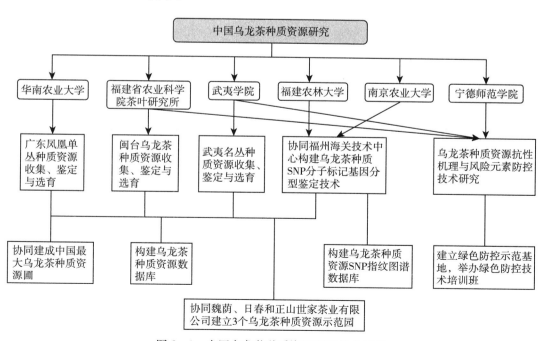

图2-1　中国乌龙茶种质资源研究技术路线

第一节　中国乌龙茶种质资源圃规划设计及其优化建设

在武夷学院，已建成高标准茶树种质资源圃 80 亩，包括一期种质资源圃 30 亩（校华福后），二期种质资源圃 50 亩（校四桥旁），完成了资源圃景观大门、品种指示牌、蓄水池改造和排水沟疏通与加固等配套设施建设任务。茶树种质资源圃田间设计如图 2-2 所示，每一行栽种 1 个茶树品种，每行的长度在 20～30 米，大行距 2.0 米，顶端 4 株为自然生长植株，其余正常修剪，双行单株种植，小行距 40 厘米，株距 30 厘米，种植 120～200 株。如有需要，可设保护行或围墙。

目前，乌龙茶资源圃共收集、保存了茶树种质资源 357 份，详细结构见表 2-1。其中，乌龙茶种质 185 份，收集福建、广东、台湾的乌龙茶种质分别为 121 份、59 份和 5 份，包括乌龙茶国家级良种 18 份、省级良种 18 份、地方品系 149 份。收集了包括福建、广东、浙江、湖南、四川、重庆、湖北、云南、安徽、贵州、江西、陕西、河南等 13 个地区和日本的适制红、绿茶的种质资源 155 份，包括国家级良种 55 份、省级良种 81 份、地方品系 19 份。此外，收集珍稀特异茶树种质资源 17 份（含 2 份乌龙茶种质）。中国乌龙茶种质资源圃（表 2-2）和红茶、绿茶种质资源圃（表 2-3 和彩图 2-1）。

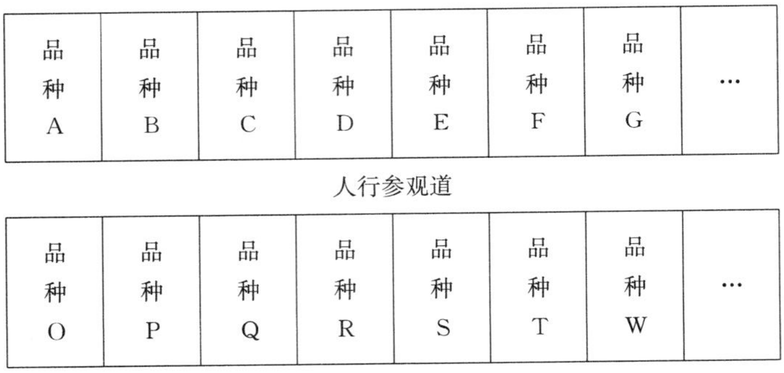

品种 A	品种 B	品种 C	品种 D	品种 E	品种 F	品种 G	…

人行参观道

品种 O	品种 P	品种 Q	品种 R	品种 S	品种 T	品种 W	…

图 2-2　资源圃田间设计示意图

表 2-1　乌龙茶种质资源圃茶树种质的构成

种源	种质适制性			种质类别			小计
	乌龙茶	红绿茶	特异种质	国家品种	省级品种	地方品系	
福建	121	15	2	25	13	100	138
广东	59	1	0	2	4	54	60
台湾	5	0	0	0	5	0	5
浙江	0	27	7	19	11	4	34
湖南	0	35	3	3	21	14	38
四川	0	43	1	3	35	6	44
重庆	0	11	1	8	3	1	12
湖北	0	5	0	2	3	0	5

（续）

种源	种质适制性			种质类别			小计
	乌龙茶	红绿茶	特异种质	国家品种	省级品种	地方品系	
云南	0	5	2	2	1	4	7
安徽	0	5	0	5	0	0	5
贵州	0	5	0	2	2	1	5
江西	0	0	1	0	0	1	1
陕西	0	1	0	0	1	0	1
河南	0	1	0	1	0	0	1
日本	0	1	0	1	0	0	1
小计	185	155	17	73	99	185	357

注：武夷学院陈荣冰、王飞权等研究。

表 2 - 2　中国乌龙茶种质资源圃资源名录

序号	品种名称	数量	收集单位	序号	品种名称	数量	收集单位
1	白芽奇兰	300	武夷学院	23	0318E	150	福建省农业科学院茶叶研究所
2	大红袍	300	武夷学院	24	0318F	150	福建省农业科学院茶叶研究所
3	青心乌龙	300	武夷学院	25	0205D	150	福建省农业科学院茶叶研究所
4	紫牡丹	300	福建省农业科学院茶叶研究所	26	3056	150	福建省农业科学院茶叶研究所
5	紫玫瑰	300	福建省农业科学院茶叶研究所	27	0331E	150	福建省农业科学院茶叶研究所
6	矮脚乌龙	230	武夷学院	28	0209 - 10	150	福建省农业科学院茶叶研究所
7	向天梅	300	福建省农业科学院茶叶研究所	29	黄旦	150	福建省农业科学院茶叶研究所
8	留兰香	300	福建省农业科学院茶叶研究所	30	白瑞香	175	武夷学院
9	0317 - A	300	福建省农业科学院茶叶研究所	31	玉蟾	178	武夷学院
10	510	300	福建省农业科学院茶叶研究所	32	红芽	203	武夷学院
11	玉麒麟	300	福建省农业科学院茶叶研究所	33	芝兰香	52	华南农业大学
12	水金龟	150	福建省农业科学院茶叶研究所	34	八仙香	50	华南农业大学
13	大叶乌龙	150	武夷学院	35	老仙翁	50	华南农业大学
14	八仙茶	220	武夷学院	36	红蒂	58	华南农业大学
15	金桂	220	武夷学院	37	凤凰苦茶	48	华南农业大学
16	白牡丹	220	武夷学院	38	城门香	52	华南农业大学
17	状元红	220	武夷学院	39	探春香	50	华南农业大学
18	小红袍	220	武夷学院	40	凤凰水仙	52	华南农业大学
19	老君眉	223	武夷学院	41	贡香	129	武夷学院
20	0306C	150	福建省农业科学院茶叶研究所	42	乌叶单丛	140	武夷学院
21	0318A	150	福建省农业科学院茶叶研究所	43	棕桐香	51	华南农业大学
22	0318D	150	福建省农业科学院茶叶研究所	44	托富后	52	华南农业大学

(续)

序号	品种名称	数量	收集单位	序号	品种名称	数量	收集单位
45	鸭屎单丛	133	武夷学院	81	白鸡冠	300	武夷学院
46	姜母香	51	华南农业大学	82	黄观音	300	武夷学院
47	宋种	20	华南农业大学	83	金牡丹	300	武夷学院
48	杏仁香	52	华南农业大学	84	0325 - A	300	福建省农业科学院茶叶研究所
49	岭头单丛	137	武夷学院	85	0314 - C	300	福建省农业科学院茶叶研究所
50	翠玉	190	武夷学院	86	T2	300	福建省农业科学院茶叶研究所
51	青心大冇	190	武夷学院	87	0214 - 1	300	福建省农业科学院茶叶研究所
52	本山	190	武夷学院	88	黄玫瑰	300	福建省农业科学院茶叶研究所
53	铁观音	190	武夷学院	89	0331 - H	300	福建省农业科学院茶叶研究所
54	毛蟹	190	武夷学院	90	半天妖	300	福建省农业科学院茶叶研究所
55	石乳	150	武夷学院	91	0205 - C	300	福建省农业科学院茶叶研究所
56	0319	29	福建省农业科学院茶叶研究所	92	0206 - A	300	福建省农业科学院茶叶研究所
57	丹桂	100	武夷学院	93	0312 - B	300	福建省农业科学院茶叶研究所
58	晏乌龙	100	武夷学院	94	0331 - I	300	福建省农业科学院茶叶研究所
59	平 101	150	福建省农业科学院茶叶研究所	95	金萱	300	福建省农业科学院茶叶研究所
60	迎春	120	武夷学院	96	0326 - A	300	福建省农业科学院茶叶研究所
61	青心奇兰	120	武夷学院	97	0212 - 12	300	福建省农业科学院茶叶研究所
62	红骨乌龙	159	武夷学院	98	0326 - B	300	福建省农业科学院茶叶研究所
63	醉水仙	150	武夷学院	99	瑞茗	300	福建省农业科学院茶叶研究所
64	凤圆春	124	武夷学院	100	正太阴	300	福建省农业科学院茶叶研究所
65	红梅	200	武夷学院	101	0331 - G	300	福建省农业科学院茶叶研究所
66	瓜子金	210	武夷学院	102	0331 - F	300	福建省农业科学院茶叶研究所
67	武夷金桂	260	武夷学院	103	玉井流香	300	福建省农业科学院茶叶研究所
68	小叶毛蟹	256	武夷学院	104	胭脂柳	300	福建省农业科学院茶叶研究所
69	悦茗香	122	武夷学院	105	铁罗汉	300	福建省农业科学院茶叶研究所
70	竹叶奇兰	121	武夷学院	106	雀舌	300	福建省农业科学院茶叶研究所
71	台茶 18(红玉)	100	武夷学院	107	春闺	300	武夷学院
72	肉桂	300	武夷学院	108	金凤凰	300	武夷学院
73	春兰	300	武夷学院	109	佛手	300	武夷学院
74	福建水仙	300	武夷学院	110	金毛猴	300	武夷学院
75	北斗	300	武夷学院	111	金瓜子	300	武夷学院
76	百岁香	300	武夷学院	112	秋香	300	武夷学院
77	九龙袍	300	武夷学院	113	白毛猴	300	武夷学院
78	瑞香	300	武夷学院	114	软枝乌龙	300	武夷学院
79	梅占	300	武夷学院	115	岩乳	300	武夷学院
80	茗科 1 号	300	武夷学院	116	夜来香	300	武夷学院

（续）

序号	品种名称	数量	收集单位	序号	品种名称	数量	收集单位
117	金锁匙	300	武夷学院	153	22	50	华南农业大学
118	金玫瑰	300	福建省农业科学院茶叶研究所	154	9	50	华南农业大学
119	四季春	200	武夷学院	155	8	50	华南农业大学
120	赤叶奇兰	30	武夷学院	156	14	50	华南农业大学
121	早观音	50	武夷学院	157	19	50	华南农业大学
122	皱面吉	16	武夷学院	158	15	50	华南农业大学
123	慢奇兰	4	武夷学院	159	6	50	华南农业大学
124	醉贵姬	9	福建省农业科学院茶叶研究所	160	20	50	华南农业大学
125	白鸡冠(鬼洞)	5	福建省农业科学院茶叶研究所	161	4	50	华南农业大学
126	姜花香	54	华南农业大学	162	12	50	华南农业大学
127	蜜兰香	52	华南农业大学	163	17	50	华南农业大学
128	棕榈叶	57	华南农业大学	164	5	50	华南农业大学
129	大乌叶	61	华南农业大学	165	7	50	华南农业大学
130	野山茶	56	华南农业大学	166	1	50	华南农业大学
131	南姜香	51	华南农业大学	167	18	50	华南农业大学
132	竹叶	48	华南农业大学	168	21	50	华南农业大学
133	鸡笼香	52	华南农业大学	169	3	50	华南农业大学
134	三月早黄枝香	54	华南农业大学	170	红心肉桂	100	武夷学院
135	乌崇大乌	49	华南农业大学	171	钜朵	100	武夷学院
136	皇冠	200	武夷学院	172	梅尖	100	武夷学院
137	乐冠	200	武夷学院	173	花香	100	武夷学院
138	闺冠	200	武夷学院	174	草兰	100	武夷学院
139	黑旦	100	武夷学院	175	陂头	100	武夷学院
140	鸿雁12号	100	武夷学院	176	醉贵妃	100	武夷学院
141	茗冠	120	武夷学院	177	金罗汉	100	武夷学院
142	农大1号	100	武夷学院	178	正白毫	100	武夷学院
143	农大3号	150	武夷学院	179	木瓜	80	武夷学院
144	农大2号	100	武夷学院	180	玉观音	130	武夷学院
145	通天香	100	武夷学院	181	墨香	49	武夷学院
146	鸡笼刊	100	武夷学院	182	红芽观音	60	武夷学院
147	雷扣柴	100	武夷学院	183	金面奇兰	48	武夷学院
148	2	50	华南农业大学	184	桃仁	16	武夷学院
149	16	50	华南农业大学	185	早奇兰	58	武夷学院
150	11	50	华南农业大学	186	红孩儿	20	武夷学院
151	13	50	华南农业大学	187	农大9号	20	武夷学院
152	10	50	华南农业大学				

注：武夷学院陈荣冰、王飞权等研究。

表 2-3　红茶、绿茶种质资源名录

序号	品种名称	数量	收集单位	序号	品种名称	数量	收集单位
1	蒙山 4 号	300	武夷学院	36	迎霜	300	福建省农业科学院茶叶研究所
2	马边绿	300	武夷学院	37	福鼎大毫茶	300	福建省农业科学院茶叶研究所
3	蒙山 9 号	300	武夷学院	38	福鼎大白茶	300	福建省农业科学院茶叶研究所
4	蒙山 11 号	300	武夷学院	39	福云 7 号	100	福建省农业科学院茶叶研究所
5	峨眉问春	300	武夷学院	40	福安大白茶	300	福建省农业科学院茶叶研究所
6	崇庆枇杷茶	300	武夷学院	41	龙井 43	300	福建省农业科学院茶叶研究所
7	天府茶 11 号	300	武夷学院	42	安徽 3 号	200	武夷学院
8	蜀科 3 号	300	武夷学院	43	凫早 2 号	300	福建省农业科学院茶叶研究所
9	蜀科 36 号	300	武夷学院	44	黄金袍	300	福建省农业科学院茶叶研究所
10	川农黄芽早	300	武夷学院	45	舒茶早	150	福建省农业科学院茶叶研究所
11	蜀科 1 号	300	武夷学院	46	乌蒙早	150	武夷学院
12	名山早 311	300	武夷学院	47	湘波绿 2 号	150	武夷学院
13	中茶 302	300	武夷学院	48	湘妃翠	150	武夷学院
14	特早 213	300	武夷学院	49	尖波黄	250	武夷学院
15	巴渝特早	300	武夷学院	50	潇湘红 21-3	250	武夷学院
16	川茶 9 号	300	武夷学院	51	川黄 2 号	120	武夷学院
17	名山白毫 131	300	武夷学院	52	茗丰	200	武夷学院
18	黄金芽	300	武夷学院	53	潇湘 1 号	200	武夷学院
19	川茶 2 号	300	武夷学院	54	湘红 3 号	200	武夷学院
20	苔子茶	300	武夷学院	55	群体品种	300	武夷学院
21	碧云	300	武夷学院	56	云抗 10 号	300	武夷学院
22	天府茶 28 号	300	武夷学院	57	台大叶	120	武夷学院
23	川茶 3 号	300	武夷学院	58	薮北	150	武夷学院
24	保靖黄金茶 1 号	300	武夷学院	59	劲峰	150	武夷学院
25	楮叶齐	300	武夷学院	60	翠峰	150	武夷学院
26	黄金茶 2 号	300	武夷学院	61	菊兰春	150	武夷学院
27	湘波绿	300	武夷学院	62	英红 9 号	100	武夷学院
28	黄金茶 1 号	300	武夷学院	63	江华苦茶	120	武夷学院
29	桃源大叶	300	武夷学院	64	香山早	150	武夷学院
30	53-34	300	武夷学院	65	峨眉 1 号	150	武夷学院
31	白毫早	300	武夷学院	66	北川 1 号	150	武夷学院
32	福云 6 号	300	福建省农业科学院茶叶研究所	67	建和香茶	150	武夷学院
33	白叶 1 号	300	福建省农业科学院茶叶研究所	68	古蔺牛皮茶	150	武夷学院
34	中茶 108	300	福建省农业科学院茶叶研究所	69	花秋 1 号	150	武夷学院
35	乌牛早	300	福建省农业科学院茶叶研究所	70	渝茶 1 号	150	武夷学院

序号	品种名称	数量	收集单位	序号	品种名称	数量	收集单位
71	鄂茶 5 号	150	武夷学院	105	紫鹃	300	福建省农业科学院茶叶研究所
72	乞丐仙	150	武夷学院	106	大叶龙	300	福建省农业科学院茶叶研究所
73	天府红 1 号	150	武夷学院	107	碧香早	300	福建省农业科学院茶叶研究所
74	中茶 102	200	武夷学院	108	福毫	300	福建省农业科学院茶叶研究所
75	鄂茶 12 号	200	武夷学院	109	奇曲	150	福建省农业科学院茶叶研究所
76	南江 4 号	200	武夷学院	110	玉笋	300	福建省农业科学院茶叶研究所
77	圆叶茶	200	武夷学院	111	平阳特早茶	300	福建省农业科学院茶叶研究所
78	宜早 1 号	200	武夷学院	112	政和大白茶	150	武夷学院
79	金光	200	武夷学院	113	福云 595	100	武夷学院
80	川茶 5 号	200	武夷学院	114	福云 11 - 35	200	武夷学院
81	早白尖 1 号	150	武夷学院	115	浙农 113	200	武夷学院
82	川茶 4 号	150	武夷学院	116	湄江绿	200	武夷学院
83	川沐 217	150	武夷学院	117	蜀永 401	200	武夷学院
84	鄂茶 11 号	150	武夷学院	118	新田大茶	200	武夷学院
85	黄龙大叶种	180	武夷学院	119	金钥	200	武夷学院
86	早逢春	150	武夷学院	120	黄山种	200	武夷学院
87	紫嫣	150	武夷学院	121	福云 20 号	200	武夷学院
88	川黄 1 号	150	武夷学院	122	福云 10 号	200	武夷学院
89	云 63 - 2	120	武夷学院	123	蜀永 1 号	200	武夷学院
90	蒙山 23 号	120	武夷学院	124	新品种 79 - 38 - 9	200	武夷学院
91	巴山早	120	武夷学院	125	蜀永 2 号	200	武夷学院
92	南糯山大茶树（紫色）	150	武夷学院	126	川沐 28	200	武夷学院
				127	南江 1 号	200	武夷学院
93	竹枝春	200	武夷学院	128	新田湾大茶	200	武夷学院
94	北川 2 号	200	武夷学院	129	金橘	200	武夷学院
95	鄂茶 1 号	200	武夷学院	130	玉兰	200	武夷学院
96	陕茶 1 号	200	武夷学院	131	蜀永 906	200	武夷学院
97	信阳 10 号	200	武夷学院	132	高桥早 4	200	武夷学院
98	春雨 2 号	100	武夷学院	133	渝茶 2 号	200	武夷学院
99	春雨 1 号	100	武夷学院	134	蜀永 3 号	200	武夷学院
100	鄂茶 10 号	100	武夷学院	135	蜀永 808	200	武夷学院
101	桐木奇种	300	武夷学院	136	浙农 702	200	武夷学院
102	黔湄 809	300	福建省农业科学院茶叶研究所	137	南川大茶	200	武夷学院
103	涟云奇奇	300	福建省农业科学院茶叶研究所	138	南糯山大茶树	200	武夷学院
104	千年雪	300	福建省农业科学院茶叶研究所	139	中茶 112	200	武夷学院

（续）

序号	品种名称	数量	收集单位	序号	品种名称	数量	收集单位
140	福云 591	200	武夷学院	156	浙农 117	200	武夷学院
141	早白尖 5 号	200	武夷学院	157	水古茶	200	武夷学院
142	崇枇 71-1	200	武夷学院	158	福丰 20 号	200	武夷学院
143	浙农 901	200	武夷学院	159	高桥早 1	200	武夷学院
144	太红九号	200	武夷学院	160	皖茶 91	158	福建省农业科学院茶叶研究所
145	浙农 701	200	武夷学院	161	千年雪 2 号	8	福建省农业科学院茶叶研究所
146	苔选 03-10	200	武夷学院	162	黄金叶	120	武夷学院
147	浙农 121	200	武夷学院	163	中黄 1 号	120	武夷学院
148	紫笋	200	武夷学院	164	奶白 1 号	120	武夷学院
149	浙农 902	200	武夷学院	165	郁金香	120	武夷学院
150	南江 2 号	200	武夷学院	166	霞浦春波绿	200	武夷学院
151	云大种	150	武夷学院	167	蓬莱苦茶	93	武夷学院
152	高桥早 6	200	武夷学院	168	苔茶	100	武夷学院
153	蜀永 703	200	武夷学院	169	四茗雪芽	100	武夷学院
154	浙农 12	200	武夷学院	170	龙井长叶	100	武夷学院
155	椒牛 1	200	武夷学院				

注：武夷学院陈荣冰、王飞权等研究。

　　课题组根据一期资源圃和二期资源圃种植地块的地理位置及其生态条件，因地制宜，不断对资源圃的建设方案进行优化，建成高标准茶树种质资源圃 80 亩。

　　一期资源圃（校华福酒店后）的优化建设中，第一，为发挥该地块林木茂密的生态优势，在垦辟过程中尽可能保留原有乔木树种，既优化了茶树种质资源圃的生态条件，又防止了水土流失。第二，针对该地块地势高低不一、坡度较大、土层深厚的特点，通过修建等高梯田的形式对其进行改造，所建等高梯田的梯级高 0.6～1 米、梯面宽 1.5～1.8 米，梯田外高内低、外埂内沟，梯壁留草，既可保水保肥、利于茶树生长，又防止或防治山体塌方和梯壁水土流失。第三，以路为界将资源圃划分为不同区域，同一茶类或产地相同的茶树种质种植在同一或相邻区域，每个区域的每一行采用双行单株法种植一个茶树品种，同时在茶树行间种植桂花树等绿化树种。基于上述工作，建成高标准梯田式生态茶树种质资源圃 30 亩，该资源圃现已并入学校风景园林建设项目中，为绿化、美化学校生态环境增添色彩。

　　二期资源圃（校四桥旁）的优化建设中，第一，针对该地块地势低洼、易积水、土质黏性强的特点，通过土壤改良、修建给排水系统等方式对其基础条件进行优化：①优化土壤条件，在清淤、深挖和破坏粘盘层的基础上，对该地块填入厚度约 1 米的沙壤土进行改良，然后进行地面平整，整体形成中间高两侧低的微缓地形，同时在中部铺设主干道 1 条；②优化排水条件，在该地块的两侧和中部，分别修建宽、深为 1 米左右的纵（2 条）、横（4条）向排水沟，并与门前荷花池相连，在雨季可将资源圃内及两侧边坡的积水及时排出；③优化蓄水与给水条件，在纵向排水沟的中部修建3米深、2.5米长、1.5米宽的小型蓄水池2个，同时将门前的荷花池深挖清淤，建成一个大型的天然蓄水池，然后与主干道两侧铺设的喷灌管网相连，形成一套比较完整的蓄水、给水系统，既保证雨季能够排水、蓄水，又为旱季茶树的需水提供水源。第二，优化资源圃功能的多样性，针对该地块地形狭长、宽窄不匀的特点，我们规划建成茶树种质资源保存圃28亩、繁育圃2亩、品系比较圃5亩和新品种示范区8亩等多个功能区域，并建成蓄水池、防护林带等辅助功能区域7亩，这为茶树种质资源的防护及系统性的开展调查研究与示范比较创造了条件。第三，优化茶树种植模式，考虑到该地块地势低洼、易积水，以及武夷山季节性、连续性强降水的气候条件，我们优化提出了新的栽培模式，即平整出宽0.8米、高0.15米左右的种植畦，两畦间距0.8米左右，然后采用双行单株法将茶树种植在畦面上，每畦种植一个茶树品种，经多年实践证明，该模式下在连续降雨时茶树行间很少积水，并且长势优良。第四，通过修建景观大门和绿色防护栏、设置鹅卵石品种指示牌、种植桂花树等形式，丰富和美化了资源圃的整体景观效果。基于上述工作，建成环境优美、功能多样的标准化茶树种质资源圃50亩，保存茶树种质357份，现已成为展示学校形象的重点项目之一，年接待各级领导及来宾数十次。

第二节　中国乌龙茶种质资源的收集保存及其鉴定分析

一、武夷名丛种质资源收集及标本室建设

武夷学院收集了福建省特色的武夷名丛种质资源72份、其他乌龙茶种质资源115份，保存在中国乌龙茶树种质资源圃（武夷学院）中，在入圃前需临时保存。建立好种质档案：对已收集的种质拍照、编号及标本制作。品种资源要求苗木高≥25厘米，茎粗≥2.5毫米，1年生，无明显病虫害，每个品种提供200～300株苗。设立副区，以备不测，一年内缺丛需用同龄苗补植。茶树种质资源的入圃时间一般在每一年的秋季进行，对于广东、云南等地的乔木大叶茶树种质，一般在第二年的3月前后。

在武夷学院茶学中心，建立了茶树种质资源标本室1间（50米²）（彩图2-2），制作、保存和展示了80份茶树种质的标本，其中乌龙茶种质资源71份，红茶、绿茶9份（表2-4）。

二、闽台及其他省份茶树种质资源收集

2015年至今在武夷学院中国乌龙茶种质资源圃及福安社口征集保存了台湾的青心大冇、白叶单丛、丹凤等，湖南保靖黄金茶、碧香早等，山东的鲁茶1号、鲁茶2号、瑞雪等，浙江的松阳黄茶、中白1号、中黄1号、中黄3号、鸠坑207、鸠坑16等，福建武夷山的月桂、玉观音、大红袍等，福建武平、漳浦、诏安、仙游、柘荣等野生、半野生茶树种质60多个，共80多份，这些将为种质创新及相关研究提供基础。

表 2 - 4　茶树种质资源标本目录

序号	资源名称	序号	资源名称	序号	资源名称	序号	资源名称
1	广奇	21	水金龟	41	醉贵姬	61	软枝乌龙
2	正太阳	22	黄玫瑰	42	红孩儿	62	奇曲
3	鬼洞白鸡冠	23	金观音	43	小红梅	63	蜀科 36 号
4	紫罗兰	24	春兰	44	留兰香	64	短节白毫
5	铁罗汉	25	九龙袍	45	小玉桂	65	福鼎大白
6	小叶柳	26	雀舌	46	九龙奇	66	0331F
7	红鸡冠	27	毛猴	47	大红梅	67	龙井 43
8	玉井流香	28	白牡丹	48	九龙珠	68	安吉白茶
9	石观音	29	胭脂柳	49	过山龙	69	川茶 9 号
10	北斗	30	金锁匙	50	竹叶青	70	0209 - 10
11	老君眉	31	金凤凰	51	正白毫	71	0318E
12	向天梅	32	瑞香	52	仙女散花	72	雪芽 100 号
13	玉观音	33	金罗汉	53	正柳条	73	0331 - G
14	大红袍	34	百瑞香	54	金毛猴	74	玉笋
15	瓜子金	35	丹桂	55	黄观音	75	0331 - F
16	正太阴	36	矮脚乌龙	56	紫玫瑰	76	夜来香
17	小叶毛蟹	37	玉笪	57	紫鹃	77	0317A
18	玉麒麟	38	石中玉	58	金牡丹	78	秋香
19	半天妖	39	岭上梅	59	黄旦	79	水仙
20	白鸡冠	40	玉蟾	60	岩乳	80	肉桂

注：武夷学院陈荣冰、王飞权等研究。

三、广东乌龙茶种质资源收集

2015 年至今收集 59 份单丛茶树资源，在武夷学院中国乌龙茶种质资源圃保存种植。具体如下：

2016 年 1 月：白叶、凤凰水仙、乌叶、鸭屎香、杏仁香、红蒂、芝兰、凤凰苦茶、塌窟后、宋种、城门香、贡香、棕榈香、姜母香、探春香、陂头、通天香。

2017 年 3 月：芝兰香、姜华香、蜜兰香、杏仁香、棕榈叶、大乌叶、野山茶、南姜香、竹叶、鸡笼香、三月早黄枝香、乌崇大乌。

2018 年 12 月：筛选获得 30 个凤凰单丛优良单株。

四、武夷名丛春茶主要生化成分鉴定评价

茶叶中的生化成分，特别是影响茶叶品质的主要生化成分是形成茶叶优异品质和开发茶叶新产品的物质基础。为了充分发掘武夷名丛茶树资源的利用潜力，本研究以保存在武

夷山市龟岩茶树种质资源圃的 56 份武夷名丛为研究对象，在同一生境下进行系统的鉴定评价，分析研究其主要生化成分的变异性、适制性和特异性，以期为武夷山茶树种质资源的开发和利用奠定基础，其基本信息如表 2-5。

表 2-5　56 份武夷名丛基本情况

序号	名称	编号	来源地	序号	名称	编号	来源地
1	不见天	JM001	九龙窠九龙洞狭谷凹处	29	金罗汉	JM045	内鬼洞
2	白鸡冠	JM002	慧苑火焰峰下之外鬼洞	30	红海棠	JM046	内鬼洞
3	白牡丹	JM003	马头岩水洞口	31	红杜鹃	JM047	内鬼洞
4	雀舌	JM005	九龙窠	32	红孩儿	JM048	内鬼洞
5	瓜子金	JM006	北斗峰	33	山栀子	JM050	外鬼洞
6	半天妖	JM007	莲花峰之第三峰绝顶崖上	34	肉桂	JM051	马枕峰、慧苑等
7	玉笙	JM008	北斗峰	35	铁罗汉	JM053	内鬼洞、竹窠
8	石中玉	JM011	刘官寨	36	小红梅	JM055	九龙窠
9	岭上梅	JM012	状元岭	37	老君眉	JM056	九龙窠
10	醉水仙	JM017	刘官寨	38	正太阴	JM061	外鬼洞
11	灵芽	JM018	刘官寨	39	大红袍	JM062	九龙窠
12	玉蟾	JM019	刘官寨	40	玉井流香	JM063	内鬼洞
13	状元红	JM020	状元岭	41	水金龟	JM064	牛栏坑杜葛寨
14	正玉兰	JM021	状元岭	42	留兰香	JM065	九龙窠
15	九龙兰	JM022	九龙窠	43	小玉桂	JM066	九龙窠
16	玉麒麟	JM024	九龙窠	44	九龙奇	JM067	十八寨
17	月桂	JM026	霞宾岩下溪仔边	45	岭下兰	JM068	慧苑狗洞
18	玉观音	JM028	钟鼓岩	46	正柳条	JM073	九龙窠
19	向天梅	JM029	北斗峰	47	鹰桃	JM076	九龙窠
20	金丁香	JM031	野猪槽	48	大红梅	JM077	十八寨
21	醉贵姬	JM034	内鬼洞	49	九龙珠	JM078	九龙窠
22	金鸡母	JM035	九龙窠	50	正太阳	JM079	外鬼洞
23	王母桃	JM037	青狮岗	51	醉墨	JM081	九龙窠
24	香石角	JM039	水濂洞	52	过山龙	JM082	弥陀岩
25	关公眉	JM041	内鬼洞	53	正白毫	LM001	岚谷乡岭阳村
26	胭脂柳	JM042	北斗峰	54	仙女散花	TM001	天游峰顶麻石坑
27	醉八仙	JM043	北斗峰	55	龟岩石乳	GR	龟岩种质资源圃
28	红鸡冠	JM044	内鬼洞	56	竹叶青	MM003	马头岩

注：武夷学院陈荣冰、王飞权等研究。

　　56 份武夷名丛主要生化成分的统计参数和变异系数见表 2-6。可以看出，对 56 份武夷名从主要生化成分的变异系数分析发现，主要生化成分的变异范围在 7.67%～38.05%，平均变异系数为 22.35%，表明武夷名丛种质资源具有丰富的变异性。水浸出物含量 38.80%～57.73%，平均含量为 44.60%；咖啡碱含量 2.43%～5.42%，平均含量为 3.80%；茶多酚含量 19.10%～40.71%，平均含量为 28.07%；氨基酸含量 2.26%～6.62%，平均含量为 3.74%；黄酮类含量 4.83～12.30 毫克/克，平均含量为 8.74 毫克/克。

表 2-6　主要生化成分含量、基本统计参数及变异系数

资源编号	茶多酚（%）	氨基酸（%）	咖啡碱（%）	水浸出物（%）	黄酮类（毫克/克）	酚氨比
JM001	28.41	2.73	3.75	49.24	12.30	10.41
JM002	34.53	2.62	4.79	43.22	8.09	13.18
JM003	36.85	2.89	2.94	48.51	7.22	12.76
JM005	34.30	3.47	3.69	46.97	5.55	9.88
JM006	30.26	3.72	4.51	45.15	10.20	8.15
JM007	29.79	3.79	4.94	42.70	8.65	7.85
JM008	24.56	3.05	3.66	44.69	9.90	8.04
JM011	32.66	3.93	4.98	48.87	6.25	8.31
JM012	26.57	5.14	4.33	44.92	4.83	5.17
JM017	29.87	2.92	4.30	47.63	11.80	10.24
JM018	26.79	4.14	4.12	41.70	8.43	6.48
JM019	32.56	5.43	4.71	44.60	5.66	6.00
JM020	28.92	2.93	4.40	44.24	8.45	9.86
JM021	31.11	3.01	4.32	46.25	10.90	10.34
JM022	23.67	5.04	4.49	43.27	10.00	4.70
JM024	31.01	2.57	4.41	44.68	8.07	12.07
JM026	19.82	3.49	3.16	39.05	7.86	5.68
JM028	40.71	2.37	3.53	47.64	9.10	17.20
JM029	28.11	2.43	3.09	41.99	12.01	11.56
JM031	24.29	3.01	2.54	45.20	12.30	8.07
JM034	25.21	5.88	3.70	41.26	6.39	4.29
JM035	32.04	2.63	3.52	48.24	7.14	12.18
JM037	21.56	3.81	3.59	42.80	11.80	5.66
JM039	40.64	2.28	3.69	50.83	6.52	17.83
JM041	27.71	3.07	3.78	57.73	10.20	9.02
JM042	31.71	2.72	2.78	43.32	6.80	11.66
JM043	23.06	5.41	2.81	43.59	12.00	4.26
JM044	29.22	4.39	4.79	43.96	8.06	6.65
JM045	26.16	3.75	3.47	42.28	8.04	6.98
JM046	28.43	2.26	3.14	45.73	10.90	12.56

（续）

资源编号	茶多酚（%）	氨基酸（%）	咖啡碱（%）	水浸出物（%）	黄酮类（毫克/克）	酚氨比
JM047	31.16	2.84	4.06	46.68	11.40	10.97
JM048	30.09	3.12	3.10	45.79	8.53	9.65
JM050	23.30	3.03	2.43	44.48	7.66	7.70
JM051	31.87	3.60	4.81	43.60	10.03	8.86
JM053	25.81	4.23	3.25	43.58	7.60	6.10
JM055	30.38	3.84	3.54	48.05	7.24	7.92
JM056	28.75	3.34	3.61	42.03	9.32	8.61
JM061	26.09	3.28	4.38	41.83	8.14	7.95
JM062	25.88	3.87	4.08	44.68	5.65	6.69
JM063	28.94	3.15	3.59	42.56	11.26	9.19
JM064	28.33	3.52	5.08	41.08	6.50	8.05
JM065	29.60	3.90	5.42	40.97	9.38	7.60
JM066	30.72	3.31	3.42	45.82	12.28	9.27
JM067	32.89	3.29	4.28	50.92	7.12	10.00
JM068	28.47	5.34	3.73	44.98	6.45	5.33
JM073	19.10	6.62	4.36	39.03	7.20	2.88
JM076	19.88	3.95	2.75	42.38	8.30	5.03
JM077	23.01	5.26	3.73	42.87	7.28	4.37
JM078	26.20	2.80	3.60	45.98	8.56	9.38
JM079	23.61	3.19	3.74	41.11	8.84	7.40
JM081	26.51	2.62	3.12	49.27	10.50	10.12
JM082	29.38	5.75	4.26	44.86	8.24	5.11
LM001	21.55	6.33	2.66	38.80	9.36	3.40
TM001	21.70	5.85	3.19	39.58	6.33	3.71
GR	25.91	3.07	3.51	40.46	9.16	8.44
MM003	22.41	5.52	3.40	46.12	11.70	4.06
最大值	40.71	6.62	5.42	57.73	12.30	17.83
最小值	19.10	2.26	2.43	38.80	4.83	2.88
平均值	28.07	3.74	3.80	44.60	8.74	8.30
标准差	4.67	1.13	0.70	3.42	2.02	3.16
变异系数（%）	16.63	30.19	18.48	7.67	23.10	38.05

注：武夷学院陈荣冰、王飞权等研究。

通过对武夷名丛茶树资源进行系统的生化成分分析，从中筛选出优特茶树种质资源。生化成分含量特异的茶树资源可用于茶叶深加工中功能性成分提取的原料品种、高含量功能性成分的茶产品的生产原料，以及作为杂交育种的亲本用于茶树育种的研究。根据生化成分鉴定结果，从武夷名丛茶树资源中初步筛选出一批在生化成分上比较特异的资源。生化成分的含量和组成是决定茶叶品质的物质基础，随着当前茶叶消费市场需求的多样化和茶叶保健功能不断开发和利用，选育适合不同消费群体和加工不同类型茶叶产品是今后茶树育种的一个重要方向。

五、武夷名丛种质资源夏茶主要生化成分鉴定评价

为有效地开发和利用武夷山茶树种质资源及其夏茶鲜叶资源，进行优质夏暑茶叶的生产，要了解夏茶鲜叶的生化成分特性，判断其适制性，这样才能够做到有的放矢，才能最恰当的对其进行开发和利用。本试验以武夷山茶区的 42 份武夷名丛和黄观音等 4 份乌龙茶树品种的夏茶鲜叶为试材，系统测定了主要生化成分的含量，并对其变异性、适制性和特异性等进行了分析，旨在为武夷山夏茶鲜叶资源的合理利用及了解武夷山茶树种质资源生化成分的特性提供参考。其基本信息见表 2-7。

表 2-7　46 份茶树种质资源的基本信息

种质编号	种质名称	来源地	种质编号	种质名称	来源地
JM001	不见天	九龙窠九龙涧狭谷凹处	JM054	金毛猴	—
JM002	白鸡冠	慧苑火焰峰下之外鬼洞	JM055	小红梅	九龙窠
JM005	雀舌	九龙窠	JM056	老君眉	九龙窠
JM006	瓜子金	北斗峰	JM061	正太阴	外鬼洞
JM007	半天妖	三花峰	JM062	大红袍	九龙窠
JM008	玉笔	北斗峰	JM063	玉井流香	内鬼洞
JM011	石中玉	刘官寨	JM064	水金龟	牛栏坑杜葛寨
JM012	岭上梅	状元岭	JM065	留兰香	九龙窠
JM018	灵芽	刘官寨	JM066	小玉桂	九龙窠
JM019	玉蟾	刘官寨	JM073	正柳条	九龙窠
JM021	正玉兰	状元岭	JM077	大红梅	十八寨
JM024	玉麒麟	九龙窠	JM078	九龙珠	九龙窠
JM028	玉观音	钟鼓岩	JM079	正太阳	外鬼洞
JM029	向天梅	北斗峰	JM082	过山龙	宝国岩
JM033	紫罗兰	九龙窠	JM090	绿绣球	弥陀岩
JM034	醉贵姬	内鬼洞	LM001	正白毫	岚谷乡岭阳村
JM042	胭脂柳	北斗峰	TM001	仙女散花	天游峰顶麻石坑
JM044	红鸡冠	内鬼洞	HM001	百岁香	慧苑岩
JM045	金罗汉	内鬼洞	GYSR	龟岩石乳	龟岩种质资源圃
JM048	红孩儿	内鬼洞	105	黄观音	福建省农业科学院茶叶研究所
JM049	不知春	流香洞	204	金观音	福建省农业科学院茶叶研究所
JM051	肉桂	马枕峰	HMG	黄玫瑰	福建省农业科学院茶叶研究所
JM053	铁罗汉	内鬼洞	MX	毛蟹	—

注：武夷学院陈荣冰、王飞权等研究。

46份武夷山茶树种质资源夏茶鲜叶的生化成分存在明显的差异，遗传多样性表现丰富（H′的平均值达2.04），6个主要生化成分的遗传多样性指数的变化范围在1.80～2.16（表2-8）。对46份茶树种质资源夏茶鲜叶主要生化成分的变异系数分析发现，其变异系数较高，平均变异系数为24.58%，表现出丰富的变异性。6个生化成分的变异系数变化范围为8.92%～41.66%，其中，酚氨比值的变异系数最大（41.66%），氨基酸和黄酮类含量的其次（分别为36.78%和22.72%），水浸出物的最小（8.92%）。表明在改良生化成分方面：氨基酸和黄酮类具有较大的潜力，水浸出物具有最小的潜力。

表2-8　46份茶树种质的主要生化成分分析

主要生化成分	平均值（%）	最大值（%）	最小值（%）	标准差	变异系数	极差	遗传多样性指数
水浸出物（%）	46.66	55.82	32.95	4.16	8.92	22.87	1.80
茶多酚（%）	30.83	40.58	20.87	5.24	17.01	19.71	2.16
氨基酸（%）	2.25	4.46	0.94	0.83	36.78	3.52	2.12
咖啡碱（%）	3.33	4.98	1.94	0.68	20.41	3.04	2.12
黄酮类（%）	1.10	1.85	0.63	0.25	22.72	1.22	2.01
酚氨比	15.67	36.43	5.59	6.53	41.66	30.83	2.01

注：武夷学院陈荣冰、王飞权等研究。

适制性分析及特异种质资源的筛选：由表2-8可知，46份茶树种质资源夏茶鲜叶酚氨比值的变异幅度较大（变异系数达到41.66%），其变化范围在5.59～36.43，其中毛蟹的最低（仅为5.59），瓜子金的最高（达36.43），平均值为15.67。高于15的茶树种质有23份（占总数的50%），适制红茶；适制乌龙茶的有14份；红茶、绿茶兼制型的有4份；适制绿茶的有5份。因此，可以根据实际需要，选择合适的茶树种质进行夏茶生产。在茶叶深加工中功能性成分的提取、高含量功能性成分茶产品的开发以及杂交育种的研究中，生化成分特异的茶树种质资源常作为原料品种或育种亲本加以利用。本试验根据夏茶鲜叶生化成分的测定结果，参照钟雷总结的特异资源筛选标准，从46份茶树种质资源中筛选出了一批在生化成分含量上特异的种质（表2-9）。

表2-9　生化成分含量特异的种质

种质类型	种质名称
高水浸出物（51.0%）	JM019（53.93%）、JM044（55.82%）、JM065（52.28%）、JM082（51.20%）
高茶多酚（38.0%）	JM044（40.58%）、JM056（40.31%）、JM082（38.96%）

注：武夷学院陈荣冰、王飞权等研究。

六、武夷名丛茶树种质资源秋茶主要生化成分鉴定评价

为了充分发掘武夷名丛茶树种质资源的利用潜力，了解其不同季节生化成分的多样性，提高秋茶资源的利用率，在同一生境下，本试验以武夷山茶区的26份武夷名丛为研究对象，于秋季采其鲜叶进行生化成分的系统分析、鉴定与评价，深入了解其主要生化成

分的变异性、多样性、适制性以及特异性，以期为武夷山秋茶资源的利用和新品种选育提供理论参考，其基本信息见表2-10。通过测定26份武夷名丛秋茶鲜叶各生化成分的含量、最大值、最小值及遗传多样性指数，发现秋茶鲜叶在生化成分上表现出明显的差异，具有丰富的遗传多样性，6个生化成分的遗传多样性指数的变化范围为1.49～2.12，遗传多样性指数的平均值（H'）达1.87。其中，H'最大的是黄酮类含量（2.12），其次为氨基酸（2.09）和水浸出物含量（2.00），咖啡碱最小（1.49）。

表2-10　26份武夷名丛的基本信息

序号	代号	名称	来源地	序号	编号	名称	来源地
1	JM001	不见天	九龙窠九龙洞凹处	14	JM036	紫竹桃	牛栏坑
2	JM003	白牡丹	马头岩水洞口	15	JM039	香石角	水濂洞
3	JM008	玉笪	北斗峰	16	JM043	醉八仙	北斗峰
4	JM011	石中玉	刘官寨	17	JM044	红鸡冠	内鬼洞
5	JM012	岭上梅	状元岭	18	JM049	不知春	流香洞
6	JM015	老来红	外九龙寨	19	JM055	小红梅	九龙窠
7	JM017	醉水仙	刘官寨	20	JM061	正太阴	外鬼洞
8	JM018	灵芽	刘官寨	21	JM066	小玉桂	九龙窠
9	JM019	玉嬗	刘官寨	22	JM068	岭下兰	慧苑狗洞
10	JM021	正玉兰	状元岭	23	JM073	正柳条	九龙窠
11	JM022	九龙兰	外九龙窠	24	JM078	九龙珠	九龙窠
12	JM026	月桂	霞宾岩下溪仔边	25	JM081	醉墨	九龙窠
13	JM035	金鸡母	九龙窠	26	JM082	过山龙	弥陀岩

注：武夷学院陈荣冰、王飞权等研究。

七、武夷名丛茶树种质资源农艺性状的分析、鉴定与综合评价

农艺性状对茶树的分类、鉴定和良种选育具有重要作用，是研究茶树资源最基础的评价指标，也是茶树在种以下或种内进行分类的重要依据之一。为此，在同一生境条件下，本研究对保存在武夷山市龟岩茶树种质资源圃的41份武夷名丛茶树种质的21项农艺性状进行了系统性鉴定与评价，通过对其农艺性状进行遗传变异性、主成分分析及综合评价，分析其农艺性状特点，旨在对这些茶树种质资源进行评价，为武夷山地方茶树种质资源的开发和新品种选育提供参考，其基本信息如表2-11。

表2-11　供试材料的基本信息

序号	种质名称	编号	来源地	序号	种质名称	编号	来源地
1	白鸡冠	JM002	外鬼洞	5	半天妖	JM007	三花峰
2	白牡丹	JM003	马头岩水洞口	6	玉笪	JM008	北斗峰
3	雀舌	JM005	九龙窠	7	石中玉	JM011	刘官寨
4	瓜子金	JM006	北斗峰	8	岭上梅	JM012	状元岭

（续）

序号	种质名称	编号	来源地	序号	种质名称	编号	来源地
9	玉蟾	JM019	刘官寨	26	大红袍	JM062	九龙窠
10	小叶柳	JM023	九龙窠	27	玉井流香	JM063	内鬼洞
11	玉麒麟	JM024	外九龙窠	28	水金龟	JM064	牛栏坑杜葛寨
12	石观音	JM025	钟鼓岩	29	留兰香	JM065	九龙窠
13	广奇	JM027	广灵岩	30	小玉桂	JM066	九龙窠
14	玉观音	JM028	钟鼓岩	31	九龙奇	JM067	十八寨
15	向天梅	JM029	北斗峰	32	正柳条	JM073	九龙窠
16	紫罗兰	JM033	九龙窠	33	大红梅	JM077	十八寨
17	醉贵姬	JM034	内鬼洞	34	九龙珠	JM078	九龙窠外鬼洞
18	胭脂柳	JM042	北斗峰	35	正太阳	JM079	外鬼洞
19	红鸡冠	JM044	内鬼洞	36	过山龙	JM082	宝国岩
20	金罗汉	JM045	内鬼洞	37	正白毫	LM001	岚谷乡岭阳村
21	红孩儿	JM048	内鬼洞	38	金锁匙	MM001	弥陀岩
22	铁罗汉	JM053	内鬼洞	39	北斗	MM002	北斗峰
23	小红梅	JM055	九龙窠	40	竹叶青	MM003	马头岩
24	老君眉	JM056	九龙窠	41	仙女散花	TM001	天游峰麻石坑
25	正太阴	JM061	外鬼洞				

注：武夷学院陈荣冰、王飞权等研究。

　　41份武夷名丛茶树种质资源21项农艺性状的基本统计参数、遗传变异性分析结果见表2-12。茶树种质资源的遗传多样性指数越高，表明其遗传多样性越丰富，可为遗传育种和品种改良提供丰富的可利用资源。武夷名丛茶树种质资源在大多数农艺性状上变异系数较高，其在这些性状上具有很大的选择潜力。

表2-12　21项农艺性状基本统计参数及遗传多样性指数

农艺性状	平均值	最大值	最小值	标准差	极差	变异系数（%）	遗传多样性指数
树形	1.10	2.00	1.00	0.30	1.00	27.37	0.32
树姿	1.93	3.00	1.00	0.41	2.00	21.37	0.56
发芽密度	2.32	3.00	1.00	0.72	2.00	31.18	1.00
芽叶色泽	3.59	5.00	2.00	1.32	3.00	36.88	1.24
一芽三叶长（厘米）	4.53	7.57	3.08	0.94	4.50	20.83	1.97
叶片着生状态	2.46	3.00	1.00	0.60	2.00	24.18	0.85
叶长（厘米）	5.77	7.56	3.80	0.76	3.76	13.17	1.96
叶宽（厘米）	2.24	3.30	1.50	0.46	1.80	20.39	2.17
叶脉对数	7.20	10.00	6.00	0.71	4.00	9.93	0.93
叶形	3.63	5.00	3.00	0.62	2.00	17.14	0.90

（续）

农艺性状	平均值	最大值	最小值	标准差	极差	变异系数（%）	遗传多样性指数
叶色	3.22	4.00	1.00	0.85	3.00	16.46	1.13
叶面隆起性	1.56	3.00	1.00	0.63	2.00	40.64	0.90
叶身	1.78	3.00	1.00	0.47	2.00	26.68	0.66
叶质	1.78	3.00	1.00	0.61	2.00	34.42	0.90
叶齿锐度	2.00	3.00	1.00	0.74	2.00	37.08	1.06
叶齿密度	2.27	3.00	1.00	0.67	2.00	29.61	0.97
叶齿深度	1.56	3.00	1.00	0.74	2.00	47.62	0.95
叶尖	2.32	4.00	1.00	0.69	3.00	29.65	1.03
叶缘	1.44	3.00	1.00	0.55	2.00	38.22	0.77
叶基	1.46	2.00	1.00	0.50	1.00	34.50	0.69
节间长（厘米）	5.22	8.74	3.38	1.15	5.37	22.10	1.93

注：武夷学院陈荣冰、王飞权等研究。

八、武夷名丛种质资源叶片解剖结构的分析、鉴定与综合评价

茶树叶片不仅是茶叶生产所获取的重要物质原料，而且是茶树进行光合同化作用、呼吸代谢、水分代谢及物质交换的主要营养器官。茶树叶片的解剖结构特征与其遗传特性及生态环境密切相关，是茶树的遗传多样性在形态水平上的表达。研究表明，茶树叶片解剖结构与其产量、适制性、抗逆性等密切相关，因此，叶片解剖结构常作为鉴定评价茶树上述性状优劣的重要手段，以便为茶树的引种、育种及茶叶生产实践提供重要参考。为此，在同一生境下，本研究对保存在武夷山市龟岩茶树种质资源圃的70份武夷名丛的17项叶片解剖结构指标进行了遗传变异性分析，在前人研究的基础上，对其抗逆性、适制性和生产力指数进行了鉴定，并通过主成分分析、系统聚类及综合评价，分析其叶片解剖结构的性状特征、筛选综合性状优良的茶树种质，旨在为武夷山地方优异茶树种质资源的鉴定评价与利用、新品种选育提供参考。结果表明：70份武夷名丛的17个叶片解剖结构性状存在比较丰富的遗传变异，平均遗传多样性指数为1.85，平均变异系数为17.64%；总体表现出较强的抗逆性，抗旱、抗病虫性平均隶属函数均值和抗寒性平均得分分别为0.40、0.39、1.28；大多数武夷名丛适制乌龙茶或绿茶，少数适制红茶或红绿茶兼制；平均生产力指数为2 648.85，潜在生产力总体较高；基于叶片解剖结构指标进行聚类分析，将70份武夷名丛划分为3个类群，3个类群之间除了上下表皮角质层厚度、上表皮与海绵组织厚度比及草酸钙结晶数差异不显著外，其他解剖结构性状均存在显著甚至极显著差异；主成分分析表明，前4个主成分的特征值大于1且代表了17个叶片解剖结构指标84.26%的信息；根据主成分及其对应特征值计算各武夷名丛的综合得分，不见天、龟岩石乳、正太阳、红海棠、金丁香、金锁匙等排在前10位的武夷名丛综合性状优良。

九、武夷山名丛单丛茶树种质资源的遗传多样性与亲缘关系分析

近年来，分子标记技术已普遍应用于种质资源多样性研究、亲缘关系图普构建和品种

鉴定等方面。因此，本研究以 84 份武夷名丛单丛为研究对象，采用 ISSR 分子标记，从 DNA 水平上对武夷名丛单丛种质资源的遗传多样性进行研究，并构建了亲缘关系图谱，以期为武夷名丛单丛种质资源的合理开发利用提供一定的参考依据。其基本信息见表 2-13。从 UBC 公布的 39 条 ISSR 引物中筛选出 16 条扩增条带清晰、多态性及重复性好的引物，对 84 份供试材料的基因组 DNA 进行 PCR 扩增，PCR 扩增条带相对分子质量在 300～2 000。共扩增出 98 条 ISSR 谱带，其中多态性谱带 87 条，多态性比率达 88.78%（3-14）。每条引物产生 ISSR 条带数在 4～10 条，平均为 6.12 条，其中多态性谱带 5.44 条，每条引物产生的多态性谱带比率在 80.00%～100.00%，这表明武夷名丛单丛群体基因组 DNA 的多态性较高。

表 2-13　供试材料

编号	材料名称	编号	材料名称	编号	材料名称
C1	不见天	C29	紫竹桃	C57	九龙珠
C2	白鸡冠（鬼洞）	C30	王母桃	C58	正太阳
C3	白牡丹	C31	香石角	C59	素心兰
C4	雀舌	C32	关公眉	C60	醉墨
C5	瓜子金	C33	胭脂柳	C61	过山龙
C6	半天妖	C34	醉八仙	C62	绿绣球
C7	玉笪	C35	红鸡冠	C63	金锁匙（御）
C8	石中玉	C36	金罗汉	C64	北斗（御）
C9	岭上梅	C37	红海棠	C65	竹叶青（马头）
C10	老来红	C38	红桂鹃	C66	白瑞香（御）
C11	醉水仙	C39	红孩儿	C67	金桂（金观音）
C12	灵芽	C40	不知春	C68	百岁香
C13	玉蟾	C41	山栀子	C69	正白毫
C14	状元红	C42	肉桂	C70	仙女散花
C15	正玉兰	C43	铁罗汉	C71	金毛猴（CK）
C16	九龙兰	C44	小红梅	C72	大红袍（赤霞岩）
C17	雀舌	C45	老君眉	C73	水金龟（龟岩区）
C18	玉麒麟	C46	正太阴	C74	水金龟1（牛栏坑）
C19	石观音	C47	大红袍（正）	C75	水金龟2（牛栏坑）
C20	月桂	C48	玉井流香	C76	罗汉钱（右圆）
C21	广奇	C49	水金龟	C77	罗汉钱（左长）
C22	玉观音	C50	留兰香	C78	白鸡冠（御）
C23	向天梅	C51	小玉桂	C79	铁罗汉（御）
C24	醉贵妃	C52	九龙奇	C80	石乳
C25	金丁香	C53	岭下兰	C81	十八寨老单丛
C26	紫罗兰	C54	正柳条	C82	苦瓜
C27	醉贵姬	C55	鹰桃	C83	水仙
C28	金鸡母	C56	大红梅	C84	不知春（流香洞）

表 2 - 14　ISSR 引物及其扩增产物的多态性水平

引物编号	引物序列	扩增总条带数（条）	多态性条带述（条）	多态性比率（%）
ISSR1	（AG）8CTC	8	7	87.50
ISSR2	（AC）8T	4	4	100.00
ISSR3	（AC）8G	5	4	80.00
ISSR4	（TC）8AGT	7	5	71.43
ISSR6	（AC）8CTT	10	9	90.00
UBC827	（AC）8G	8	7	87.50
UBC835	（AG）8YC	6	5	83.33
UBC840	（GA）8YT	6	6	100.00
UBC841	（GA）8YC	5	4	80.00
UBC844	（CT）8RC	7	6	85.71
UBC845	（CT）8RG	6	5	83.33
UBC847	（CA）8RC	7	7	100.00
UBC848	（CA）8RG	6	6	100.00
UBC853	（TC）8AGT	4	4	100.00
UBC857	（AC）8YG	5	4	80.00
UBC880	（GGAGA）3	4	4	100.00
总数		98	87	
平均		6.12	5.44	88.78

十、优异乌龙茶种质的繁育与无性繁殖力的鉴定

中国乌龙茶产业协同创新中心在茶树种质资源圃，建成标准的扦插繁育圃 2 亩（彩图 2 - 3）。

武夷学院在 2017 年秋季，采取乌龙茶种质的母树枝梢，树短穗扦插，在扦插苗出圃前对其成活率进行调查，其结果见表 2 - 15。

由表 2 - 15 可知，所选取的 44 份茶树种质扦插成活率在 1%～50%，平均成活率为 30.25%，总体表现较低。其中，成活率最高的是肉桂品种，达到 50%，其次较高的是黄旦、大红袍和水金龟，分别为 48%、45% 和 45%；最低的是慢奇兰，仅为 1%，其次较低的是金毛猴和红芽观音，均为 10%。

抗寒性鉴定：结合 2017 年初的低温灾害性气候，课题组在 2017 年 3 月对保存在种质资源圃的 140 份茶树种质幼苗期的抗寒性进行了田间调查，详见表 2 - 16。调查发现，140 份茶树种质均有不同程度的冻害，平均冻害指数为 82.96%，抗寒性普遍较弱，可能与其处在幼苗期且多数入圃时间不长有关。其中，安徽（56.67%）和福建（64.76%）等地受冻指数较低，抗寒性较强，云南受冻指数最高（99.9%），抗寒性最弱。

表 2-15　乌龙茶种质扦插成活率调查

品种名	扦插数量	出苗数量	成活率（%）	品种名	扦插数量	出苗数量	成活率（%）
金锁匙	336	94	27.98	慢奇兰	400	4	1.00
白瑞香	583	175	30.02	墨香	196	49	25.00
小叶毛蟹	1 834	642	35.01	悦茗香	349	122	34.96
瓜子金	1 135	420	37.00	御金香	240	48	20.00
玉观音	433	130	30.02	中黄 1 号	140	28	20.00
玉蟾	509	178	34.97	鸿雁 12 号	367	147	40.05
武夷金桂	722	260	36.01	水仙	100	30	30.00
金毛猴	760	76	10.00	肉桂	100	50	50.00
红梅	2 315	463	20.00	奇兰	100	35	35.00
红芽	812	203	25.00	大红袍	100	45	45.00
醉水仙	750	150	20.00	金牡丹	100	30	30.00
黑旦	594	196	33.00	黄玫瑰	100	35	35.00
红芽观音	600	60	10.00	瑞香	100	33	33.00
红骨乌龙	795	159	20.00	黄观音	100	40	40.00
凤圆春	310	124	40.00	黄旦	100	48	48.00
桃仁	64	16	25.00	雀舌	100	25	25.00
竹叶奇兰	484	121	25.00	铁罗汉	100	35	35.00
金面奇兰	240	48	20.00	水金龟	100	45	45.00
早奇兰	129	58	44.96	金锁匙	100	40	40.00
蓬莱苦茶	620	93	15.00	半天妖	100	40	40.00
木瓜	400	80	20.00	春兰	100	40	40.00
皱面吉	64	16	25.00	金观音	100	35	35.00

注：武夷学院陈荣冰、王飞权等研究。

表 2-16　不同地区茶苗受冻指数、成活率调查

单位：%

项目	福建	广东	台湾	浙江	湖南	四川	重庆	湖北	云南	安徽	贵州	江西	日本	平均值
成活率	96.81	79.33	99.15	97.29	99.37	96.07	91.45	100	49.39	99.57	82.8	100	100	91.63
受冻指数	64.76	/	87.92	81.35	83.28	91.97	92.5	/	99.9	56.67	86.25	85	/	82.96

注：武夷学院陈荣冰、王飞权等研究。

　　成活率鉴定：截至 2017 年 3 月，已栽种茶苗 68 630 株，课题组在同年 5 月对各种质幼苗的成活率进行了调查，平均成活率为 91.63%，整体表现良好。不同地区茶树幼苗的成活率差异明显（表 2-16），成活率在 49.39%～100%，其中云南茶树品种茶树幼苗的平均成活率最低（49.39%），广东次之（79.33%），湖北、江西等地最高（100%）（图 2-3）。

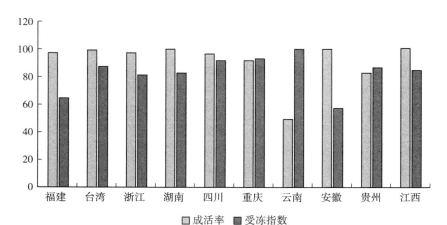

图 2-3 不同地区茶树种质冻害、成活率情况对比图

注：武夷学院陈荣冰、王飞权等研究。

本研究还通过适制性鉴定手段，对所筛选的 13 份优异茶树种质进行了综合评价，进一步筛选适制性较强、综合性状优异的乌龙茶品系。经鉴定，其结果见表 2-17。

表 2-17　武夷名丛茶树种质适制性鉴定结果

序号	种质名称	汤色（5%）		滋味（35%）		香气（30%）		总分
		评语	得分	评语	得分	评语	得分	
1	黄旦	黄亮	93	较醇和	89	清香，略有甜香	91.5	63.25
2	玉井流香	黄亮	92	醇爽	90.5	清香，略带花香	91.5	63.73
3	正太阴	橙黄明	91.5	尚醇，略涩	88	纯和	89	62.08
4	白牡丹	黄明亮稍浅	93	甜醇爽，带鲜	93	清香持久，甜香显	93	65.10
5	金毛猴	橙黄亮	92	尚浓醇	91	清香尚持久	91	63.75
6	老君眉	黄亮	92	尚醇，带涩	88	尚清香，带甜香	88	61.80
7	白鸡冠	橙黄明亮	93	醇尚鲜，有回甘	91.5	浓纯，有甜香	92	64.28
8	金锁匙	浅黄明亮	94	清醇，带涩	90	花香清幽，持久	93	64.10
9	留兰香	黄明亮	93	醇尚浓	91	尚浓纯，有花香	91	63.80
10	石乳	橙黄亮	92	浓厚	92	浓长，有花蜜香	93	64.70
11	水金龟	黄亮	92	醇厚，有回甘	93	浓郁持久，花香显	94	65.35
12	铁罗汉	金黄明亮	94.5	醇尚厚，甘鲜	93.5	浓郁持久，花香显	93.5	65.50
13	半天妖	黄明亮	94	醇尚鲜爽	91.5	清香尚持久，有甜香	92	64.33

注：武夷学院陈荣冰、王飞权等研究；品质鉴定单位：国家茶叶质量监督检验中心。

由表 2-17 可知，与国家良种黄旦相比，除了正太阴、老君眉三因子的综合得分较其偏低外，其他武夷名丛均较其偏高。可知，通过生化成分等性状所筛选的优异茶树种质多数具有加工优质乌龙茶的潜力，具有优异乌龙茶品系的性状特点。综合分析，认为白牡丹、金锁匙、留兰香、石乳、水金龟、铁罗汉和半天妖等7份武夷名丛为优异或特异的乌龙茶品系。

十一、闽台乌龙茶优特种质资源生育期鉴定评价

2016年春季定点定期对47个保存的优特茶树种质资源进行春梢生育期调查（表2-18）。初步调查结果表明，7个乌龙茶种质资源中，有柚花香单丛F_1、白芽奇兰F_1、黑叶水仙F_1等3个创新种质为特早生（一芽一叶期早于对照品种黄旦10天以上）；38个绿茶种质资源中，有13个为特早生种质（一芽一叶期早于对照品种福鼎大白茶10天）。并同时开展耐寒性能、适应性等田间性状调查，如斯里兰卡大叶F_1单株早生、株型紧凑、长势好、抗寒性强；秀红F_1单株中生、芽梢肥壮、叶齿密、叶面隆起性强。

表2-18　2016年优特种质春梢生育期调查汇总表（月、日）

种质名称	一叶期	二叶期	三叶期	芽期	备注
福大（CK1）	3、25	3、31	4、5	早生	绿茶对照品种
景白1号	3、24	4、1	4、11	早生	4月1日二叶期部分新梢叶缘发生褐变
景白2号	3、18	3、26	4、5	早生	3月18日一叶期部分新梢叶缘发生褐变
中黄1号	3、24	3、30	4、5	早生	新梢黄化
中黄2号	3、21	3、29	4、3	早生	4月5日第2~3叶底端部分返绿
黄金芽	3、28	4、1	4、5	早生	新梢黄化
大叶龙	4、25	4、29	5、3	特晚	大叶种，具观赏性
奇曲	4、5	4、8	4、11	中生	新梢弯曲，具观赏性
箬绮	4、8	4、11	4、15	中生	叶片变态多样，具观赏性
特小叶	4、12	4、16	4、20	晚生	叶片特小，具观赏性
肯尼亚3011	3、21	3、30	4、6	早生	
黄叶早	3、7	3、15	3、24	特早	
柳叶种	3、11	3、15	3、21	特早	3月21日三叶期部分新梢叶缘发生褐变
格鲁吉亚1号	3、15	3、20	3、28	特早	
斯里兰卡F_1	3、21	3、24	3、28	早生	株型紧凑，长势好，少毫，抗寒性强
越南种F_1	4、1	4、5	4、11	早生	叶面隆起性强
毛肋茶F_1	3、24	3、28	4、1	早生	节间短，叶形椭圆，毫尚显
乌牛早	3、5	3、11	3、18	特早	特早生品种
松阳黄茶	4、5	4、11	4、15	中生	新梢黄化
石亭绿7号	3、11	3、18	3、28	特早	小叶种，叶身内折
明溪4号	4、5	4、11	4、15	中生	树势披张
凤阳野茶	4、8	4、15	4、18	中生	紫芽种
梅列2号	4、1	4、5	4、8	早生	芽梢肥壮，毫显
冬芽1号F_1	3、11	3、21	3、24	特早	叶厚

（续）

种质名称	一叶期	二叶期	三叶期	芽期	备注
秀红 F₁	4、3	4、5	4、8	中生	芽梢肥壮，叶齿密，叶面隆起性强
冬芽9号 F₁	3、11	3、15	3、21	特早	3月18日二叶期部分新梢叶缘发生褐变
红叶种 F₁₋₁	3、8	3、15	3、28	特早	新梢浅红色，老叶有寒害状
红叶种 F₁₋₂	3、28	4、3	4、5	早生	新梢浅红色，大叶种
红叶种 F₁₋₃	3、18	3、24	3、28	早生	新梢浅红色
红叶种 F₁₋₄	3、11	3、18	3、21	特早	紫芽梢，抗寒性较弱
红叶种 F₁₋₅	3、11	3、18	3、24	特早	紫芽梢，抗寒性较弱
冬芽8号 F₁	3、5	3、11	3、18	特早	芽细小
冬芽7号 F₁	3、11	3、18	3、21	特早	
冬芽7号 F₁	3、6	3、11	3、18	特早	芽细小，节间较长，叶色黄绿
紫嫣	4、11	4、18	4、21	晚生	新梢紫色
千年雪	4、8	4、11	4、18	中生	新梢白化
农抗早	3、29	4、1	4、5	早生	抗寒性强
黄金袍	4、8	4、11	4、18	中生	新梢黄化
云南 F₁	4、2	4、7	4、11	早生	叶齿深、锐、密
以下为乌龙茶种质					
黄旦（CK2）	3、22	3、25	3、31	早生	乌龙茶对照种
白鸡冠	4、25	5、2	5、7	特晚	新梢黄化
上杭观音	4、15	4、18	4、20	晚生	叶厚，叶形椭圆
柚花香单丛 F₁	3、11	3、16	3、18	特早	早生，长势好，抗性强
白芽奇兰 F₁	3、11	3、15	3、18	特早	
横口水仙	4、8	4、11	4、18	晚生	似福建水仙品种
黑叶水仙 F₁	3、11	3、15	3、21	特早	
金凤凰	4、8	4、11	4、15	晚生	叶厚，叶形椭圆，节间较长

注：福建省农业科学院茶叶研究所陈常颂等研究。

2017年绿茶种质以福鼎大白茶做对照、乌龙茶种质以黄旦做对照，在同一生境下，对树龄相近的57个特异叶色、特早生等茶树种质资源进行定点定期春梢生育期观测。从表2-19初步调查结果表明，47个绿茶种质资源中，有12个为特早生种质（一芽一叶期早于对照品种福鼎大白茶10天），最早的2月5日已达一芽二叶。10个乌龙茶种质资源中，有柚花香单丛 F₁ 为特早生种质（一芽一叶期早于对照品种黄旦10天以上）。2017年春季气候反常，总体茶树生育期、开采期推迟1周左右。对于芽期特早、长势好、抗性强的创新种质，很有必要进行扦插繁育，以继续进行鉴定研究，并有望从中筛选出符合生产需求的品种或优特育种材料。

表 2-19　2017 引进种质春梢生育期调查汇总表（月、日）

种质名称	原产地、来源	一叶期	二叶期	三叶期	芽期	备注
福大（CK1）	福鼎	3、29	4、5	4、8	早生	
景白1号	景宁	4、8	4、12	4、15	中生	
景白2号	景宁	4、10	4、13	4、17	中生	
中黄1号	杭州	4、8	4、10	4、15	早生	老叶易落
中黄2号	杭州	4、8	4、10	4、15	早生	
涟源奇曲	湖南	4、3	4、8	4、13	早生	
黄金芽	宁波	4、11	4、13	4、17	中生	
大叶龙	九江	4、23	4、28	5、5	特晚	
奇曲	福安	4、8	4、13	4、16	中生	
肯尼亚3011	肯尼亚	4、5	4、13	4、16	中生	
黄叶早	浙江温州	3、25	3、30	4、5	早生	
柳叶种	安徽泾县	3、29	4、2	4、5	早生	
格鲁吉亚1号	格鲁吉亚	4、10	4、13	4、16	中生	
斯里兰卡大叶 F_1	斯里兰卡	3、27	4、1	4、5	早生	
斯里兰卡大叶 F_1	斯里兰卡	3、11	3、15	3、20	特早	
斯里兰卡大叶 F_1	斯里兰卡	2、27	3、13	3、20	特早	大叶种
越南种 F_1	越南	3、20	3、29	4、5	早生	
毛肋茶 F_1	杭州	3、24	3、29	4、2	早生	节间短，芽短、壮、毫少
乌牛早	浙江永嘉	3、15	3、20	3、25	特早	
松阳黄茶	浙江松阳	4、8	4、12	4、16	中生	
石亭绿7号	南安	4、1	4、5	4、12	早生	小叶种，叶身内折
明溪4号	明溪	4、5	4、8	4、15	中生	特披张
凤阳野茶	寿宁	4、16	4、19	4、24	晚生	
梅列2号	三明	4、13	4、16	4、19	中生	芽梢肥壮、毫显
冬芽1号 F_1	广东英德	3、14	3、25	3、29	特早	叶厚、少毫
秀红 F_1	广东英德	4、5	4、8	4、10	早生	大叶种，叶齿密，叶面隆起性强
秀红 F_1	广东英德	2、13	2、10	2、09	特早	
秀红 F_1	广东英德	2、13	2、13	2、12	特早	
秀红 F_1	广东英德	2、13	2、21	2、27	特早	
冬芽9号 F_1	广东英德	3、21	3、25	4、2	特早	毫显、新梢黄绿
丹凤2号 F_1	广东英德	3、29	4、2	4、10	早生	
丹凤2号 F_1	广东英德	3、28	4、3	4、10	早生	
丹凤2号 F_1	广东英德	4、10	4、13	4、19	中生	
丹凤2号 F_1	广东英德	4、2	4、5	4、10	早生	
丹凤1号 F_1	广东英德	2、13	3、25	4、5	特早	

（续）

种质名称	原产地、来源	一叶期	二叶期	三叶期	芽期	备注
冬芽 8 号 F_1	广东英德	3、29	4、5	4、10	早生	
丹凤 1 号 F_1	广东英德	3、29	4、5	4、10	早生	
冬芽 8 号 F_1	广东英德	3、6	3、18	4、2	特早	
冬芽 8 号 F_1	广东英德	2、3	2、5	2、13	特早	
冬芽 7 号 F_1	广东英德	2、27	3、6	3、20	特早	
冬芽 7 号 F_1	广东英德	3、22	3、29	4、5	早生	芽细小，节间较长，叶色黄绿
紫嫣	雅安	4、13	4、16	4、19	中生	
千年雪	浙江	4、11	4、16	4、19	中生	
农抗早	合肥	4、8	4、10	4、15	早生	
黄金袍	浙江	4、13	4、16	4、18	中生	
云南 F_1	西双版纳	4、11	4、16	4、19	中生	
特小叶	广东	4、13	4、16	4、19	中生	特小叶
黄旦（CK2）	安溪	3、29	4、2	4、8	早生	
白鸡冠	武夷山	4、24	4、28	5、7	特晚	
上杭观音	上杭	4、18	4、24	4、28	晚生	少毫
筍绮	安溪	4、16	4、24	4、28	晚生	
柚花香单丛 F_1	潮州	3、20	3、25	3、29	特早	芽壮、少毫
白芽奇兰 F_1	武夷山	4、5	4、10	4、15	中生	
白芽奇兰 F_1	武夷山	4、1	4、5	4、8	早生	叶色似悦茗香
横口水仙	永春	4、16	4、19	4、22	晚生	
黑叶水仙 F_1	广东英德	3、18	3、29	4、5	早生	
金凤	武夷山	4、10	4、13	4、18	中生	叶片水平状着生，少毫、节间长

注：福建省农业科学院茶叶研究所陈常颂等研究。

十二、高花青素茶树种质资源鉴定

以紫娟为对照，检测了 14 个紫芽新品系花青素含量，发现紫娟花青素含量为 33.06 毫克/克，超过紫娟的有 1-17，最高花青素含量达到 43.39 毫克/克，第二还有 1-15 花青素含量为 39.32 毫克/克，与紫娟相当的有 1-2、1-13、1-26，花青素含量最低为 1-21（表 2-20）。

十三、乌龙茶种质资源花粉形态观测

由彩图 2-4、表 2-21 可见供试的茶树花粉均为以单粒形式存在，外观形态呈近圆球形或长球形，其中 23 份茶树种质花粉为近圆球形，如福云 6 号、福云 595、春兰等，其他 17 份均为长球形，如悦茗香、金观音、黄奇等。所有花粉沿极轴方向都具有 3 条长行萌发沟，延伸至两极端，但在极区不形成合沟；从赤道面可观察到 1～2 条萌发沟，极面

表 2 - 20　茶树叶片花青素含量的测定

品系代码或者名称	花青素含量（毫克/克）	品系代码或者名称	花青素含量（毫克/克）
紫娟	33.06±3.86	1 - 2	31.95±5.02
1 - 17	43.39±2.06	1 - 45	24.69±0.83
2 - 2 - 2	24.15±4.38	1 - 39	26.72±3.21
1 - 15	39.32±4.11	1 - 13	33.58±2.27
1 - 36	25.52±3.88	1 - 10	18.88±2.16
1 - 44	26.76±3.23	1 - 26	31.21±4.15
1 - 21	15.34±2.18	2 - 2 - 3	21.16±1.75

注：福建省农业科学院茶叶研究所陈常颂等研究。

观均为三裂圆形，可看到 3 条内陷萌发沟。表 2 - 21 统计了各种质花粉形态指标大小，存在差异。总体而言，萌发沟长度 20.43～35.42 微米，平均 28.78 微米；萌发沟脊宽度 2.84～7.62 微米，平均 5.15 微米；极轴长度 29.98～38.93 微米，平均 34.26 微米；赤道轴长度 26.30～36.70 微米，平均 30.16 微米；极轴/赤道轴 1.02～1.28，平均 1.14；大小 828.98～1 428.73 微米^2，平均 1 036.53 微米^2。供试花粉大小属于中等，不同种质花粉之间存在差异层次，通过聚类分析结果表明，40 份种质分为 4 组：第一组为黄观音、黄奇、福云 595、丹桂、九龙袍、早春毫、瑞香、政和大白茶、本山、肉桂；第二组为悦茗香、福云 20 号、福鼎大毫茶、福安大白茶、毛蟹、九龙大白茶、大红袍；第三组为福云 7 号、金观音、春兰、金牡丹、黄旦、大叶乌龙、杏仁茶、霞浦春波绿；第四组为福云 6 号、福云 10 号、朝阳、黄玫瑰、紫牡丹、紫玫瑰、福鼎大白茶、梅占、铁观音、福建水仙、八仙茶、绿芽佛手、凤圆春、霞浦元宵绿、优 4。

表 2 - 21　40 份茶树种质花粉粒形态特征与大小

编号	种质名称	极轴长度（微米）	赤道轴长度（微米）	极轴/赤道轴	大小（极轴×赤道轴）（微米^2）
1	福云 6 号	33.63	30.33	1.11	1 020.00
2	福云 7 号	31.72	28.65	1.11	908.78
3	福云 10 号	32.93	29.95	1.10	986.25
4	黄观音	35.80	30.90	1.16	1 106.22
5	悦茗香	37.54	31.70	1.18	1 190.02
6	金观音	33.11	27.57	1.20	912.84
7	黄奇	34.82	30.32	1.15	1 055.74
8	福云 595	35.25	31.13	1.13	1 097.33
9	朝阳	34.91	28.49	1.23	994.59
10	丹桂	36.45	30.54	1.19	1 113.18

（续）

编号	种质名称	极轴长度（微米）	赤道轴长度（微米）	极轴/赤道轴	大小（极轴×赤道轴）（微米²）
11	九龙袍	36.27	30.67	1.18	1 112.40
12	春兰	30.14	28.89	1.04	870.74
13	早春毫	34.61	31.02	1.12	1 073.60
14	金牡丹	31.74	27.39	1.16	869.36
15	瑞香	36.34	29.44	1.23	1 069.85
16	福云20号	38.93	36.70	1.06	1 428.73
17	黄玫瑰	32.47	30.87	1.05	1 002.35
18	紫牡丹	34.07	28.73	1.19	978.83
19	紫玫瑰	32.68	29.37	1.11	959.81
20	福鼎大白茶	33.83	30.24	1.12	1 023.02
21	福鼎大毫茶	36.86	33.13	1.11	1 221.17
22	福安大白茶	34.58	33.45	1.03	1 156.70
23	梅占	35.11	27.41	1.28	962.37
24	政和大白茶	35.74	31.22	1.14	1 115.80
25	毛蟹	36.38	35.64	1.02	1 296.58
26	铁观音	35.95	28.80	1.25	1 035.36
27	黄旦	30.88	28.40	1.09	876.99
28	福建水仙	32.67	29.03	1.13	948.41
29	本山	35.57	30.86	1.15	1 097.69
30	大叶乌龙	31.52	26.30	1.20	828.98
31	八仙茶	32.55	28.67	1.14	933.21
32	肉桂	33.81	32.04	1.06	1 083.27
33	绿芽佛手	33.83	29.08	1.16	983.78
34	九龙大白茶	38.06	32.24	1.18	1 227.05
35	凤圆春	34.67	27.92	1.24	967.99
36	杏仁茶	29.98	27.82	1.08	834.04
37	霞浦元宵绿	32.65	29.36	1.11	958.60
38	霞浦春波绿	31.82	28.43	1.12	904.64
39	大红袍	37.16	33.37	1.11	1 240.03
40	优4	33.30	30.48	1.09	1 014.98

注：福建省农业科学院茶叶研究所陈常颂等研究。

第三节　中国乌龙茶优异种质资源的选育及其主要进展

一、乌龙茶优异新品种审（鉴）定

2015 年春闺茶树新品种通过福建省农作物品种审定委员会审定（闽审茶 2015001）。春闺为无性系、灌木型、小叶类、晚生种。植株中等，树姿半开张，分枝密度较大，发芽密度较高，持嫩性较强，生长势强。春季一芽三叶百芽重约 74.0 克。产量较高，每亩产乌龙茶干茶 130 千克以上。适制乌龙茶、绿茶，均有浓郁花香，品质优。制闽南乌龙茶汤色蜜绿、花香显露、滋味清爽带花味；制闽北乌龙茶桂花香特显，滋味醇甜、汤中香显，具有特殊的品种香，叶底有余香，耐冲泡，品质优且制优率高；制绿茶香气清高有花香、味醇厚爽口。耐寒、耐旱能力与对照种黄旦相当，对小绿叶蝉的抗性较强，对茶橙瘿螨的抗性强，适应性较强，扦插与种植成活率高。适宜福建省乌龙茶、绿茶茶区推广应用。

二、乌龙茶优异新种质创制

2015 年秋季种植来源广东、云南及福建南平、宁德等地杂交创新种质 61 份，单株达3 000 多株。2016 年种植白化、紫化等创新种质 7 份，单株近 400 株。这些单株种质不少表现出优特性状，如叶色黄化、紫化等，有待挖掘利用。

1. 新品系参加省级区试　项目组选育有玉琼茶、瑞丰等 10 个新品系在武夷山布区开展区试，10 多个新品系的武夷山示范种植。点秋香（0318E、玉琼茶）新品系目前在武夷山示范推广近百亩，表现出早生、高产、高香优质（香气馥郁、持久；滋味绵柔、耐冲泡），与常规品种相比产量增产 20% 以上、成品茶价格增加 30% 以上。黄化茶树新品系—茗冠茶，芽期早、产量高，制绿茶花香显或高鲜、有栗香，滋味较甘醇、鲜爽，叶底嫩匀、玉黄隐绿，"茗冠绿茶" 2018 年获 "国饮杯" 特等奖。这些优特新品系的示范应用，将为茶区乡村振兴提供品种支撑。寿宁区试点有 37 个新品系参试，设有 4 个区试区，其中乌龙区试区 3 个。

2. 武夷山区试与示范点　2015 年武夷山新布乌龙茶区试区点，9 月中旬之前种植成活率近 100%，因受天气等影响，10 月 26 日调查发现，种植成活率只有 81%～96%，0318A、0318D、0318E、0318F、0305C、0331E、0209-10 等成活率大于 90%。从表 2-22看出，0318F、0209-10 等树幅超过对照种黄旦，树幅都超过对照种，还有 0318F、0305C、0318A、0205D 等的树幅较大。从表 2-23 可见，示范品种中，0214-1、0214-9、0314D 等树幅扩展较大。2016 年春季制作 7 个新品系闽北乌龙茶样，0312B、0212-22、0202-10、0325A 品质较好。

表 2-22　武夷山乌龙茶区试点农艺性状调查表

品种（系）	树高（厘米）	树幅（厘米）	种植成活率（%）
0206C	40.9±5.6	30.8±6.4	81
0318A	49.9±5.4	35.8±3.8	91
0318D	47.7±3.2	33.3±4.3	93.3

（续）

品种（系）	树高（厘米）	树幅（厘米）	种植成活率（%）
0318E	57.3±6.8	32.7±6.3	96
0318F	44.3±7.1	41.3±4.2	95
0205D	46.3±8.8	35.3±5.0	81
0305C	51.7±6.1	39.8±5.3	92
0331E	51.7±9.0	37.5±8.8	98
0209－10	59.5±9.2	29.2±4.0	92
黄旦（CK）	53.3±4.3	27.6±3.9	91.3

注：福建省农业科学院茶叶研究所陈常颂等研究；2015 年 2 月 8 日定植调查：2015 年 10 月 26 日。

表 2－23 武夷山乌龙茶示范点农艺性状调查表

品种（系）	树高（厘米）	树幅（厘米）	品种（系）	树高（厘米）	树幅（厘米）
0202－10	78.9±5.9	81.3±7.2	黄旦（CK）	78.0±8.6	77.2±8.3
0204－1	64.9±5.2	77.1±8.9	0207－10	71.1±9.8	74.7±7.0
0206B	65.82±3.8	66.1±5.7	0212－22	78.7±10.2	79.5±10.1
0212－22	65.8±5.3	67.3±6.1	0214－1	76.9±5.7	94.3±12.2
0214－1	75.7±5.9	68.9±5.1	0214－9	88.4±6.3	93.7±9.7
0214－9	83.5±7.0	72.7±6.4	0312B	74.7±8.1	83.9±7.8
0314D	76.2±3.8	100.3±6.5	0315A	67.9±6.8	79.9±10.5
0314I	76.3±6.8	80.9±7.8	0332A	68.5±10.4	88.5±11.0

注：福建省农业科学院茶叶研究所陈常颂等研究；2013 年 12 月定植；2012 年 11 月 25 日定植调查：2015 年 10 月 26 日；一些新品系采制茶样，对树高影响较大。

2016 年武夷山区试点调查结果见表 2－24。结果表明，0318D、0318E、0318F、0305C、0331E、0209－10 的树高均高于对照种黄旦；树幅除 0205D 外均大于对照，0318F 幅度最大（注：2016 年 9 月 10 日已有修剪）。

表 2－24 2016 年武夷山乌龙茶区试点农艺性状调查表

品种（系）	树高（厘米）	树幅（厘米）
0206C	39.0±4.4	60.2±5.2
0318A	41.9±3.6	61.6±10.1
0318D	43.5±2.5	67.6±4.0
0318E	43.2±2.5	70.3±6.2
0318F	44.8±3.8	74.4±7.1
0205D	40.4±2.3	55.6±6.1
0305C	44.2±5.6	66.2±7.9
0331E	46.0±3.0	73.2±6.5
0209－10	44.8±3.9	61.4±4.9
黄旦（CK）	43.0±3.7	59.1±8.0

注：福建省农业科学院茶叶研究所陈常颂等研究。

　　2016 年新品系闽北乌龙茶区试茶样感官审评结果表明，0318E、0212 - 22、0322A、0206B 等新品系乌龙茶审评得分均高于对照种黄旦、水仙，其中 0318E 香浓郁持久、味醇厚甘爽，0332A 香清长、滋味较醇厚（表 2 - 25）。2017 年新品系闽北乌龙茶区试茶样感官审评结果表明，0318E、0325A、0202 - 1、0314D、0206C 等新品系乌龙茶审评得分均高于对照种黄旦、福建水仙，其中 0202 - 1 香气长持久花香显、滋味较醇厚较甘爽，0314D 香气清长、滋味清醇鲜爽，0318E 香浓郁持久、味醇厚甘爽，0325A 香清幽、花香显、滋味清醇鲜爽（表 2 - 26）。

表 2 - 25　2016 年武夷山茶树新品种区试茶样审评

品种	外形	香气	汤色	滋味	叶底	总分
0318E（1）	紧结、青褐油润	浓郁持久	橙黄清澈明亮	醇厚甘爽	匀齐亮红边显	93
0318E（2）	紧结、油润	浓郁	橙黄清澈	醇厚	匀齐亮红边较显	92.5
0214 - 1	较紧细、尚润	平和	橙黄较清澈	醇和	尚匀齐红边尚显	88
0325A	较紧结、较润	较清纯	橙黄较清澈	尚醇厚	较匀齐红边较显	90
0212 - 22	较紧结、较润	清纯	橙黄清澈	尚醇厚	匀齐红边显	90.5
0322A	紧结、较油润	清长	橙黄清澈明亮	较醇厚	匀齐红边显	92
0206B	较紧结、较润	较清长	橙黄清澈	较醇厚	匀齐较亮红边尚显	91.5
黄旦	较紧结、尚润	平正	橙黄较清澈	醇和	较匀齐	89
水仙	较紧结、尚润	纯正品种特征显	橙黄较清澈	较醇厚特征显	较匀齐	90

注：福建省农业科学院茶叶研究所陈常颂等研究；时间：2016 年 6 月 20 日审评，人员：修明、马梅英。

表 2 - 26　2017 年武夷山茶树新品种区试茶样审评

品种（系）	外形	香气	汤色	滋味	叶底	总分
0202 - 1	较紧结、尚润	清长持久花香显	橙黄清澈较明亮	较醇厚较甘爽	匀齐红边较显	92.5
0202 - 10	较紧结、尚润	清高	金黄清澈	醇和带涩	黄亮红边尚显	90
0206C	较紧结、较油润	清高、带清花香	橙黄清澈较明亮	较醇厚较甘爽	匀齐红边较显	92
0212 - 22	较紧结、尚润	较清纯	橙黄尚清澈	醇厚微酸	匀齐	90.5
0214 - 1	较紧结、较油润	清长、清花香显	橙黄较清澈	清醇	黄亮较匀齐	90.5
0312B	较紧结、尚润	平正	橙黄	尚醇	较匀齐红边较显	91
0314D	紧结、尚润	清长	金黄清澈	清醇鲜爽	较匀齐红边较显	92
0315A	较紧结、尚润	平和	橙黄	尚醇厚微酸	尚匀齐	90
0318E	紧结、较油润	浓郁持久	橙黄清澈明亮	醇厚甘爽	匀齐红边显	94
0322A	较紧结、较润	清长	橙黄清澈	醇和鲜爽	较匀齐红边显	91
0325A	较紧结、尚润	清幽、花香显	橙黄清澈	清醇鲜爽	黄亮匀齐红边较显	93
水仙	较壮结、较油润	较鲜纯特征显	橙黄清澈	较醇爽	较匀齐	91.0
黄旦	较紧结、较润	清纯	橙黄清澈	较甘爽	较匀齐红边较显	91.5

注：福建省农业科学院茶叶研究所陈常颂等研究；时间：2017 年 6 月 23 日审评，人员：修明、马梅英。

　　2018 年 3 月 31 日对武夷山区试点物候期进行调查（表 2 - 27）。结果表明，0206C、0318A、0318D、0205D、0305C、0331E 等新品系的物候期比对照黄旦早，0318F、0209 - 10 的物候期与对照相当，0318E 的物候期比对照黄旦迟。

2018 年 10 月,对各新品系的产量进行鉴定(表 2 - 28)。结果表明,0318A、0318D、0318E、0205D、0209 - 10 等新品系的产量比对照高,分别比对照增产 49.36%、36.54%、86.54%、42.31%、73.72%,其他新品系的产量低于对照种。

表 2 - 27 物候期汇总表

品系	物候期	品系	物候期	品系	物候期	品系	物候期	品系	物候期
0206C	2 级	0318A	2 级	0318D	3 级	0318E	5 级	0318F	4 级
0205D	1 级	0305C	2 级	0331E	2 级	0209 - 10	4 级	黄旦	4 级

注:福建省农业科学院茶叶研究所陈常颂等研究。

表 2 - 28 产量鉴定表

品种	小区产量(千克/小区)			三区平均 (千克)	与 CK 比 (%)
	一区	二区	三区		
黄旦	1.58	1.69	1.42	1.56±0.14dDE	—
0206C	1.43	1.33	1.25	1.34±0.13dEF	−14.1
0318A	2.17	2.32	2.50	2.33±0.07cC	49.36
0318D	1.97	2.33	2.10	2.13±0.21cCD	36.54
0318E	3.14	2.77	2.82	2.91±0.45bB	86.54
0318F	1.51	1.44	1.60	1.52±0.06dE	−2.56
0205D	2.35	2.21	2.10	2.22±0.23cC	42.31
0305C	1.38	1.40	1.54	1.44±0.14dEF	−7.69
0331E	0.79	1.17	0.98	0.98±0.22eF	−37.18
0209 - 10	2.56	2.88	2.70	2.71±0.18aA*	73.72

注:A*表示显著水平;福建省农业科学院茶叶研究所陈常颂等研究。

对各新品系的品质进行鉴定(表 2 - 29、表 2 - 30)。初步结果表明,0206C、0318E、0209 - 10、玉琼号等新品系的品质总分比对照高,0205D 新品系的品质总分与对照相当,其他新品系的品质总分比对照低。

表 2 - 29 新品系武夷山点加工品质鉴定表

样品名称	汤色(5%)		香气(30%)		滋味(35%)		叶底(10%)		总分 (80)
	评语	得分	评语	得分	评语	得分	评语	得分	
黄旦	浅金黄	95	花香较显	93	味较甜醇	94	正常	94	75.0
0206C	浅金黄	95	花香较显	95	汤香明显、厚、稍涩	93.5	偏粗	93	75.3
0205D	金黄	95	香高且优	93	汤香明显,稍涩	94	正常	94	75.0
0318E	浅金黄	93	花香浓郁	96	汤中花香显	95	正常	93	76.0
0318F	金黄	95	香较清醇	93	味甜醇	93	正常	93	74.5
0209 - 10	浅金黄	95	花香显	95	味清醇,稍涩	94.5	匀软亮	95	75.8
0305C	金黄	95	香尚显	93	醇爽	94	正常	93	74.9

注:福建省农业科学院茶叶研究所陈常颂等研究。

表 2-30　武夷山品质鉴定表

名称	外形	香气	汤色	滋味	叶底	总分
0212-21	外形紧结、匀整、叶端稍扭曲	香气清长、鲜爽、持久	金黄、清澈、明亮	醇和、鲜润、持久、岩韵显	黄亮、匀齐、红边显	92
玉琼号	条索紧结、匀整、色泽青褐、油润	香气持久、锐而浓长	橙黄、清澈、艳丽、明亮	浓厚、甘润、鲜爽、岩韵明显	黄亮、匀齐、红边明显	98
白鸡冠	条索紧结、色泽黄褐、油润	香气清纯、带板栗香	金黄、明亮	醇正、鲜爽、岩韵显	红边艳丽	94

注：福建省农业科学院茶叶研究所陈常颂等研究；审评时间：2018 年 5 月 12 日，审评人：马梅荣、修明。

　　寿宁区试点：寿宁区试点乌龙茶区试区 3 个（其中 2015 年新布置 1 个）。2015 年 10 月 9 日对这些参试品种进行生长势等调查。从表 2-31 可见，乌龙茶新品系 0212-12、0205C、0325A、0312B 的树高超过黄旦，0205C、0325A 等树幅超过黄旦，其他参试品种长势总体与对照品种相当。从表 2-32 看出，新品系 0314D、T2 等树高、树幅超过黄旦，其他参试品种长势与对照品种相当（注：树高与区试茶园夏秋季打顶修剪有关）。种植的参试品种 0205D、0305C、0318F、0331E 的成活率均为 100%，从表 2-33 看出，0318F、0205D、0305C 等树幅超过对照种黄旦。

表 2-31　寿宁乌龙茶区试点（一）调查表

品种（系）	树高（厘米）	树幅（厘米）
0206A	55.7±4.7	59.9±5.0
0212-12	72.1±4.0	68.4±5.7
0312B	67.9±4.6	77.7±7.7
0205C	71.6±3.5	86.2±6.1
0317A	53.0±5.1	68.5±6.0
0319	61.9±3.9	79.2±6.0
0325A	67.2±5.5	80.0±8.9
0326B	65.9±3.6	68.1±7.9
0331F	55.2±3.3	73.3±6.1
0331G	58.3±3.7	65.5±7.8
0331I	58.1±8.2	77.1±5.3
黄旦（CK）	66.7±4.9	70.3±6.3

注：福建省农业科学院茶叶研究所陈常颂等研究；2013 年 10 月布区种植。

表 2-32　寿宁乌龙茶区试点（二）调查表

品种（系）	树高（厘米）	树幅（厘米）
TC19	64.1±3.0	74.7±4.9
TC20	62.3±2.1	70.4±3.0
T2	76.2±3.9	74.6±7.0
0329C	67.5±4.7	74.7±8.0
0212-20	61.3±4.6	66.9±5.7
0314D	72.0±6.7	74.3±4.1
黄旦	69.4±5.2	73.6±4.8

注：福建省农业科学院茶叶研究所陈常颂等研究。

表 2-33　寿宁乌龙茶区试点（三）农艺性状调查表

名称	树高（厘米）	树幅（厘米）	种植成活率（%）
0318A	31.33±2.5	20.87±2.5	98.0±3.5
0318D	32.33±3.6	18.73±3.2	98.7±2.3
0318E	34.93±4.9	20.13±2.7	97.3±3.1
0318F	33.2±4.5	22.87±4.4	100
0205D	36.2±3.3	23.27±3.5	100
0305C	39.87±5.8	25.27±6.0	100
0331E	32.4±3.7	19.07±1.8	100
0209-10	37.13±4.9	17.6±3.2	99.3±1.2
黄旦	42.67±5.8	21.6±5.0	97.3±3.1

注：福建省农业科学院茶叶研究所陈常颂等研究；2015年2月5日布区种植。

2016年11月16日对这些参试品种进行生长势等调查。从表2-34可见，乌龙茶新品系0212-12的树高超过黄旦，0317A、0319、0326B、0331F、0331G等树幅超过黄旦。从表2-35看出，新品系除TC192树高略低于对照外，其余树高、树幅超过黄旦。从表2-36看出，0318E、0205D、0305C等树高超过对照种黄旦（注：区试茶园夏秋季有打顶采）。

表 2-34　寿宁乌龙茶区试点（一）调查表

品种（系）	树高（厘米）	树幅（厘米）
0206A	64.0±10.0	92.4±6.6
0212-12	91.7±6.4	113.7±8.6
0312B	83.4±10.0	109.1±9.0
0205C	85.1±7.9	114.1±7.7
0317A	61.3±7.0	123.9±5.9
0319	72.8±9.7	119.6±10.6

（续）

品种（系）	树高（厘米）	树幅（厘米）
0325A	77.3±5.2	98.8±12.6
0326B	76.2±7.3	119.7±8.8
0331F	67.1±7.0	118.1±6.6
0331G	73.8±5.6	123.9±7.6
0331I	70.4±7.5	108.0±10.5
黄旦（CK）	85.1±8.8	114.3±10.7

表 2-35 寿宁乌龙茶区试点（二）调查表

品种（系）	树高（厘米）	树幅（厘米）
TC19	74.6±7.6	122.2±5.4
TC20	91.7±10.1	131.3±7.5
T2	96.3±5.2	125.1±5.2
0329C	102.1±8.8	135.3±3.8
0212-20	102.8±10.5	124.5±5.1
0314D	102.7±9.7	120.2±5.8
黄旦	85.1±8.8	114.3±10.7

表 2-36 寿宁乌龙茶区试点（三）调查表

名称	树高（厘米）	树幅（厘米）
0318A	56.0±5.9	66.4±6.0
0318D	44.7±6.1	58.1±5.3
0318E	84.1±11.3	74.3±7.8
0318F	54.3±12.1	66.3±7.4
0205D	60.9±10.7	61.9±9.3
0305C	107.0±9.2	65.3±10.9
0331E	77.6±8.1	59.7±12.8
0209-10	63.9±4.5	58.3±12.9
黄旦	61.7±5.2	80.1±12.5

　　2018 年春季芽梢密度调查结果见表 2-37。结果表明绿茶新品系的发芽密度大部分均高于绿茶对照种福大，其中 0202-10、0214-1、0317L、0306F 的芽梢密度显著高于对照种福大。乌龙茶新品系 T2 的发芽密度略高于对照种黄旦，0212-12、0331F、0331G、0329C 发芽密度均与对照种黄旦相当，0206A、0205C、0317A、0319、0325A，TC19、TC20、0314D 等则显著低于对照种黄旦。

表 2 - 37   2018 年寿宁品种区试芽梢密度的调查方法为每 1 109 厘米² 芽梢萌发个数   单位：个

品种		重复 1	重复 2	重复 3	平均值
绿茶 （第一区）	0202 - 10	128	116	105	116±11.5cC
	0214 - 1	120	119	114	118±3.2cC
	0306D	80	72	74	75±4.2aA
	0317L	112	104	136	117±16.7cC
	0306C	92	104	112	103±10.1bcB
	0306F	108	116	124	116±8.0cC
	0314C	108	104	112	108±4.0bcC
	0331H	192	180	196	189±8.3dD
	0326A	80	92	84	85±6.1aAB
	福大（对照）	96	100	104	100±4.0bBC
乌龙茶 （第一区）	0206A	88	76	82	82±6.0aA
	0212 - 12	124	112	122	119±6.4efBCD
	0312B	104	112	124	113±10.1cBCD
	0205C	102	96	88	95±7.0abcAB
	0317A	96	112	104	104±8.0cdeABC
	0319	96	96	120	104±13.9cdeABC
	0325A	88	96	116	100±14.4bcdABC
	0326B	120	100	112	111±10.1cdeBCD
	0331F	104	128	120	117±12.2defBCD
	0331G	124	140	132	132±8.0fD
	0331I	112	120	100	111±10.1cdeBCD
	黄旦（对照）	132	140	128	133±6.1fD
乌龙茶 （第二区）	TC19	88	72	92	84±10.6abA
	TC20	80	80	88	83±4.6aA
	T2	124	144	136	135±10.1fD
	0329C	116	112	136	121±12.9efCD
	0212 - 20	108	116	108	111±4.6cdeBCD
	0314D	84	76	88	83±6.1aA

注：显著水平参数 5% 以小写字母表示，显著水平参数 1% 以大写字母表示；福建省农业科学院茶叶研究所陈常颂等研究。

2018 年春季对各种质的鲜叶产量进行调查（表 2 - 38）。绿茶新品系 0202 - 10、0314C 产量显著超过对照福大，0306D 产量与 CK 相当，0306C 则显著低于 CK，其余参试绿茶品系的产量均极显著低于 CK。乌龙茶参试品系中 0331G 产量显著高于对照种黄旦，0212 - 12、0317A、0326B、0205C、0331F、0331I、TC19、TC20、T2、0212 - 20、0325A、0319 产量与 CK 相当，0312B、0206A、0329C、0314D 产量显著低于 CK。

表 2 - 38　2018 年寿宁品比区春季鲜叶产量鉴定表（千克／小区）

	品种	I	II	III	平均值
绿茶 （第一区）	0202 - 10	6.1	5.9	4.9	5.63±0.64cE
	0214 - 1	2.1	2.2	2.0	2.10±0.10abA
	0306D	3.1	4.4	4.5	4.00±0.78cdB
	0317L	2.6	1.9	2.3	2.27±0.35abA
	0306C	3.6	2.8	2.6	3.00±0.53bcAB
	0306F	1.7	1.5	1.3	1.50±0.20aA
	0314C	6.5	7.9	8.2	7.53±0.91fD
	0331H	2.6	1.0	2.0	1.87±0.81aA
	0326A	3.2	2.0	2.2	2.47±0.64abA
	福大（对照）	4.4	4.6	4.0	4.33±0.31dBC
乌龙茶 （第一区）	0206A	4.2	4.3	5.2	4.57±0.55aA
	0212 - 12	13.5	12.2	12.9	12.87±0.65deC
	0312B	7.9	5.5	5.4	6.27±1.42abAB
	0205C	10.5	11.9	10.6	11.00±0.78cdeBC
	0317A	14.9	13.7	12.9	13.83±1.01eC
	0319	8.3	6.8	7.3	7.47±0.76abcAB
	0325A	8.9	7.3	6.0	7.40±1.45abcAB
	0326B	12.8	16.4	13.6	14.27±1.89eC
	0331F	12.9	10.1	9.8	10.93±1.71cdeBC
	0331G	29.3	16.5	18.7	21.50±6.84fD
	0331I	11.0	8.0	9.7	9.57±1.50bcdBC
	黄旦（对照）	11.5	10.8	9.7	10.67±0.91cdeBC
乌龙茶 （第二区）	TC19	11.3	8.5	9.1	9.63±1.47bcdBC
	TC20	11.9	8.7	10.5	10.37±1.60cdeBC
	T2	12.6	9.6	11.5	11.23±1.52cdeBC
	0329C	4.7	4.1	4.4	4.40±0.30aA
	0212 - 20	13.3	9.6	9.3	10.73±2.22cdeBC
	0314D	4.2	3.4	4.9	4.17±0.75aA

注：显著水平参数 5％以小写字母表示，显著水平参数 1％以大写字母表示；福建省农业科学院茶叶研究所陈常颂等研究。

请张方舟高级审评师、教授级高级农艺师对春季新品系茶样进行感官密码审评。从审评结果表 2 - 39 至表 2 - 41 可见，该区试点绿茶新品系的品质总分均比对照种福大高，其中 0306F 评语嫩香显，0326A 评语有花香，0317L 评语味醇爽，0309C 评语味醇，0306D 评语较浓厚。该区试点大部分乌龙茶新品系的品质总分比对照种黄旦高，0312B 评语花香浓郁、味醇爽；0206A 评语花香较锐似单<u>丛</u>香、味醇爽；0319 评语香较浓似单<u>丛</u>香、味醇厚，TC20 评语花香显、味浓较醇。

表 2-39　2018 年寿宁品比区春季新品系绿茶感官品质审评

样品名称	汤色（10%）		香气（25%）		滋味（30%）		总分
	评语	得分	评语	得分	评语	得分	（65）
0214-1	黄绿明亮	93	清香尚显	92	稍带青感	90	59.30
0306F	黄绿稍暗	92.5	嫩香显	94	稍涩	91	60.05
0326A	黄绿明亮	93	有花香	94	较醇	93	60.70
0317L	嫩黄明亮	94	花香浓欠清	93	味醇爽	96	61.45
0309C	黄绿明亮	93.5	有嫩香	92.5	味醇	94	60.68
0314C	黄绿稍暗	92.5	香尚清	91	浓稍苦	92	59.60
0331H	嫩黄明亮	93.5	略有青气	89	较浓醇	93.5	59.65
0202-10	黄绿明亮	93	稍有嫩香清香	91	浓较醇稍涩	93	59.95
0306D	黄绿稍暗	92.5	稍有嫩香	90	较浓厚	95.5	60.40
福大 CK	黄绿明亮	93	稍有青气	88	味较醇稍青	92	58.90

审评人员：教授级高级农艺师张方舟；审评日期：2018 年 6 月 28 日审评单位：福建省茶叶质量监督检验站；福建省农业科学院茶叶研究所陈常颂等研究。

表 2-40　2018 年寿宁品比区春季新品系乌龙茶感官品质审评

样品名称	汤色（5%）		香气（30%）		滋味（35%）		总分
	评语	得分	评语	得分	评语	得分	（70）
0206A	橙黄亮	92	花香较锐似单丛香	92	醇爽	93	64.75
0212-12	橙红稍暗	90	香欠清	89	浓带苦涩	86	61.30
0312B	金黄	92	花香浓郁	93	醇爽	93	65.05
0205C	橙红	91	熟香	88	较浓厚	91	62.80
0317A	浅橙红较亮	91	香较显	92	尚醇较浓	88	62.95
0319	金黄尚亮	91	香较浓似单丛香	91	醇厚	92.5	64.23
0325A	橙红稍深	90	香尚显	89	稍涩	90	62.70
0326B	橙红稍深	90	欠纯	86	较涩带苦	86	60.40
0331F	金黄	92	香尚清	90	浓稍涩	90	63.10
0331G	橙红稍暗	90	香平正	88	浓带苦	87	61.35
0331I	浅橙红较亮	92	香尚清	91	浓尚醇	91	63.75
黄旦 CK	橙黄稍暗	90	香平	88	尚醇厚	89	62.05
TC19	金黄稍暗	91	花香较显	91	尚浓较涩	91	63.70
TC20	浅橙红	91	花香显	92	浓较醇	92	64.35
T2	浅橙红稍暗	89	香较显	90	浓稍涩	90	62.95
0329C	浅橙红较亮	91	香较显稍偏青	91	微青带涩	87	62.30
0212-20	橙黄稍暗	90	香较显	92	较醇爽	91	63.95
0314D	金黄亮	92	香欠清纯	87	较浓尚醇稍涩	89	61.85

注：审评人员：教授级高级农艺师张方舟；审评日期：2018 年 6 月 28 日；审评单位：福建省茶叶质量监督检验站；福建省农业科学院茶叶研究所陈常颂等研究。

表 2-41 形态学特征研究结果

编号	树高（米）	叶长（厘米）	叶宽（厘米）	叶面积（厘米²）	叶形指数	叶型	叶形	叶色	叶基	叶齿
D15	0.72	7.80	3.10	16.93	2.52	中	长椭圆	黄绿	楔形	锯齿形
D17	0.55	6.20	3.20	13.88	1.94	小	圆形	绿	楔形	锯齿形
D19	0.65	9.00	3.80	23.94	2.37	中	椭圆	绿	楔形	锯齿形
D20	0.56	7.10	3.50	17.40	2.03	中	椭圆	绿	楔形	锯齿形
D22	0.78	7.50	3.00	15.75	2.50	中	椭圆	绿	楔形	锯齿形
D23	0.52	5.80	2.50	10.15	2.32	小	椭圆	绿	楔形	锯齿形
D24	0.66	8.00	3.30	18.48	2.42	中	椭圆	绿	楔形	少齿形
D26	0.68	7.80	4.00	21.84	1.95	中	圆形	绿	楔形	锯齿形
D28	0.76	10.00	4.52	31.64	2.21	大	椭圆	黄绿	楔形	少齿形
D29	0.70	7.50	3.10	16.28	2.42	中	椭圆	绿	楔形	锯齿形
D30	0.80	7.50	3.40	17.85	2.21	中	椭圆	绿	楔形	锯齿形

注：华南农业大学黄亚辉等研究。

2017 年选送参加第十二届"中茶杯"全国名优茶评比的瑞草乌龙茶、点秋香乌龙茶分别获特等奖、一等奖。瑞草乌龙茶（0206A 新品系制）：外形条索壮硕、匀齐、重实、扭曲、褐，95 分；汤色橙黄明亮，95.5 分；香气浓郁、花蜜香显，96 分；滋味浓醇、甘爽，95 分；叶底厚、软、匀齐、红边明显、褐绿明亮，95 分；总分 95.4 分。农业部茶叶质量监督检验测试中心检测项目中，除联苯菊酯含量为 0.016 毫克/千克、铅含量为 0.29 毫克/千克外，其他均为 ND（未检出）。点秋香乌龙茶（0318E 新品系制）：外形条索较壮结、扭曲、较匀齐、乌褐，92 分；汤色橙黄明亮，94 分；香气浓郁、杏仁香、火工足，94 分；滋味醇厚、甘爽、火工足，94 分；叶底较软匀、红边较明显、绿明，92 分；总分 93.5 分。农业部茶叶质量监督检验测试中心检测项目中，除联苯菊酯含量为 0.016 毫克/千克、铅含量为 0.29 毫克/千克外，其他均为 ND（未检出）。

3. 广东凤凰单丛种质资源新品系选育 观察并记录了新品系茶树树高、叶长、叶宽、叶片大小、叶形、叶色、叶基、芽叶茸毛等形态学性状特征，进行常规生化实验测定了新品系茶叶的水浸出物总量、多酚总量和氨基酸总量，利用 HPLC（高效液相色谱）测定了茶叶中可可碱、咖啡碱、没食子酸和八种儿茶素单体的具体含量。

由形态学特征研究结果表 2-41 可见，新品系茶树的树高分布在 0.52～0.80 米的区间内，树高平均值为 0.63 米，几乎所有新品系的树高都在 0.5 米以上；叶长范围在 5.80～10 厘米，叶长平均值为 7.55 厘米，且 60% 的新品系叶长都在 7.0～8.0 厘米；叶宽范围在 2.5～4.52 厘米，叶宽平均值为 3.29 厘米，且 73% 以上的新品系叶宽都在 3.0～4.0 厘米；叶面积＝叶长×叶宽×0.7（系数），叶面积范围在 10.15～31.64 厘米²内，叶面积平均值为 17.66 厘米²，且 73% 的新品系叶面积都在 14～28 厘米²，茶树叶片按叶面积大小划分叶型：叶面积在 28～50 厘米² 的为大叶型，叶面积在 14～28 厘米² 的为中叶型，叶面积小于 14 厘米² 的为小叶型，新品系大都为中叶型，D28 为大叶型，D23、D17 为小叶型；叶长/叶宽称为叶形指数，茶树叶形按照叶形指数来确定，一般可分为：圆形（叶形指数≤2.0），椭圆形（2.1～2.5），长椭圆形（2.6～2.9）和披针形（≥3.0）；新品系叶形指数在 1.94～2.52，叶形指数平均值为 2.27，叶形大多为椭圆形，D17、D26 为圆形，D15 为长椭圆形；叶色大都为绿色，D15、D28 为黄绿色；叶基均为楔形；叶齿形态多为锯齿形，D24、D28 为少齿形。

同时，新品系茶叶叶脉对数分布在 5～9 对（表 2 - 42）；茶叶叶身多为内折，D19、D28、D26 茶树叶身稍背卷，叶面微隆起或者平坦，叶缘平或呈微波状，叶尖多为急尖或渐尖，D19 为钝尖，叶背部分有少量茸毛，部分无茸毛，叶质大部分软硬适中，D28 和 D26 叶质较柔软。此外，新品系茶树芽叶色泽多为黄绿，少部分为浅绿，仅 D26 为紫绿；芽叶多为无茸毛或少茸毛，仅 D29、D30 有中等密度的茸毛。

表 2 - 42　形态学特征研究结果

编号	修剪物（克/株）	叶脉对数	叶身	叶尖	叶面隆起	叶缘	茸毛	叶质	芽叶色泽	芽叶茸毛
D15	53	6～7	内折	渐尖	平	平	少	中	黄绿	少
D17	39	6	内折	渐尖	微隆起	平	无	中	浅绿	无
D19	48	7～8	内折	钝尖	微隆起	平	少	中	浅绿	少
D20	46	6～7	内折	急尖	微隆起	微波	无	中	黄绿	少
D22	42	7	内折	渐尖	平	平	少	中	黄绿	少
D23	44	6～7	内折	急尖	平	微波	无	中	黄绿	无
D24	40	7	内折	急尖	平	微波	少	中	黄绿	少
D26	38	9	稍背卷	圆尖	微隆起	微波	少	柔软	紫绿	少
D28	35	6	稍背卷	急尖	微隆起	微波	无	柔软	黄绿	无
D29	58	8	内折	渐尖	微隆起	微波	少	中	黄绿	中
D30	46	8	内折	渐尖	平	平	少	中	黄绿	中

注：华南农业大学黄亚辉等研究。

茶鲜叶中多酚类的含量一般在 18%～36%，是一类存在于茶树中的多元酚的混合物，它们与茶树自身的生长发育、新陈代谢以及茶叶的试制性和茶叶品质都有极其密切的关系。新品系茶树的多酚含量在 21.46%～32.01% 范围内，相差 10.55%，平均值为 26.54%。氨基酸也是茶叶中的重要物质，与茶叶的嫩度和香气的形成有密切关系，对于成茶的品质也有重要的影响，新品系茶树的氨基酸含量在 1.5%～4.0%，平均值为 2.35%，其中 D22、D26 和 D28 的氨基酸含量较高，分别为 3.00%、4.00% 和 3.20%。

酚氨比是判断某一茶树种质适制性的重要参考指标，一般酚氨比小于 8 且具有较高氨基酸含量的茶树种质适制绿茶，适制红茶的种质一般要求酚氨比＞15、茶多酚含量较高，酚氨比在 8～13 或 13～15 的种质，则适制乌龙茶或红绿茶兼制。新品系茶树的酚氨比范围在 2.95～12.19，相差较大，可初步推断，D22、D26 和 D28 这 3 个新品系尤其适制绿茶，叶质柔软，色泽较绿，滋味鲜爽；D19、D20 和 D24 这 3 个新品系适制乌龙茶或红绿茶兼制，其他新品系较适制绿茶。

茶叶中的水浸出物是指能被热水浸出的可溶性物质的总称，水浸出物含量的高低是茶汤滋味强弱、厚薄的标志，是评判茶叶内含物是否丰富的重要指标。根据表 2-43 常规生化成分测定结果表明：新品系的水浸出物平均含量在 37.8%～46.93%，平均值为 42.49%，新品系茶树总体的内含物质都很丰富。

表 2-43 常规生化成分测定结果

品系编号	水浸出物（%）	多酚总量（%）	氨基酸总量（%）	酚氨比
D15	42.94	25.24	2.10	7.29
D17	38.06	25.25	1.90	7.94
D19	41.90	29.23	2.00	9.61
D20	41.48	27.20	1.70	10.24
D22	38.78	23.50	3.00	4.37
D23	46.78	32.01	2.60	7.82
D24	46.93	28.19	1.50	12.19
D26	40.45	21.46	4.00	2.95
D28	46.55	29.88	3.20	6.00
D29	43.85	24.60	2.40	5.91
D30	40.50	25.41	2.30	6.82

注：华南农业大学黄亚辉等研究。

茶叶中生物碱是重要的功能成分和风味物质，主要组分有咖啡碱、可可碱和茶叶碱，茶叶中咖啡碱含量一般在 2%～4%，可可碱含量一般为 0.05%，茶叶碱含量只有 0.002% 左右，咖啡碱对生物碱总量起决定性作用，是决定茶叶滋味的重要物质。新品系茶树的咖啡碱含量在 0.69%～1.81% 的范围内，平均值为 1.22%，可可碱和茶叶碱较微量，可可碱含量平均值为 0.10%，茶叶碱含量低出检测线不予讨论。

茶叶中的儿茶素是茶叶中多酚类物质的主体成分（表 2-44），主要有 GC、C、EGC、EGCG、EC、GCG、ECG、CG 这 8 种，其中，EGCG、GCG、ECG 和 CG 为酯型儿茶素，GC、C、EGC 和 EC 为简单儿茶素。GA 为没食子酸，是茶多酚的重要组成单元，常以酯的形式连接在儿茶素的 3 位羟基上，形成一系列的酯型儿茶素衍生物。在新品系茶树中，儿茶素组分含量最高的是 EGCG，含量最低的为 GCG，8 种儿茶素组分含量的整体趋势为 EGCG>EGC>GC>EC>C>ECG>CG>GCG。从新品系的各儿茶素组分来看，EGCG 含量以 D23（3.93%）为最高；EGC 含量以 D15（3.47%）为最高；GC 含量以 D23（1.57%）为最高；EC 含量以 D19（1.64%）为最高；C 含量以 D19（1.17%）为最高；ECG 含量以 D15（1.02%）为最高；CG 含量以 D15（0.43%）为最高；GCG 含量以 D15（0.98%）为最高。儿茶素品质指数是表达茶叶品质的经验参数，其数值＝（EGCG＋ECG）* 100/EGC，儿茶素品质指数越大，鲜叶嫩度和品质越好，绿茶质量越好，计算可得儿茶素指数排名前四的新品系为 D26、D30、D29、D28，具备成为绿茶良种的潜力。

表 2－44　生物碱和儿茶素测定结果

单位：%

编号	可可碱	咖啡碱	GA	GC	C	EGC	EGCG	EC	GCG	ECG	CG
D15	0.14	1.24	0.60	1.44	0.32	3.47	3.76	0.74	0.98	1.02	0.43
D17	微量	0.80	0.25	0.68	0.20	0.63	1.18	0.43	微量	0.08	微量
D19	0.04	1.52	0.18	1.05	1.17	0.92	3.13	1.64	0.05	0.27	微量
D20	微量	0.69	0.08	0.66	0.19	0.54	0.62	0.34	微量	微量	微量
D22	0.09	1.16	0.18	1.07	0.57	0.95	1.86	0.99	微量	0.20	微量
D23	微量	1.66	0.24	1.57	0.38	2.23	3.93	0.90	0.34	0.60	0.09
D24	0.05	0.79	0.14	0.67	0.19	1.03	0.97	0.22	微量	微量	微量
D26	0.08	1.81	0.22	0.87	0.79	0.68	3.00	0.98	0.04	0.26	微量
D28	0.07	1.58	0.19	1.42	0.56	1.31	2.51	0.87	微量	0.33	微量
D29	0.20	1.29	0.26	1.12	0.70	0.98	2.31	1.07	微量	0.18	微量
D30	0.09	1.22	0.26	1.13	0.74	0.94	2.31	1.17	微量	0.22	微量

注：华南农业大学黄亚辉等研究。

通过新品系形态学、生物化学测定以及修剪物质量和茶园长势长期观察，目前认为，D17、D19、D20、D23 和 D24 等 5 个新品系适合选育成乌龙茶新品种，D22、D26、D28、D29、D30 等 5 新品系适合选育成绿茶新品种。

其中 D19 以华农 1801 品种名称完成了农业部 DUS 检测，并向农业部正式提出新品种保护申请。该品种及其他几个适制乌龙茶的新品系已经在广东省饶平县浮滨镇双髻娘山种植 30 余亩茶园，进行生产示范。

4. 抗寒凤凰单丛茶树种质选育　为了促进抗寒凤凰水仙的品种选育工作，华南农业大学在湖南长沙的凤凰水仙茶园中采用单株选拔方法，筛选获得表现优良的单株 20 株。通过短穗扦插，扩大繁殖。所得单株茶苗集中布置于华南农业大学试验茶园，以丹霞 1 号为对照品种，对其生物学性状进行调查。叶片的性状调查结果如表 3－45 所示，丹霞 1 号和水仙 13 号为大叶种，水仙 11 号为小叶种，其余皆为中叶种；叶形为长椭圆形或椭圆形；叶基为楔形或近圆形；叶色多为绿色或深绿色；叶基以楔形居多，少数近圆形；叶脉对数为 8～11 对；叶身以内折居多，少数平或稍背卷；叶尖为渐尖或钝尖；叶面微隆起或平；叶缘微波或平；丹霞 1 号叶背茸毛多，20 个水仙品种叶背有茸毛；叶齿均为锯齿形（彩图 2－5）。

茶树花的性状调查结果表明丹霞 1 号花萼片为 5 枚（彩图 2－6），披茸毛，绿色；

花瓣质地薄，微绿色，花瓣平均数为5.5枚；雌雄蕊等高；花柱开裂数为3裂；子房披茸毛。水仙品种花萼片以5枚为主，多数为绿色，少数呈紫红色，无茸毛，但水仙9号和水仙20号能看到少量边缘茸毛；花瓣质地以薄、中为主，微绿色居多，少数白色，花瓣平均数为5.33~7.67；花柱开裂数以3裂居多，少数4裂；有40%的品种子房无毛。

表2-45 抗寒凤凰水仙茶树叶片性状

编号	叶长(厘米)	叶宽(厘米)	叶片大小	叶形	叶色	叶基	叶脉对数	叶身	叶尖	叶面隆起性	叶缘	叶背茸毛	叶质	叶齿形态
丹霞1号	10.67	4.83	大	长椭圆	绿	楔形	10.67	内折	渐尖	微隆起	微波	多	硬	锯齿形
水仙1号	7.9	2.9	中	长椭圆	绿	楔形	8.33	内折	钝尖	微隆起	微波	有	硬	锯齿形
水仙2号	8.18	2.58	中	长椭圆	黄绿	楔形	8	平	渐尖	微隆起	平	有	硬	锯齿形
水仙3号	8.95	3.07	中	长椭圆	绿	楔形	10	内折	渐尖	微隆起	微波	有	硬	锯齿形
水仙4号	7.92	3.68	中	椭圆	绿	近圆形	9.33	内折	钝尖	平	平	有	硬	锯齿形
水仙5号	6.9	2.95	中	椭圆	绿	楔形	8.67	内折	渐尖	平	波	有	硬	锯齿形
水仙6号	7.53	2.98	中	长椭圆	浅绿	楔形	7	平	钝尖	平	平	有	硬	锯齿形
水仙7号	8.93	3.53	中	长椭圆	深绿	楔形	7.67	内折	渐尖	微隆起	微波	有	硬	锯齿形
水仙8号	8.57	3.08	中	长椭圆	绿	楔形	10.33	内折	钝尖	平	平	有	硬	锯齿形
水仙9号	9.33	4.05	中	椭圆	深绿	楔形	7.67	内折	钝尖	微隆起	微波	有	硬	锯齿形
水仙10号	8.58	3.65	中	椭圆	深绿	楔形	9	内折	钝尖	平	平	有	柔软	锯齿形
水仙11号	7.53	2.63	小	长椭圆	绿	楔形	8.33	内折	渐尖	平	平	有	硬	锯齿形
水仙12号	8.12	2.92	中	长椭圆	绿	楔形	8.33	内折	渐尖	平	平	有	硬	锯齿形
水仙13号	10.97	4.58	大	椭圆	绿	楔形	8.33	内折	钝尖	微隆起	平	有	中	锯齿形
水仙14号	8.86	3.93	中	椭圆	绿	楔形	10.33	内折	渐尖	平	平	有	硬	锯齿形
水仙15号	6.67	3.1	中	椭圆	绿	近圆形	7.33	稍背卷	渐尖	微隆起	微波	有	硬	锯齿形
水仙16号	7.9	2.8	中	长椭圆	深绿	楔形	8	内折	渐尖	平	平	有	硬	锯齿形
水仙17号	9.2	3.35	中	长椭圆	深绿	楔形	8	内折	渐尖	微隆起	微波	有	硬	锯齿形
水仙18号	9.5	4.03	中	椭圆	深绿	楔形	8.67	内折	渐尖	微隆起	平	有	硬	锯齿形
水仙19号	7.5	2.85	中	长椭圆	深绿	楔形	8.67	平	钝尖	平	平	有	硬	锯齿形
水仙20号	8.98	3.53	中	长椭圆	绿	楔形	11	内折	渐尖	平	微波	有	中	锯齿形

注：华南农业大学黄亚辉等研究。

子房的体视显微镜观察结果见彩图2-7所示，子房的体视显微镜观察结果与肉眼观察结果存在差异。在体视显微镜下，观察发现丹霞1号、水仙1号、水仙2号、水仙4号、水仙6号、水仙8号、水仙10号、水仙11号、水仙12号、水仙14号、水仙17号、水仙18号、水仙19号的子房披茸毛，水仙3号、水仙5号、水仙7号、水仙13号、水仙15号、水仙16号的子房无茸毛，这与肉眼观察结果一致。肉眼没有观察到水仙9号和水仙20号的茸毛，但在体视显微镜下能看到稀少的茸毛。

2000 年，陈亮根据子房室数、花柱分裂数的不同将茶分为两大类，一类子房 5 或 7 室，花柱 5 或 7 裂，有大厂茶、厚轴茶、大理茶等 3 个种，另一类子房 3 或 4 室，花柱 3 或 4 裂的有秃房茶和茶等 2 个种。秃房茶和茶又以子房有无茸毛为分类依据，秃房茶子房无毛，茶子房披茸毛。茶组植物是异花授粉植物，经过长时间的自然杂交和人们在实践中不断进行育种工作，形成了种类繁多的种质资源，从而导致种与种之间差异微小，界限模糊。子房茸毛属于质量遗传性状，对环境变化不敏感。栽培型茶树多属于茶种，子房 3 或 4 室，花柱 3 或 4 裂。本试验材料抗寒凤凰水仙茶树花柱 3 裂，子房有毛或无毛，其中子房无毛单株占总数的 40%。

云南是茶树的原产地，茶树资源原始且种类众多。一般认为，茶树从原产地云南沿着 4 条路线在中国境内传播、进化。西江是珠江水系中最大的河流，发源于云南省沾益县马雄山，向东经黔桂边境流入广西，在梧州市往东流入广东。茶树沿着西江经云贵、广西到达广东是茶树进化的东南路线。茶树物种发育历程中，地理、气候、基因突变、物种杂交等都可以导致变异与进化。子房茸毛是茶组植物的一个比较稳定的质量性状，极少出现凤凰水仙茶树这种变异。初步推测，这类变异可能来自凤凰水仙茶树物种进化史上茶种与秃房茶种的种间杂交。

第四节　乌龙茶种质资源基因分型鉴定与风险防控研究

一、乌龙茶种质资源基因分型鉴定与应用研究

根据生产区域和加工工艺，中国乌龙茶可分为以下 4 类型：闽北乌龙茶、闽南乌龙茶、广东乌龙茶和台湾乌龙茶。它们的生产区域分别是福建省北部地区、福建省南部地区、广东省和台湾。在这 4 个产地中，福建省是乌龙茶生产技术的发源地，现今乌龙茶产品种类最多。乌龙茶产品常以茶树品种命名，如铁观音、肉桂、水仙、宋种、金萱茶等。因此，产品质量与品种密切相关。作为产业发展的重要基础资源，阐明中国乌龙茶种质资源之间的遗传关系具有重要意义，研究还有利于保护茶树种质资源，为茶树分子育种工作提供依据。

1. 基于 EST-SNP 标记的中国乌龙茶种质资源的遗传多样性研究　分子标记技术在区分植物品种、检测遗传稳定性、遗传多样性、亲缘关系分析以及遗传图谱的构建方面做出了很大贡献。在过去的 20 年中，分子标记，如 RAPD、AFLP、ISSR、SSR 和 SNP，取得了显著的进步，并已广泛应用于茶树品种资源研究（表 2-46）。作为第三代分子标记技术，SNP 是一种基于序列的标记技术，目前在鉴定植物中占据相对优势。SNP 广泛分布在植物基因中，它们是取之不尽的资源。SNP 测定比 SSR 更方便，并且不需要按大小分离 DNA，这实现了高通量和自动化。此外，由于 SNP 的双列特性，可以降低实验误差率，并且可以提高实验的一致性。本课题组将 SNP 纳米流体阵列应用于中国乌龙茶种质资源的遗传多样性研究，以分析主要乌龙茶品种资源的遗传背景（彩图 2-8、彩图 2-9；林浥，2020）。

表 2 - 46　基于 SNP 基因分型的 100 份乌龙茶品种资源

序号	样品编号	品种名称	群体	品种来源
1	N3	黄旦	闽南	福建安溪
2	BM102	本山	闽南	福建安溪
3	N11	梅占	闽南	福建安溪
4	C16	大叶乌龙	闽南	福建安溪
5	N2	毛蟹	闽南	福建安溪
6	C21	八仙茶	闽南	福建诏安
7	C19	白芽奇兰	闽南	福建安溪
8	O24	红芽佛手	闽南	福建永春
9	H30	绿芽佛手	闽南	福建永春
10	L87	赤叶奇兰	闽南	福建安溪
11	C24	慢奇兰	闽南	福建安溪
12	C25	金面奇兰	闽南	福建安溪
13	C26	竹叶奇兰	闽南	福建安溪
14	O25	青心奇兰	闽南	福建安溪
15	L110	早观音	闽南	福建安溪
16	C1	大红	闽南	福建安溪
17	C2	桃仁	闽南	福建安溪
18	C8	长红	闽南	福建安溪
19	D2	紫牡丹	闽南	铁观音 F_1
20	D16	凤圆春	闽南	铁观音 F_1
21	C9	杏仁茶	闽南	福建安溪
22	BM2	白芽观音	闽南	福建安溪
23	BM4	红芽观音	闽南	福建安溪
24	BM7	皱面吉	闽南	福建安溪
25	BM8	祥华奇种	闽南	福建安溪
26	BM9	蓬莱苦茶	闽南	福建安溪
27	BM10	青芯子	闽南	福建安溪
28	BM11	香子种	闽南	福建安溪
29	BM13	墨香	闽南	福建安溪
30	BM17	圆叶黄旦	闽南	福建安溪
31	BM18	木瓜	闽南	福建安溪
32	BM19	朝天仙	闽南	福建安溪
33	BM22	红骨乌龙	闽南	福建安溪

（续）

序号	样品编号	品种名称	群体	品种来源
34	H76	安溪苦茶	闽南	福建安溪
35	BM101	铁观音-安溪县001	闽南	福建安溪
36	WY001	铁观音-安溪县002	闽南	福建安溪
37	CA01	大红袍-武夷山市001	闽北	福建武夷山
38	H41	大红袍-武夷山市002	闽北	福建武夷山
39	L12	半天妖	闽北	福建武夷山
40	L15	白鸡冠	闽北	福建武夷山
41	D23	九龙袍	闽北	福建武夷山
42	N7-1	福建水仙	闽北	福建武夷山
43	R46	矮脚乌龙	闽北	福建建瓯
44	C15	高脚乌龙	闽北	福建建瓯
45	R73	状元红	闽北	福建武夷山
46	R75	老君眉	闽北	福建武夷山
47	D12	铁罗汉	闽北	福建武夷山
48	D27	水金龟	闽北	福建武夷山
49	L8	北斗	闽北	福建武夷山
50	L9	百岁香	闽北	福建武夷山
51	L48	雀舌	闽北	福建武夷山
52	L52	金毛猴	闽北	福建武夷山
53	L53	金瓜子	闽北	福建武夷山
54	L57	岩乳	闽北	福建武夷山
55	R3	玉麒麟	闽北	福建武夷山
56	R52	向天梅	闽北	福建武夷山
57	R53	留兰香	闽北	福建武夷山
58	H3	金钱	闽北	福建武夷山
59	H4	金桂	闽北	福建武夷山
60	O11	金锁匙	闽北	福建武夷山
61	R116	石乳	闽北	福建武夷山
62	H40	十里香	闽北	福建武夷山
63	H49	红孩儿	闽北	福建武夷山
64	H50	过山龙	闽北	福建武夷山
65	H51	红海棠	闽北	福建武夷山

（续）

序号	样品编号	品种名称	群体	品种来源
66	H52	卧天岭	闽北	福建武夷山
67	H53	醉贵姬	闽北	福建武夷山
68	H54	醉贵妃	闽北	福建武夷山
69	H55	玉井流香	闽北	福建武夷山
70	H56	关公眉	闽北	福建武夷山
71	H57	醉岩香	闽北	福建武夷山
72	H58	正太阳	闽北	福建武夷山
73	L42	正太阴	闽北	福建武夷山
74	H60	大红梅	闽北	福建武夷山
75	H61	罗汉钱	闽北	福建武夷山
76	H62	金罗汉	闽北	福建武夷山
77	H63	瓜子金	闽北	福建武夷山
78	H64	不见天	闽北	福建武夷山
79	H46	肉桂	闽北	福建武夷山
80	BM106	软枝乌龙	闽北	福建武夷山
81	B24	奇曲	闽北	福建武夷山
82	D17	台茶 13 号（翠玉）	台湾	台湾
83	R114	青心大冇	台湾	台湾
84	D15	四季春	台湾	台湾
85	L31	台茶 12 号（金萱）	台湾	台湾
86	R100	乌叶单丛	广东	广东潮安
87	R92	芝兰香	广东	广东潮安
88	R93	八仙香	广东	广东潮安
89	R94	老仙翁	广东	广东潮安
90	R95	红蒂	广东	广东潮安
91	R96	凤凰苦茶	广东	广东潮安
92	R97	城门香	广东	广东潮安
93	R98	探春香	广东	广东潮安
94	R99	贡香	广东	广东潮安
95	R103	鸭屎香	广东	广东潮安
96	R104	姜母香	广东	广东潮安
97	R105	宋种	广东	广东潮安

（续）

序号	样品编号	品种名称	群体	品种来源
98	R107	白叶单丛	广东	广东潮安
99	L51	金凤凰	广东	凤凰水仙 F_1
100	H66	早春毫	广东	凤凰水仙 F_2

注：福建农林大学叶乃兴、福州海关技术中心于文涛等研究。

2. 基于SNP的闽北乌龙茶种质资源遗传分析 闽北地区土壤肥沃、有机物含量高、气候宜人、雨水充沛，茶叶品质优异。闽北乌龙茶的主要产区有武夷山、建瓯、建阳等地。由于武夷山脉均系岩山，悬崖绝壁构成深坑巨谷，地形极为复杂，隔断性强，茶树传入后，产生了一系列优秀的品种，根据品种和产地不同，有福建水仙、肉桂、武夷名丛（大红袍、白鸡冠、水金龟、铁罗汉、半天妖等）、武夷奇种等。目前关于武夷山地方茶树资源的研究，主要报道了植物学性状、茶树抗逆性和生化品质多样性等。开展武夷山地方茶树资源的遗传性状分析和鉴定，有利于充分发掘、利用武夷山丰富的茶树种质资源，对茶树育种研究和创新具有重要意义。

红袍种源追溯与SNP分型鉴定。武夷名丛系武夷菜茶群体中单株优选而成的。大红袍是闽北乌龙茶中知名度最广，声誉最高的优良品种，目前在市场流通中最为人所熟知，并且九龙窠岩壁之上的大红袍摩崖石刻与其右侧6株茶树已成为武夷山景区著名景点，这6棵茶树被统一称为"母树大红袍"（图2-4）。从左到右分别为1号株、2号株、3号株、

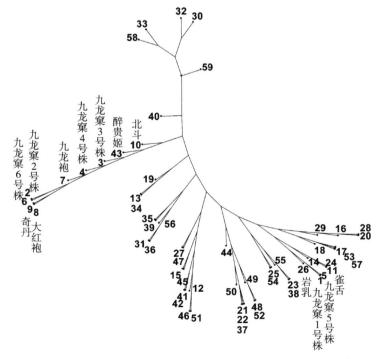

图2-4 大红袍等闽北乌龙茶种质资源SNP基因分型层级聚类图
（福建农林大学叶乃兴、福州海关技术中心于文涛等研究）

4 号株、5 号株、6 号株。与此同时，长期以来关于 6 株茶树树种的记述，有奇丹、北斗、雀舌等的说法。本研究将这 6 株茶树与闽北乌龙茶其他品种进行层级聚类分析表明，九龙窠 1 号株（取样编号：CA001）与九龙窠 5 号株（CA005）为相同基因型，而进化树上同一支中还有岩乳、雀舌等品种；九龙窠 2 号株（样品编号：CA002）与九龙窠 6 号株（样品编号：CA006）基因型相同，且与奇丹、大红袍基因型一致，可见，奇丹与大红袍确实为异名同物，目前在武夷山大规模种植的省级审定品种——大红袍，为九龙窠 2 号株或者是九龙窠 6 号株扦插繁育的无性系品种。九龙袍由福建省农业科学院茶叶研究所于 1979—2000 年从大红袍自然杂交后代中采用单株育种法育成。从进化树中可以看出九龙袍与九龙窠 2 号株和九龙窠 6 号株的亲缘关系最近。同时，九龙窠 3 号株、九龙窠 4 号株与已认定的大红袍品种，即九龙窠 2 号株、九龙窠 6 号株的亲缘关系较近，且与发源于鬼洞的醉贵姬、北斗等皆属于该同一分支，且该分支与九龙窠 1 号株、九龙窠 5 号株所在的分支遗传距离较远。通过本研究进一步探明了九龙窠 6 株"母树大红袍"与武夷山茶树种质资源的关系。

二、基于 EST-SNP 的乌龙茶产品精准鉴定

闽南乌龙茶是乌龙茶产量最大的品类。随着消费升级，消费者对闽南乌龙茶日益增长的需求和一定的价格攀升导致了闽南乌龙茶地理标志产品出现掺假行为，例如铁观音产品。本研究首次基于单核苷酸多态性（SNP）生物标记技术，鉴定闽南乌龙茶产品的植物来源。通过实验筛选了 48 对引物，降低成本、提高效率，可用于未来商业鉴定铁观音产品。通过构建 NJ 进化树，PCoA 分析等，发现目前市场上最常用于铁观音产品的掺假品是"本山"茶树品种。本研究首次发现了使用福云 6 号和金观音作为掺假品种生产铁观音。通过高通量 EST-SNP，本研究开发了乌龙茶品种茶精准鉴定技术，用于市场监管，提升消费者对乌龙茶地理标志产品品牌的信任（彩图 2-10）。

乌龙茶经过复杂的加工工艺，尤其是经过烘干工艺，其中 DNA 降解为小片段，提取到的 DNA 质量约为 100～500bp（碱基对）。通过比较不同提取方法，实验选择去除多糖多酚效果最佳的 DNA 提取优化方法。由于试剂盒提供的过滤柱具有较高的分离效率，提取得到的 DNA 具有更高的纯度，本实验 DNA 的提取成功率为 100%。由于 SNP 位点结合片段小，对 DNA 长度要求小，并且结果可靠，因此试剂盒法适用于将来的成品茶身份验证工作。实验提取的 45 种乌龙茶产品的 DNA 浓度范围为 35.7～89.5 纳克/微升，鲜叶 DNA 品种浓度为 121.2 纳克/微升。经过高通量 SNP 实验后，我们进一步从 45 个铁观音产品样和 55 个鲜叶样品中筛选了 48 个 SNP 位点。SNP 指纹图谱（彩图 2-11）显示了每个 SNP 位点处的样品基因型是纯合子（XX 或 YY）或杂合子（XY）。

PCoA 图（彩图 2-11）和 NJ 树形图（图 2-5）均显示出相同的验证结果，并分析出可疑样本（表 2-47）。在全部 45 个样品中，共鉴定出 44 个样品的植物来源，涉及了 4 个茶树品种，鉴定效率为 97.78%。其中，铁观音品种 28 个，本山品种 7 个，金观音品种 6 个，福云 6 号品种 3 个，未鉴定品种 1 个。掺假产品占闽南乌龙茶（铁观音）商品总数的 37.78%。

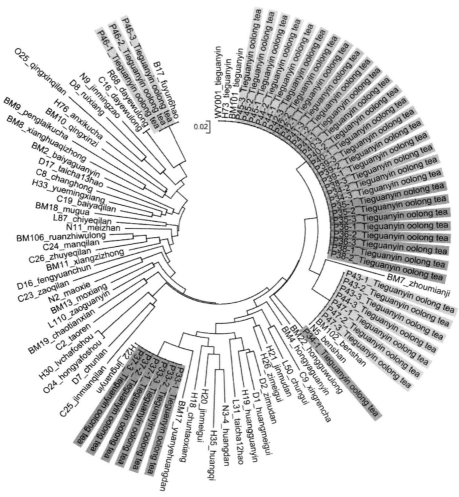

图 2-5　正确鉴定出 45 种闽南乌龙茶品种，含 48 种引物，发现
铁观音以外的 3 种植物来源：本山、金观音和福云 6 号

注：福建农林大学叶乃兴、福州海关技术中心于文涛等研究。

表 2-47　闽南乌龙茶品种与铁观音产品样品清单

（福建农林大学叶乃兴、福州海关技术中心于文涛等研究）

序号	样品编号	样品名称	样品属性	来源
1	P33-1	安溪铁观音	原产地市场流通商品	安溪县
2	P33-2	安溪铁观音	原产地市场流通商品	安溪县
3	P33-3	安溪铁观音	原产地市场流通商品	安溪县
4	P34-1	安溪铁观音	原产地市场流通商品	安溪县
5	P34-2	安溪铁观音	原产地市场流通商品	安溪县
6	P34-3	安溪铁观音	原产地市场流通商品	安溪县
7	P35-1	安溪铁观音	原产地市场流通商品	安溪县

（续）

序号	样品编号	样品名称	样品属性	来源
8	P35-2	安溪铁观音	原产地市场流通商品	安溪县
9	P35-3	安溪铁观音	原产地市场流通商品	安溪县
10	P36-1	安溪铁观音	原产地市场流通商品	安溪县
11	P36-2	安溪铁观音	原产地市场流通商品	安溪县
12	P36-3	安溪铁观音	原产地市场流通商品	安溪县
13	P37-1	安溪铁观音	原产地市场流通商品	安溪县
14	P37-2	安溪铁观音	原产地市场流通商品	安溪县
15	P37-3	安溪铁观音	原产地市场流通商品	安溪县
16	P38-1	安溪铁观音	所在地市场流通商品	福州市
17	P38-2	安溪铁观音	所在地市场流通商品	福州市
18	P38-3	安溪铁观音	所在地市场流通商品	福州市
19	P39-1	安溪铁观音	所在地市场流通商品	福州市
20	P39-2	安溪铁观音	所在地市场流通商品	福州市
21	P39-3	安溪铁观音	所在地市场流通商品	福州市
22	P40-1	安溪铁观音	所在地市场流通商品	福州市
23	P40-2	安溪铁观音	所在地市场流通商品	福州市
24	P40-3	安溪铁观音	所在地市场流通商品	福州市
25	P41-1	安溪铁观音	所在地市场流通商品	福州市
26	P41-2	安溪铁观音	所在地市场流通商品	福州市
27	P41-3	安溪铁观音	所在地市场流通商品	福州市
28	P42-1	安溪铁观音	所在地市场流通商品	福州市
29	P42-2	安溪铁观音	所在地市场流通商品	福州市
30	P42-3	安溪铁观音	所在地市场流通商品	福州市
31	P43-1	安溪铁观音	网络平台流通商品	网络商城
32	P43-2	安溪铁观音	网络平台流通商品	网络商城
33	P43-3	安溪铁观音	网络平台流通商品	网络商城
34	P44-1	安溪铁观音	网络平台流通商品	网络商城
35	P44-2	安溪铁观音	网络平台流通商品	网络商城
36	P44-3	安溪铁观音	网络平台流通商品	网络商城
37	P45-1	安溪铁观音	网络平台流通商品	网络商城
38	P45-2	安溪铁观音	网络平台流通商品	网络商城
39	P45-3	安溪铁观音	网络平台流通商品	网络商城
40	P46-1	安溪铁观音	网络平台流通商品	网络商城
41	P46-2	安溪铁观音	网络平台流通商品	网络商城
42	P46-3	安溪铁观音	网络平台流通商品	网络商城
43	P47-1	安溪铁观音	网络平台流通商品	网络商城
44	P47-2	安溪铁观音	网络平台流通商品	网络商城

（续）

序号	样品编号	样品名称	样品属性	来源
45	P47 - 3	安溪铁观音	网络平台流通商品	网络商城
46	BM101	铁观音	品种鲜叶样品	安溪县（母树1）
47	WY001	铁观音	品种鲜叶样品	安溪县（母树2）
48	H73	铁观音	品种鲜叶样品	安溪县（茶园大规模种植）
49	BM102	本山	品种鲜叶样品	安溪县
50	N5	本山	品种鲜叶样品	安溪县
51	N2	毛蟹	品种鲜叶样品	安溪县
52	C16	大叶乌龙	品种鲜叶样品	安溪县
53	R68	大叶乌龙	品种鲜叶样品	安溪县
54	C19	白芽奇兰	品种鲜叶样品	安溪县
55	L87	赤叶奇兰	品种鲜叶样品	安溪县
56	C24	慢奇兰	品种鲜叶样品	安溪县
57	C25	金面奇兰	品种鲜叶样品	安溪县
58	C26	竹叶奇兰	品种鲜叶样品	安溪县
59	O25	青心奇兰	品种鲜叶样品	安溪县
60	C23	早奇兰	品种鲜叶样品	安溪县
61	N3 - 4	黄旦	品种鲜叶样品	安溪县
62	N11	梅占	品种鲜叶样品	安溪县
63	O24	佛手	品种鲜叶样品	安溪县
64	H30	绿芽佛手	品种鲜叶样品	安溪县
65	L110	早观音	品种鲜叶样品	安溪县
66	C11	桃仁	品种鲜叶样品	安溪县
67	C2	长红	品种鲜叶样品	安溪县
68	C8	悦茗香	品种鲜叶样品	安溪县
69	H33	杏仁茶	品种鲜叶样品	安溪县
70	C9	白芽观音	品种鲜叶样品	安溪县
71	BM2	红芽观音	品种鲜叶样品	安溪县
72	BM4	皱面吉	品种鲜叶样品	安溪县
73	BM7	祥华奇种	品种鲜叶样品	安溪县
74	BM8	蓬莱苦茶	品种鲜叶样品	安溪县
75	BM9	青芯子	品种鲜叶样品	安溪县
76	BM10	香子种	品种鲜叶样品	安溪县
77	BM11	墨香	品种鲜叶样品	安溪县
78	BM13	圆叶黄旦	品种鲜叶样品	安溪县
79	BM17	木瓜	品种鲜叶样品	安溪县
80	BM18	朝天仙	品种鲜叶样品	安溪县
81	BM19	红骨乌龙	品种鲜叶样品	安溪县

（续）

序号	样品编号	样品名称	样品属性	来源
82	BM22	软枝乌龙	品种鲜叶样品	安溪县
83	BM106	安溪苦茶	品种鲜叶样品	安溪县
84	H76	春桃香	品种鲜叶样品	安溪县
85	H18	黄观音	品种鲜叶样品	安溪县
86	H19	金玫瑰	品种鲜叶样品	安溪县
87	H20	金牡丹	品种鲜叶样品	安溪县
88	H21	金观音	品种鲜叶样品	福州市
89	H22	紫玫瑰	品种鲜叶样品	福州市
90	H26	紫牡丹	品种鲜叶样品	福州市
91	D2	春兰	品种鲜叶样品	福州市
92	L4	凤圆春	品种鲜叶样品	福州市
93	D16	金茗早	品种鲜叶样品	福州市
94	N9	黄玫瑰	品种鲜叶样品	福州市
95	D1	瑞香	品种鲜叶样品	福州市
96	D8	春闺	品种鲜叶样品	福州市
97	L50	黄奇	品种鲜叶样品	福州市
98	H35	福云 6 号	品种鲜叶样品	福州市
99	L31	台茶 12 号	品种鲜叶样品	福州市
100	D17	台茶 13 号	品种鲜叶样品	福州市

三、乌龙茶种质资源抗性机理与风险元素防控技术研究

1. 茶树炭疽病病原菌的分离与鉴定 从宁德、周宁、寿宁、福鼎、龙岩等 5 个茶区的茶树上采集炭疽病发病明显叶片，采用组织分离法获得 22 株菌株，进一步培养纯化，待产孢后接种到健康叶片，与田间自然发病显现相似症状。对出现典型症状的叶片再次进行组织分离，获得相同病原菌，完成柯氏法则对分离物的鉴定，就此证明该菌是导致炭疽病的病原菌。PDA 培养 7 天左右，菌落中央凸起，菌丝致密呈茸毛状，菌落中心产橙色油状物质，中心灰色，边缘呈白色，培养基背部同心环状，中心沉积黑色素。通过镜检观察，分生孢子呈长椭圆形、椭圆形、无色，表面附着黑色颗粒。传统的形态分类鉴定，初步判定病原菌为炭疽菌。随后对分离的 22 个病原菌采用分子生物学技术，分别选用 ITS、β-tubulin、LSU、GS 和 CglNT 这 5 对引物进行 PCR 扩增和测序，通过序列比对，鉴定为 C. gloeosporioides、C. acutatum C. kahawae 和 C. cordyiniola、Glomerellacingulata。同时开展了茶炭疽菌致病分子机理的研究，鉴定到茶树胶孢炭疽菌中存在 10 个 Homeobox 基因，并通过 GFP 融合载体的构建、原生质体转化和共聚焦显微观察等步骤，观察到其中一个 Homeobox 基因 *CgHTF2* 所编码的蛋白 CgHtf2 主要定位于细胞核。发现 *CgHTF2* 与胶孢炭疽菌的营养生长、无性发育以及致病性有关。

2. 利用基因差异表达技术筛选茶树抗炭疽病基因　获得抗病相关差异条带 136 条，并测序提交 NCBI 数据库（Genbank 登录号：JZ980678－JZ980805）。将这些差异条带进行功能分析，其中胁迫响应、生物调控与信号转导的差异条带最多，分别占 23.5% 和 19.1%。随后对差异条带进行 qPCR 验证，12 条 TDFs 的相对表达量值几乎都处于 0～10 之间，上调幅度相对较小；8 条 TDFs 的相对表达量最大值均高于 10，上调幅度较大；其中 U77（编码 WRKY 转录因子）表达量最大。U43（编码受体蛋白激酶）、U56（编码 WRKY 转录因子）、U65（编码乙烯反应转录因子）、U68（编码过氧化物酶）和 U77 的表达均与冷害胁迫时一致；7 条 TDFs 的相对表达量值下调，U5（编码假定耐盐性蛋白）和 D25（编码脱水应答蛋白）的下调幅度最大，且与干旱或冷害胁迫下表达一致。

3. 拮抗菌的筛选及鉴定方面　通过土壤稀释分离法从土壤中分离致病菌的拮抗菌，形成独立分布的单个细菌细胞。然后再采用平板对峙法单对单进行复筛，筛选到 15 株对炭疽病具有明显拮抗作用的芽孢杆菌和放线菌，伯克氏菌属（*Burkholderia*）、链霉菌（*Streptomyces sp*）、假单孢菌属（*Pseudomonas*）、放线菌属（*Actinomyces*）。目前正在开展拮抗物质提取与鉴定：利用拮抗菌摇瓶培养后的培养液与致病菌做拮抗作用，对病原菌进行大批量发酵，获取发酵液的甲醇粗提物，通过萃取获得不同极性部位，通过活性跟踪方法全程跟踪确定致病性强的部位。对致病性强的部位进行精细分离纯化，获取主要致病毒素单体化合物及其系列衍生物，并通过核磁共振 NMR、质谱 MS、红外光谱 IR 等方法鉴定其化学结构。评价致病毒素的致病性，对其构效关系进行分析。准确鉴定拮抗菌对病原菌拮抗得物质的化学组成和分子结构，为今后控制该病害蔓延以及理想防治提供依据。

4. 新农药及绿色防控技术筛选　在寿宁、周宁、武夷山等全省范围内建立了 10 余个绿色防控示范基地，示范推广应用科技创新研究成果与集成技术的茶园面积 2 万多亩次。如：

在福建省寿宁县龙虎山茶场建立"茶树有害生物高效无害化治理"综合示范区 70 亩，常规防治区 10 亩。综合试验区悬挂多施台 90 套、安装窄波 LED 诱虫灯 4 台、悬挂灰茶尺蠖性诱剂诱捕器 64 套。项目实施后，综合示范区未喷施任何化学农药，而常规防治区累计喷施农药 5 次，每次喷施 50% 丁醚脲 750 倍＋4.5% 联苯菊酯 300 倍液。对两个处理区的小绿叶蝉、茶尺蠖及天敌虫口数量进行了调查。调查结果表明，综合示范区小绿叶蝉虫口数量均比常规管理区少或相当，采用灰茶尺蠖性诱捕器后对茶尺蠖下一代虫口抑制效果良好，综合试验区由于减少或不用化学农药防治，天敌得到了较好的保护，天敌蜘蛛、瓢虫数量均比常规防治区多。

在周宁县玛坑乡建立"玛坑测报与统防统治示范乡"，示范基地 2 000 亩，依托周宁县绿立茶业开发有限公司建立了茶园农药减施技术模式中心示范片 300 亩，通过黄板引诱剂、LED 杀虫灯等，开展了主要害虫叶蝉和茶尺蠖的定期监测与小绿叶蝉和茶尺蠖减药技术模式对比试验区，通过综合技术措施的施用，减少用药次数 1～2 次，有效减少了化学农药使用量。

5. 武夷山茶园土壤养分与生物群落对茶叶品质的影响研究　目前对武夷山茶园土壤养分状况空间分布和相关性研究较少，而土壤养分情况对茶叶产量和质量有直接的影响（表 2－48）。以武夷山不同海拔、不同坡度的茶园土壤样品为研究对象，测定其有机质含量、全氮含量、有效磷含量、速效钾含量、有效镁含量等武夷山土壤养分状况。结果表明：从武夷山茶园总体上看，有机质含量、速效钾含量、有效镁含量随着海拔升高而升高，有效磷含量、全氮含量与海拔之间规律不明显；从不同海拔茶园上看，有机质含量、速效钾含量、有效镁含量随海拔升高而升高，且在海拔300～400米含量最高，全氮含量、有效磷含量在海拔200～300米茶园含量最低；从不同坡度茶园上看，有机质、全氮、有效磷、速效钾含量在茶园坡度为10°时较高，有效镁含量在茶园坡度为0°时较高；从土壤养分状况各指标相关性上看，有机质含量与全氮含量、有效磷含量、速效钾含量存在相关性，而有效镁含量与有机质含量相关性极弱。综上所述，武夷山茶园整体肥力水平较高，部分茶园速效钾含量中等偏下，有效镁含量偏低。

表 2 - 48　武夷山茶园的土壤养分含量

养分	含量范围	平均值	标准差	变异系数（％）
有机质（％）	1.70～3.87	2.61	0.218	8.35
全氮（％）	0.08～0.25	0.16	0.034	21.25
有效磷（毫克/千克）	17.00～36.23	25.54	3.403	13.32
速效钾（毫克/千克）	42.51～103.81	73.58	6.601	8.97
有效镁（毫克/千克）	7.12～23.54	15.99	2.531	15.83

注：武夷学院洪永聪等研究。

6. 武夷山茶园春季杂草发生规律的调查与分析　为了解武夷山生产性茶园春季杂草的发生规律，采用七级目测法，分别在9块平地茶园、13块低坡茶园和7块高坡茶园进行取样和调查。结果表明：武夷山春季的不同类型茶园，其发生的杂草种类存在显著差异；其中菊科杂草、禾本科杂草、伞形科杂草以及蓼科杂草为武夷山春季茶园发生的主要种类，并且以一年生杂草为主，占比例52.8％；发生频率较高的杂草有7种，分别为鼠曲草、小飞蓬、酸模叶蓼、杠板归、牛繁缕、鸭跖草和婆婆纳等；危害度较高的杂草有9种，分别为鼠曲草、小飞蓬、酸模叶蓼、杠板归、牛繁缕、马齿苋、稗草、雀舌和蛇莓等。结果显示，鼠曲草、小飞蓬、酸模叶蓼、杠板归和牛繁缕等5种杂草，其发生频繁且危害性强，是武夷山春季茶园杂草的重点防治对象。

7. 武夷山茶园杂草群落空间分布及其与茶叶品质的相关性分析　茶园杂草的生长在对茶树生长造成极大危害，不同程度的杂草危害度也会对茶园品质产生影响。采用样方法与七级目测法相结合的调查方法，选取武夷山不同坡度和不同海拔茶园杂草群落作为调查对象，分析杂草群落的空间分布规律及其主要杂草群落对茶叶品质的影响。结果表明：武夷山茶园主要杂草为害度指数较高的为禾本科和菊科杂草。禾本科杂草在低海拔地方的为害度指数最高，并随着海拔的升高而降低，与水浸出物、游离氨基酸呈负相关。菊科杂草在中海拔地方为害度指数最高，与茶多酚、咖啡碱、游离氨基酸呈负相关。低海拔的茶园杂草物种丰度级别、多样性和均匀度较高，优势度较小，群落比较稳定。因此，武夷山不同海拔、不同坡度茶园发生的主要杂草群落与茶叶品质间存在相关性。

8. 茶红根腐病的病原菌分离、致病机理及其调控研究　茶树病害的发生主要由真菌引起，其中在我国南方茶产区以褐卧孔菌（*Ganoderma philippii*，GP）引起的茶红根腐病（tea root rot）较为典型。茶红根腐病是一种土传病害，病原真菌危害茶树树根，引起根部腐烂，严重将导致植株死亡，造成茶园大面积减产。针对茶红根腐病，本项目进行了①茶红根腐病的病原菌分离；②茶树根系分泌物对茶红根腐病的影响；③水杨酸（SA）调控茶树抗红根腐病及其改善茶品质研究等3方面研究。研究结果如下：

（1）茶红根腐病的病原菌分离：本项目在前期田间调查基础上，从茶树根腐病的发病植株和发病土壤中分离茶树病原菌，通过ITS序列分析进行鉴定，并通过回接发病实验进行验证。

病原真菌分离鉴定结果：通过PDA平板培养法，经过多次分离纯化后从连作土壤中分离到病原真菌42株，从茶树病株中分离到病原真菌24株。首先通过真菌的显微观察和分子鉴定结果发现，分离纯化的病原真菌类群分属子囊菌门、结合菌门、担子菌门和半知菌门等4个门，其中大部分属于子囊菌亚门，分属于镰刀菌属、淀粉菌属、白霉属、炭角菌属、曲霉属、酵母菌属、拟层孔菌属、丛赤壳属和木霉属等16个菌属。其中镰刀菌属（包括赤霉菌属）真菌在连作土壤中为26种，分离频率为61.9%，在茶树病株中为15株，分离频率为62.5%，这些镰刀菌属真菌分属尖孢镰刀菌、禾谷镰刀菌、腐皮镰刀菌、茄病镰刀菌等。其次分离频率较高的为曲霉属真菌，在连作土壤中为9种，分离频率为21.4%，在茶树病株中为6株，分离频率为25%，分属烟曲霉、黄曲霉、土曲霉和黑曲霉等4种。利用Blast软件对测序后的ITS区序列进行同源性分析和Jotun Hein Method进行多重序列分析并利用MEGA 4.0软件构建了这66株病原菌菌株的系统发育树进行系统学分析（图2-6、图2-7）。

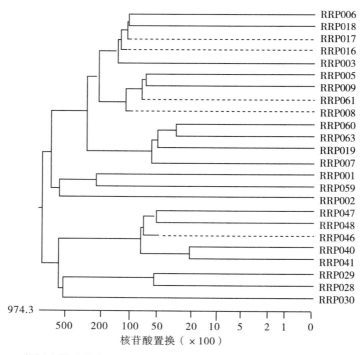

图2-6　茶树病株中分离的24株病原真菌通过ITS序列分析所得的系统进化树

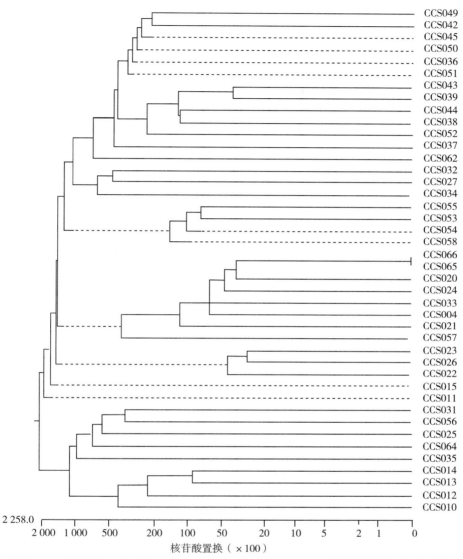

图 2-7 茶树连作土壤中分离的 42 株病原真菌通过 ITS 序列分析所得的系统进化树

茶红根腐病的特性：分离的 1 株茶红根腐病菌属于担子菌亚门真菌褐卧孔菌。褐卧孔菌子实体初为浅黄色，后转红呈蓝灰色，平伏，紧贴在茎部或根颈处，厚 3～6 毫米，边缘白色，较狭，被茸毛。菌膜暗紫褐色，毡状，厚 3 毫米。担孢子宽棍棒状，大小（9～l0.5）微米×（4.5～5）微米。担孢子大小（4～6）微米×（3.5～5）微米，亚球形至球形或三角形，光滑，无色。

病菌以菌丝体或菌索在土壤中或病根上越冬，条件适宜时长出营养菌丝通过伤口侵染根部。在茶园病根与健根接触即可传播。此外担孢子可借风雨传播。孢子从修剪的茎部侵染，后进入根部。该病病程相当长，一般侵染后经 10 年才显症。茶园残存的树桩及病根也会成为传染源；树势衰弱、地下水位高的茶园易发病。管理粗放的老茶园发病重。

（2）茶树根分泌物对茶红根腐病的影响：本项目在前期从茶树根腐病的发病植株分离到茶树红根腐病褐卧孔菌（*Ganoderma philippii*，GP）的基础上，分析了茶树根系分泌物对该病原菌生长的影响。

茶树根际土壤中酚酸类物质定量分析：在单株连续栽培中，它们的影响随着植物年龄的增长而增加。为了在茶园中评估这一点，我们首先用高效液相色谱法分析了年轻和年老茶树根际土壤中酚酸的含量。土壤提取物分析表明，土壤中存在几种酚类物质，其中没食子酸、茶碱、苦茶碱、咖啡因和儿茶素含量最高（表2-49）。二年生茶树根际土壤样品中 GA 和 CA 含量较七年生茶树少，且明显高于对照土壤，说明这两种酚类物质在茶树根际积累，且含量随年龄增长而增加。

表 2-49　茶树根际土壤中酚酸类物质定量分析

物质	保留时间（分钟）	每千克土壤中物质的含量（毫克）		
		CK	YB 土壤	OB 土壤
没食子酸	3.54	0.191+0.01	0.513+0.02	1.235+0.01
茶碱	8.46	/	/	0.003+0.01
苦茶碱	10.32	0.013+0.01	0.016+0.01	0.018+0.01
咖啡碱	13.16	0.072+0.02	3.423+0.02	0.069+0.01
儿茶素	25.59	0.161+0.02	0.731+0.02	2.762+0.02

没食子酸对茶树专化型镰刀菌的诱导效应分析：越来越多的学者认为，植物根系分泌物释放到土壤中势必受到土壤微生物的分解、加工等过程，从而影响土壤微生物的群落结构与功能，土壤病原微生物大量生长，进而协同致害植物。茶树连作下根系分泌物与茶红根腐病菌的互作关系以及二者的协同致害机制尚不清楚，有待进一步研究。因此，本项目首先研究了没食子酸对茶红根腐病菌生长代谢的影响。主要内容有：通过对间隔不同时间取样并进行 HPLC 检测，得到茶红根腐病菌利

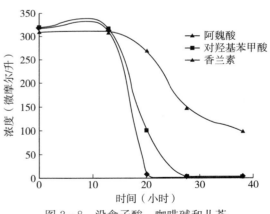

图 2-8　没食子酸、咖啡碱和儿茶素的利用动态曲线

用酚酸的动态图谱（图2-8）。实验证明，这3种酚酸，在液体培养的条件下，同样能被茶红根腐病菌所利用。从利用速率来看，300 微摩尔/升的没食子酸在摇菌 20 小时后，就被茶红根腐病菌利用完全；咖啡碱在 28 小时左右被利用完；而儿茶素在 40 小时后，培养基的浓度仍在 100 微摩尔/升。结果证明没食子酸是利用速率最快的酚酸。

没食子酸对茶红根腐病菌生长的影响：配制无碳源的察氏液体培养基（$NaNO_3$

0.3％、K$_2$HPO$_4$ 0.1％、MgSO$_4$·7H$_2$O 0.05％、KCl 0.05％、FeSO$_4$ 0.001％），分装至三角瓶中，每瓶 100 毫升，高压蒸汽灭菌；用少量甲醇溶解酚酸，在超净台中，过滤除菌，加入已灭好菌的已冷却的培养基中（每瓶的酚酸最终浓度为 300 微摩尔/升）；接种 10^4 个孢子悬液，28℃ 150 转/分钟摇菌，利用 HPLC 定期测量酚酸含量。在不同浓度的没食子酸处理下，茶红根腐病菌菌丝的生长呈现不同的生长速度（图 2-9）。由图 2-9 可知，没食子酸浓度在 10 毫克/升和 20 毫克/升下，菌丝生长具有显著促进作用，20 毫克/升的促进作用最为明显。而 40 毫克/升、60 毫克/升和 80 毫克/升呈现出抑制作用。实验发现，没食子酸对菌丝生长的影响存在一定的浓度效应。随着浓度的增大促进作用转变为抑制作用。超过适宜浓度后，浓度的增大，抑制作用越明显。

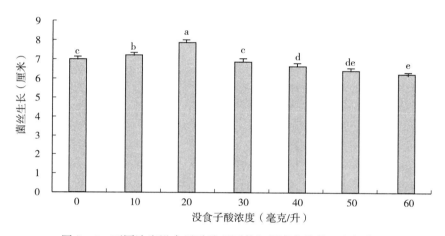

图 2-9　不同浓度没食子酸处理下茶红根腐病菌菌丝生长状况

由图 2-10A 所示，10 毫克/升没食子酸同样对茶红根腐病菌的产孢量是其促进作用的，而 20 毫克/升没有显著性增加。值得注意的是，没食子酸浓度为 30 毫克/升的情况下，茶红根腐病菌的产孢量急剧降低，这说明茶红根腐病菌产孢对没食子酸较为敏感。

图 2-10B 显示的是孢子萌发的实验结果，10 毫克/升的没食子酸浓度同样有显著促进作用。与茶红根腐病菌菌丝生长的实验结果类似，同样以 30 毫克/升为分界点，在其浓度以下的是促进作用，其浓度以上的是抑制作用。

通过前两个实验我们发现 10 毫克/升的没食子酸浓度对尖孢茶红根腐病菌的菌丝生长，产孢和孢子量都起一个促进作用。有报道发现重茬土壤中没食子酸浓度为 8.64 毫克/千克，这一数据十分接近以溶液体系下的 10 毫克/升。色素作为茶红根腐病菌的一种次级代谢产物，在一定程度上，反映了代谢水平。

没食子酸诱导下茶红根腐病菌对茶树的侵染及其感病分析：为分析对茶树有较强致病性的尖孢镰刀菌的侵染机制，本研究在获得的荧光标记的镰刀菌转化子后，分别用没食子酸处理茶树和镰刀菌，并通过灌根接种和叶面喷施两种方式分别将不同浓度的孢子悬浮液接种于茶树无菌苗，利用荧光显微镜进行茶红根腐病菌对茶树的侵染观察。

实验结果表明，茶红根腐病菌与没食子酸存在协同作用。首先没食子酸处理茶红根腐病菌后接菌茶树，可以看到茶红根腐病菌数量增多，但并不侵入茶树；至 48 小时后逐渐

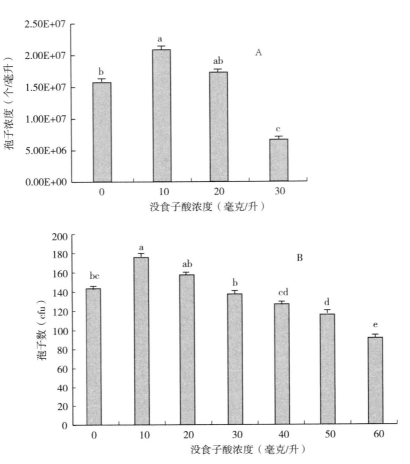

图2-10 不同浓度没食子酸处理下茶红根腐病菌产孢量和孢子萌发变化

萌发并通过伤口或气孔等通道侵入茶树叶部组织（彩图2-12A）；至接种处理3天后寄主茶树表现出枯萎症状。寄主感病初期在中午时分下部叶片缺水萎蔫，早晨与夜晚又逐渐有所恢复，如此反复，至3~5天后，叶片逐渐枯萎死亡。在接种处理7天后，对枯萎死亡植株进行镜检发现，微管组织和周围海绵组织破裂，根部变黑腐烂。其次，没食子酸处理茶树后在接菌茶红根腐病菌，可以看到茶树基质土中茶红根腐病菌大量繁殖；至48小时后逐渐通过伤口或毛孔等通道侵入茶树根部，并在12小时内迅速侵入维管组织（彩图2-12B）；至接种处理4天后寄主茶树表现出与叶部处理相似的枯萎症状。同样在接种处理7天后，对枯萎死亡植株进行镜检发现，其根部变黑腐烂，微管组织和周围海绵组织破裂，茎部近顶端组织也镜检出茶红根腐病菌侵入。最后，单独接种茶红根腐病菌处理48小时后的茶树茎部的镜检图（彩图2-12C）可以看到，茶红根腐病菌有少部分进入茶树组织，但与彩图2-12A和彩图2-12B处理相比，茶红根腐病菌侵入的程度远远弱于协同效应下的入侵效果；单独用没食子酸处理茶树茎部镜检图（彩图2-12D），可以看到茶树根颈部有损伤，但未有茶红根腐病菌的侵染现象。

（3）水杨酸（SA）调控茶树抗红腐病及其改善茶品质研究：本项目在前期田间调

查并分离出茶树根腐病的特定病原体褐卧孔菌的基础上，对大红袍茶苗进行外源喷施水杨酸处理后，分析 SA 对茶树抗茶红根腐病的影响，进一步分析其对茶青中主要成分的影响，以期为茶园病害的生态防控和茶树品质调控提供借鉴。

SA 提高茶树抗红根腐病的形态指标分析：由表 2 - 50 可以看出，与对照相比接菌茶红根腐病菌（褐卧孔菌，*Ganoderma philippii*）后，茶树发病株树增多，发病率达到 95％；经外源喷施 SA 处理后，发病株树下降为 12 株，发病率下降为 15％。接菌茶红根腐病菌（褐卧孔菌，*Ganoderma philippii*）处理组，茶苗可采摘的一芽二叶数明显减少，茶青重量下降明显；而 SA 处理能提高茶芽数量和茶青重量，特别是经 SA 处理后的接菌处理实验组，一芽二叶数得到明显改善，茶鲜叶重量也得到恢复。

表 2 - 50　SA 和根红腐病菌处理下茶树形态指标分析

处理	发病株数	一芽二叶数	茶鲜叶重量（克）
CK	6	72	367.2
SA+	1	78	413.4
GP+	76	8	37.6
SA+GP	12	70	378.0

SA 对茶叶功能成分的影响：茶多酚（Tea Polyphenols）是茶叶中多酚类物质的总称，包括黄烷醇类、花色苷类、黄酮类、黄酮醇类和酚酸类等。茶多酚是形成各种茶叶风格的主要成分，特别是决定茶汤浓度和茶叶香味的主要成分，也是茶叶作为保健饮品的重要物质基础。特别是在绿茶中，级别越高嫩度越好的茶，茶多酚含量越高。由图 2 - 11 可以看出，SA 处理和接菌处理均能提高茶青中茶多酚的含量，与对照相比差异显著；进一步分析发现，接菌处理组茶多酚含量虽然上升，但儿茶素含量降低，茶多酚中非儿茶素类物质增多；而单独进行 SA 处理组，茶青中茶多酚含量上升，儿茶素比例与对照相比无显著差异。

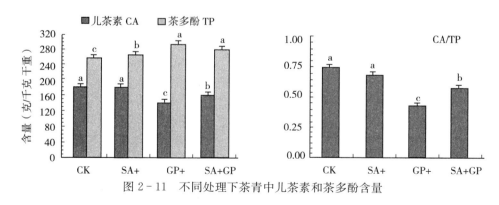

图 2 - 11　不同处理下茶青中儿茶素和茶多酚含量

儿茶素是茶多酚最重要的成分，其含量约占茶多酚总量的 70％左右。进一步分析儿茶酸中 4 大指标表没食子儿茶素（EGC）、表儿茶素（EC）、表没食子儿茶素没食子酸酯（EGCG）和表儿茶素没食子酸酯（ECG）4 种，结果列于图 2 - 12 中。

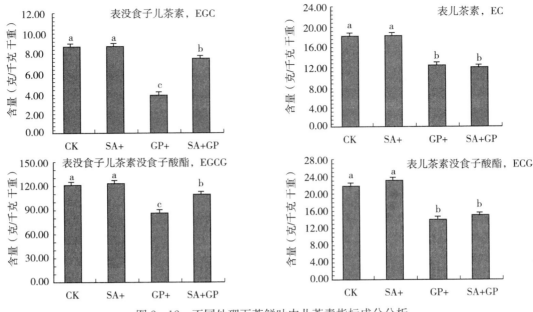

图2-12　不同处理下茶鲜叶中儿茶素指标成分分析

由图2-12可以看出，SA＋处理表没食子儿茶素（EGC）、表儿茶素（EC）、表没食子儿茶素没食子酸酯（EGCG）和表儿茶素没食子酸酯（ECG）4种成分与对照相比均无明显差异；但GP＋处理，4种指标成分明显低于对照。SA＋GP处理，4种指标也低于对照。由此可以看出，茶红根腐病侵害茶树后，茶青中标志茶叶风味特征的目标成分显著降低。

SA对茶树抗病能力的影响：由表2-45可以看出，SA＋处理后茶树红根腐病的发病率显著下降，增强了茶树的抗红根腐病的能力。进一步检测发现结果列于图2-13，SA处理下，茶青中总黄酮的含量上升为56克/千克，与对照总黄酮36克/千克相比呈显著上升。由此可以看出，黄酮类物质可能是茶树抗红根腐病的重要成分之一。肉桂醇脱氢酶是植物木质素合成的限速酶，在植物通过物理途径防御植物病虫害的过程中起重要作用。木质素在植物抗虫害过程中，对病原体的侵染、昆虫和食草动物的取食方面起到屏蔽作用。对肉桂醇脱氢酶活性检测发现，接菌处理组肉桂醇脱氢酶（CAD）的活性显著上升，而SA处理组CAD活性不仅比接菌处理组（GP＋）降低，甚至显著低于对照组的CAD酶活性。

进一步对茶树抗病特征性的酶活指标脂氧合酶（LOX）和多酚氧化酶（PPO）的分析发现，SA处理能显著诱导LOX和PPO的酶活性。SA处理下，LOX活性是对照组的1.5倍，PPO活性是对照组的2.3倍。同样，接菌处理组，LOX和PPO的酶活性也有明显提高，均是对照的1.1倍和1.7倍。由此推测，根腐病菌侵染时茶树可能通过增强木质素合成来增强物理防御，也通过增强黄酮类物质的合成、抗病相关酶等增强其化学防御。但SA诱导处理主要提高茶树的化学抗性，包括提高黄酮类物质合成、提高脂氧合酶和多酚氧化酶活性等来提高茶树对茶红根腐病的抗性。

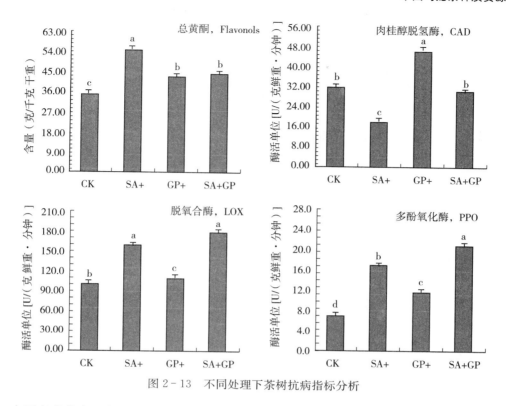

图 2-13　不同处理下茶树抗病指标分析

病原真菌分离鉴定结果：通过 PDA 平板培养法，经过多次分离纯化后从连作土壤中分离到病原真菌 42 株，从茶树病株中分离到病原真菌 24 株。通过真菌的显微观察和分子鉴定结果发现，分离纯化的病原真菌类群分属子囊菌门、结合菌门、担子菌门和半知菌门等 4 个门，其中大部分属于子囊菌亚门，分属于镰刀菌属、淀粉菌属、白霉属、炭角菌属、曲霉属、酵母菌属、拟层孔菌属、丛赤壳属和木霉属等 16 个菌属。其中镰刀菌属（包括赤霉菌属）真菌在连作土壤中为 26 种，分离频率为 61.9%，在茶树病株中为 15 株，分离频率为 62.5%，这些镰刀菌属真菌分属尖孢镰刀菌、禾谷镰刀菌、腐皮镰刀菌和茄病镰刀菌等。其次分离频率较高的为曲霉属真菌，在连作土壤中为 9 种，分离频率为 21.4%，在茶树病株中为 6 株，分离频率为 25%，分属烟曲霉、黄曲霉、土曲霉和黑曲霉 4 种。

闽北茶园杂草病原真菌分离及其筛选研究：对闽北茶园菊科杂草发生情况进行田间调查，采集其感病菊科杂草植株，对杂草病原真菌进行分离和初步鉴定。结果显示：在闽北茶园的常见菊科杂草中，危害重、分布广的包括三叶鬼针草、小飞蓬、飞机草、野茼蒿、胜红蓟、刺儿菜、山莴苣、泥胡菜和紫菀等 9 种杂草；从这些杂草病株上共分离获得病原真菌 29 种，每种杂草都可分离获得 2 种以上病原真菌，其中黑斑病和炭疽病的发生最普遍，且对寄主危害较为严重。小飞蓬上的 *Cercosporaeupatarii*，胜红蓟上的 *Alternaria* sp.，紫菀上的 *Colletotrichum* sp.，其致病力较强，易人工培养，可作为茶园菊科杂草田间防治的生防材料。

根据田间调查结果，在闽北茶园的常见菊科杂草中，危害重、分布广的包括三叶鬼针草、小飞蓬、飞机草、野茼蒿、胜红蓟、刺儿菜、山莴苣、泥胡菜和紫菀等 9 种杂草，从这些杂草病株上共分离获得病原真菌 29 种，结果显示：菊科杂草植株上的病斑种类较多，每种杂草都可分离获得 2 种以上病原真菌；从调查情况上看，黑斑病和炭疽病的发生很普遍且危害严重；而在不同地点、不同时间的病株调查采集中，都有采到相同病害的情况，说明这些菊科杂草病害在闽北茶园中的发生较为普遍；从统计结果上看，病原种类多且分散，其中链格孢（*Alternaria* sp.）5 种，尾孢（*Cercospora* sp.）6 种，刺盘孢（*Colletotrichum* sp.）4 种，柄锈菌（*Puccinia* sp.）1 种，镰刀菌（*Fusarium* sp.）3 种，色二孢（*Diplodia* sp.）1 种，弯孢（*Curvularia* sp.）1 种，壳针孢（*Septoria* sp.）1 种，黑孢（*Nigrospora* sp.）1 种，黑粉菌（*Sparisorium* sp.）1 种，茎点霉（*Phoma* sp.）1 种，梨孢（*Piricularia* sp.）1 种，叶点霉（*Phyllosticta* sp.）1 种，白锈菌（*Albugo* sp.）1 种，立枯丝核菌（*Rhizoctoniasolani*）1 种（表 2-51）。

表 2-51　闽北茶园菊科杂草病原真菌资源名录

杂草名称	学名	病原菌名称	学名
三叶鬼针草	*Bidenspilosa*	链格孢属	*Alternaria* sp.
		尾孢属	*Cercospora* sp.
小飞蓬	*Conyzacanadensis*	刺盘孢属	*Colletotrichum* sp.
		尾孢属	*Cercosporaeupatarii*
		柄锈菌属	*Puccinia* sp.
		镰刀菌属	*Fusarium* sp.
飞机草	*Chromolaenaodorata*	链格孢属	*Alternaria* sp.
		色二孢属	*Diplodia* sp.
		刺盘孢属	*Colletotrichum* sp.
野茼蒿	*Crassocephalumcrepidioides*	弯孢属	*Curvularia* sp.
		尾孢属	*Cercospora* sp.
胜红蓟	*Ageratumconyzoides*	链格孢属	*Alternaria* sp.
		壳针孢属	*Septoria* sp.
		黑孢属	*Nigrospora* sp.
		尾孢属	*Cercospora* sp.
		刺盘孢属	*Colletotrichum* sp.
刺儿菜	*Cirsiumsetosum*	黑粉菌属	*Sparisorium* sp.
		茎点霉属	*Phoma* sp.
山莴苣	*Lagediumsibiricum*	链格孢属	*Alternaria* sp.
		尾孢属	*Cercospora* sp.
		梨孢属	*Piricularia* sp.
泥胡菜	*Hemisteptalyrata*	链格孢属	*Alternaria* sp.
		镰刀菌属	*Fusarium* sp.
		叶点霉属	*Phyllosticta* sp.

（续）

杂草名称	学名	病原菌名称	学名
		刺盘孢属	*Colletotrichum* sp.
		白锈菌属	*Albugo* sp.
紫菀	*Astertataricus*	尾孢属	*Cercospora* sp.
		镰刀菌属	*Fusarium* sp.
		立枯丝核菌	*Rhizoctoniasolani*

注：武夷学院洪永聪等研究。

第五节 乌龙茶种质资源品质形成机理与抗性机制研究

一、乌龙茶品种黄棪二倍体和单体型染色体级别基因组解析

尽管目前已经公布了 4 个染色体水平的茶树二倍体基因组，但这些基因组均折叠了两组单体型基因组序列，而忽略了高度杂合性的茶树基因组中大量等位基因变异；此外，这些基因组均属于红绿茶品种，乌龙品种的基因组尚未得到解析。本课题组公布了高香优质乌龙茶品种黄棪的单倍型解析染色体水平装配体，黄棪因具有高香优质、芽期早、产量高、制优率高等优点，是乌龙茶育种的骨干亲本，黄棪是福建省的主要栽培品种，同时也是国家茶树品种区域试验的乌龙茶对照种。基于两组单倍型基因组数据，课题组鉴定出许多遗传变异和与重要性状相关的不平衡等位基因，包括与香气和压力相关的等位基因（彩图 2-13、彩图 2-14）。课题组研究发现萜烯合成酶 TPS 基因的扩增，可能是黄棪品种具备高香特性的遗传基础。

二、乌龙茶黄叶特异资源的差异品质基因和代谢物鉴定

具有特定芽色（白色或黄色）的黄化茶树突变体由于其独特的表型、代谢产物和特殊风味而受到越来越多的关注。肉桂品种起源于中国福建省武夷山市，在福建及中国其他省份的许多茶区都有栽培，并于 1985 年获得福建省农作物品种审定委员会批准，编号为 MS1985001。本课题组获得了具有肉桂品种相同遗传背景的新型天然黄叶突变体黄叶肉桂，并研究了黄叶突变体和原始肉桂品种的转录组和代谢物谱（彩图 2-15、彩图 2-16）。与肉桂品种相比，黄叶肉桂中总共鉴定出 130 个显著变化的代谢物（SCM）和 55 个差异表达基因（DEG）。黄叶肉桂的叶片着色主要受叶绿素、类胡萝卜素和类黄酮等色素代谢的影响，3 种 HSPs 和 4 种 HSFs 的共表达也可能影响叶绿体的生物发生来调节叶片的着色。在黄叶肉桂中，130 个差异代谢物中有 103 个丰度明显增加，尤其是核苷酸和氨基酸及其衍生物和类黄酮。本研究结果对白化茶种质叶片着色和代谢机制有了进一步理解。

此外，本课题组还发现了国家良种——福建水仙的黄叶突变体。进一步的研究中，课题组对正常茶基因型（福建水仙，LS）与其黄叶突变体（黄金水仙，HS）之间进行了广泛靶向代谢学和转录组分析（彩图 2-17、彩图 2-18、彩图 2-19）。在分子水平上，MEP 途径中基因表达水平的改变可能已经抑制了 HS 中叶绿素和类胡萝卜素的产生，这

可能是 HS 表型变化的主要原因。在代谢物水平上，课题组发现了大量与光保护相关的代谢物在 HS 中大量积累，包括黄酮、花青素、黄酮醇、黄烷酮、维生素及其衍生物、多酚、酚酰胺等。该结果与酶活性结合在一起实验表明，即使在正常光照条件下，光合作用色素的缺乏也使 HS 的白化病茶叶更容易受到紫外线的影响。此外，除常见氨基酸外，我们还鉴定了许多含氮化合物，包括核苷酸及其衍生物、氨基酸衍生物、甘油磷脂和酚酰胺，这预示着黄化茶叶中大量的 NH_4^+ 积累不仅可以促进氨基酸的合成，同时也可以激活其他与氮代谢有关的次级代谢途径。总之，我们的结果提供了新的信息，以指导进一步研究由茶树叶片黄化在茶树中引起的物质代谢重编程事件。

三、乌龙茶紫芽突变资源的差异品质基因和代谢物鉴定

紫芽茶具有一种独特的叶色，它有高含量的花青素。紫芽茶的感官风味与绿芽茶有很大区别，也具有较大的经济价值。为了探索茶树叶色形态分化的遗传机制，本课题组对乌龙茶紫芽种质资源金茗早进行了广泛靶向代谢组和转录组分析，对紫芽茶和绿芽茶的类黄酮生物合成途径中积累的代谢产物进行了比较，结果表明紫芽茶中积累了酚酸、类黄酮和单宁等酚类化合物（彩图 2-20、彩图 2-21）。类黄酮生物合成相关基因（如 PAL 和 LAR）的高表达，揭示了生物合成的空间模式和这些代谢物的积累。两个 *CsUFGTs* 基因可能与花色素的积累显著增加有关。这些结果有助于识别叶色的代谢物积累影响因素，为今后研究茶树叶色和品种遗传改良提供参考。

四、乌龙茶种质资源抗性机制研究

在前期研究基础上，进一步解析乌龙茶品种在抗逆性如干旱、高温和低温等方面的分子机制。筛选克隆一批与乌龙茶抗逆性相关的基因，通过转基因拟南芥等手段重点研究水通道蛋白基因、*MAPK* 基因家族等在茶树抵御逆境胁迫中的功能。

从茶树中克隆了 *CsMAPK3*、*CsASR* 和 *CsSDIR1* 等基因，对它们的生物信息学特征进行了详尽的分析，同时对它们在低温、干旱和高盐等胁迫下的表达模式进行分析，结果发现它们均与茶树的抗逆响应密切相关。研究结果为后续茶树资源挖掘和品种选育提供理论基础。相关成果发表在《园艺学报》《茶叶科学》和《应用与环境生物学报》等权威期刊上。

克隆了茶树中赤霉素和脱落酸相关的基因家族，对它们的生物信息学特征进行分析，同时对它们在赤霉素和脱落酸处理后的表达模式进行检测，结果发现多个基因能够响应外源激素处理。另外，还分析了它们在茶树芽越冬休眠期间的表达模式，发现它们与茶芽越冬休眠进程密切相关，提出了赤霉素和脱落酸介导的茶树休眠调控模型，为后续研究茶树休眠提供良好的参考。相关结果发表 SCI 论文 1 篇（Plant Cell Reports，2018）。

第六节　乌龙茶种质资源示范园标准化研究与建设成效

建设魏荫乌龙茶种质资源示范园、日春乌龙茶种质资源示范园、正山世家峡腰区乌龙茶种质资源示范园。累计示范优质品种 60 余种，面积为 1 万多亩，为中国乌龙茶种质资

源的保存和示范推广提供了重要的实践参考。

一、魏荫乌龙茶种质资源示范园

魏荫名茶传承于铁观音世家，由魏荫第九代传人、国家级非物质文化遗产铁观音制作技艺代表性传承人魏月德先生创办，底蕴深厚。魏荫乌龙茶种质资源示范园（彩图2-22）位于安溪县西坪镇松岩村，总体占地1万余亩，海拔800余米，环抱观音山、暗淡山，具有良好的自然生态环境。该示范园微域气候属于热带季风气候，气温温和，日照充足，雨量充沛，光、热、水资源丰富。年降水量1 600～2 000毫米，年平均气温19.5～21.3℃，相对湿度76%～78%，年日照1 850小时左右，全年无霜期350天。该示范园有铁观音、黄旦、本山、毛蟹、梅占、大叶乌龙等乌龙茶种质资源国家级良种。此外，还有佛手、杏仁茶、凤园春省级良种，早乌龙、早奇兰、白毛猴、梅占仔、竖乌龙、矮脚乌、白奇兰、黄奇兰、赤叶奇兰等，均有栽种。

二、日春乌龙茶种质资源示范园

日春股份公司发源于乌龙茶铁观音的故乡安溪西坪镇，是一家集茶基地建设，茶叶、茶具、茶食品开发、生产和销售为一体的大型专业化乌龙茶龙头企业（彩图2-23）。日春乌龙茶种质资源示范园位于虎邱镇湖西村，该示范园环境优质，均温21℃，雨水充足湿润，全年无霜期350天，土壤肥沃，占地面积500亩以上，虎邱示范园有六大科研项目和一个科研楼，用于提取和记录各项制茶数据。目前科研楼作为日春铁观音大数据库的核心，实验室最重要的功能是建立"铁观音资料库"，方便后续调取数据，指导其他的茶叶基地。日春乌龙茶种质资源示范园的建设，有利于扩宽日春茶产业的产品深度与广度，也为乌龙茶种质资源的保存和示范推广提供了有力借鉴。

三、正山世家峡腰区乌龙茶种质资源示范园

正山世家峡腰区乌龙茶种质资源示范园（彩图2-24），分布在群山峻岭中，平均海拔1 200余米；四季气温较均匀、温和湿润，年平均气温约12～13℃，1月均温3℃左右，极端最低气温可达-15℃，7月均温23～24℃；年降水量在2 000毫米以上，是福建省降水量最多的地区。年相对湿度高达85%，雾日100天以上。终年云雾缭绕，雨量充沛。育有肉桂、奇兰、金观音、黄玫瑰、瑞香、佛手、雀舌、黄观音、金钥匙等优质乌龙茶品种，对乌龙茶种质资源的保护及示范起引领性作用。

第七节　中国乌龙茶种质资源数据库的构建与智能识别

在对中国乌龙茶种资源性状的调查基础上，结合相关数据或图片（彩图2-25），利用文献调查和网络搜索获取乌龙茶树种质资源的基本信息（图2-14），对所获得的数据和图片信息进行规范化、标准化、统一化处理，将处理好的数据以CSV格式导入到用SQL编程语言建立的MySQL数据库，采用Apache作为服务器，以SQL作为数据库查询语言，运用

PHP 动态脚本编程语言来编写关于“中国乌龙茶种质资源数据库”的动态网站。该数据库为关系型数据库，将生物学特性、分子生物学数据、原生境数据分别建表（图 2-15、图 2-16、图 2-17），增加了数据采集的灵活性，将来如果有新的调查数据可以独立进行补充。

采集者	科中文名	科拉丁名	属中文名	属拉丁名	种中文名	种拉丁名	国家	省自治区	地区	区县	具体地点	纬度	经度
陈常颂、林郑和	山茶科	Camellia	山茶属	*Camellia*	都匀毛尖		中国	贵州		湄潭县	湄江镇湄水桥	东经107.48946	北纬27.76368
陈常颂、林郑和、钟秋生	山茶科	Camellia	山茶属	*Camellia*	广西青皮糙果茶		中国	广东	英德市		广东农科院茶叶所	东经113.23	北纬24.81,
陈常颂、林郑和、钟秋生	山茶科	Camellia	山茶属	*Camellia*	广宁白花油茶		中国	广东	英德市		广东农科院茶叶所	东经113.23	北纬24.81,
陈常颂、林郑和、钟秋生	山茶科	Camellia	山茶属	*Camellia*	广宁白花油茶		中国	广东	英德市		广东农科院茶叶所	东经113.23	北纬24.81,
陈常颂、林郑和、钟秋生	山茶科	Camellia	山茶属	*Camellia*	越南油茶		中国	广东	英德市		广东农科院茶叶所	东经113.23	北纬24.81,
陈常颂、林郑和、钟秋生	山茶科	Camellia	山茶属	*Camellia*	红皮糙果茶（香港）		中国	广东	英德市		广东农科院茶叶所	东经113.23	北纬24.81,
陈常颂、林郑和、钟秋生	山茶科	Camellia	山茶属	*Camellia*	湖北油茶		中国	广东	英德市		广东农科院茶叶所	东经113.23	北纬24.81,
陈常颂、林郑和、钟秋生	山茶科	Camellia	山茶属	*Camellia*	安徽油茶1号		中国	广东	英德市		广东农科院茶叶所	东经113.23	北纬24.81,
陈常颂、林郑和、钟秋生	山茶科	Camellia	山茶属	*Camellia*	凤凰油茶5号		中国	广东	英德市		广东农科院茶叶所	东经113.23	北纬24.81,
陈常颂、林郑和、钟秋生	山茶科	Camellia	山茶属	*Camellia*	凤凰油茶5号		中国	广东	英德市		广东农科院茶叶所	东经113.23	北纬24.81,
陈常颂、林郑和、钟秋生	山茶科	Camellia	山茶属	*Camellia*	岑软2号		中国	广东	英德市		广东农科院茶叶所	东经113.23	北纬24.81,
陈常颂、林郑和、钟秋生	山茶科	Camellia	山茶属	*Camellia*	岑软2号		中国	广东	英德市		广东农科院茶叶所	东经113.23	北纬24.81,
陈常颂、林郑和、钟秋生	山茶科	Camellia	山茶属	*Camellia*	香花糙果茶		中国	广东	英德市		广东农科院茶叶所	东经113.23	北纬24.81,
陈常颂、林郑和、钟秋生	山茶科	Camellia	山茶属	*Camellia*	香花糙果茶		中国	广东	英德市		广东农科院茶叶所	东经113.23	北纬24.81,
陈常颂、林郑和、钟秋生	山茶科	Camellia	山茶属	*Camellia*	宋种黄枝香		中国	广东	潮州市		广东农科院茶叶所	东经113.23	北纬24.81,
陈常颂、林郑和、钟秋生	山茶科	Camellia	山茶属	*Camellia*	丹霞种F1		中国	广东	潮州市		广东农科院茶叶所	东经113.23	北纬24.81,
陈常颂、林郑和、钟秋生	山茶科	Camellia	山茶属	*Camellia*	宋种古茶树F1		中国	广东	潮州市		广东农科院茶叶所	东经113.23	北纬24.81,
陈常颂、林郑和、钟秋生	山茶科	Camellia	山茶属	*Camellia*	丹霞5号		中国	广东	韶关市	仁化县	红山镇	东经113.749027	北纬25.085621
陈常颂、林郑和、钟秋生	山茶科	Camellia	山茶属	*Camellia*	丹霞9号		中国	广东	韶关市	仁化县	红山镇	东经113.749028	北纬25.085622
陈常颂、林郑和、钟秋生	山茶科	Camellia	山茶属	*Camellia*	丹霞8号		中国	广东	韶关市	仁化县	红山镇	东经113.749029	北纬25.085623
陈常颂、林郑和、钟秋生	山茶科	Camellia	山茶属	*Camellia*	宋种F1116米		中国	广东	潮州市	潮安县	凤凰镇	东经116.622604	北纬23.656950
陈常颂、林郑和、钟秋生	山茶科	Camellia	山茶属	*Camellia*	丹霞9号		中国	广东	韶关市	仁化县	红山镇	东经113.749029	北纬25.085623
陈常颂、林郑和、钟秋生	山茶科	Camellia	山茶属	*Camellia*	蜜兰香种		中国	广东	潮州市	潮安县	凤凰镇	东经116.622604	北纬23.656950
陈常颂、林郑和、钟秋生	山茶科	Camellia	山茶属	*Camellia*	风睐马图茶		中国	广东	英德市		广东农科院茶叶所	东经113.23	北纬24.81,

图 2-14 资源信息

注：福建省农业科学院茶叶研究所等研究。

服务器: localhost ▶ 数据库: teal ▶ 表 : tb_teamis

浏览 结构 SQL 搜索 插入 导出 Import 操作 清空 删除

字段	类型	整理	属性	Null	默认	额外	操作
编号	int(11)			否		auto_increment	
种质名称	varchar(50)	utf8_general_ci		否			
原产国	varchar(50)	utf8_general_ci		否			
原产省	varchar(50)	utf8_general_ci		否			
原产地	varchar(50)	utf8_general_ci		否			
来源地	varchar(50)	utf8_general_ci		否			
繁殖方式	varchar(50)	utf8_general_ci		否			
春茶适采期	varchar(50)	utf8_general_ci		否			
树形	varchar(50)	utf8_general_ci		否			
树姿	varchar(50)	utf8_general_ci		否			
发芽密度	varchar(50)	utf8_general_ci		否			
芽叶色泽	varchar(50)	utf8_general_ci		否			
芽叶茸毛	varchar(50)	utf8_general_ci		否			
叶片着生状态	varchar(50)	utf8_general_ci		否			
叶长	varchar(50)	utf8_general_ci		否			
叶片大小	varchar(50)	utf8_general_ci		否			
叶形	varchar(50)	utf8_general_ci		否			
叶色	varchar(50)	utf8_general_ci		否			
叶面	varchar(50)	utf8_general_ci		否			
叶身	varchar(50)	utf8_general_ci		否			
叶质	varchar(50)	utf8_general_ci		否			
叶齿锐度	varchar(50)	utf8_general_ci		否			

图 2-15 “生化数据”表生成结果详细

注：福建省农业科学院茶叶研究所等研究。

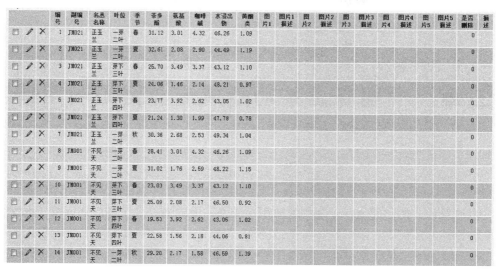

编号	副编号	名丛名称	叶位	季节	茶多酚	氨基酸	咖啡碱	水浸出物	黄酮类	图片1	图片1描述	图片2	图片2描述	图片3	图片3描述	图片4	图片4描述	图片5	图片5描述	是否删除	描述
1	JM021	正玉兰	一芽二叶	春	31.12	3.01	4.32	46.26	1.09											0	
2	JM021	正玉兰	一芽二叶	夏	32.61	2.08	2.90	44.49	1.19											0	
3	JM021	正玉兰	芽下三叶	春	25.70	3.49	3.37	43.12	1.10											0	
4	JM021	正玉兰	芽下三叶	夏	24.06	1.46	2.14	48.21	0.97											0	
5	JM021	正玉兰	芽下四叶	春	23.77	3.92	2.62	43.05	1.02											0	
6	JM021	正玉兰	芽下四叶	夏	21.24	1.30	1.99	47.78	0.78											0	
7	JM021	正玉兰	一芽二叶	秋	30.36	2.68	2.53	49.34	1.04											0	
8	JM001	不见天	一芽二叶	春	28.41	3.01	4.32	46.26	1.09											0	
9	JM001	不见天	一芽二叶	夏	31.02	1.76	2.59	48.22	1.15											0	
10	JM001	不见天	芽下三叶	春	23.03	3.49	3.37	43.12	1.10											0	
11	JM001	不见天	芽下三叶	夏	25.09	2.08	2.17	46.50	0.92											0	
12	JM001	不见天	芽下四叶	夏	19.53	3.92	2.62	43.05	1.02											0	
13	JM001	不见天	芽下四叶	夏	22.58	1.56	2.18	44.06	0.81											0	
14	JM001	不见天	一芽二叶	秋	29.20	2.17	1.58	46.59	1.39											0	

图 2-16 "生物性状及基本信息"建表详细

注：福建省农业科学院茶叶研究所等研究。

后台管理

删除	编号	组别	性状名称
删除	74	叶尖	急尖
删除	73	叶齿深度	深
删除	72	叶齿深度	中
删除	71	叶齿深度	浅
删除	70	叶齿密度	密
删除	69	叶齿密度	中
删除	68	叶齿密度	稀
删除	67	叶齿锐度	钝
删除	66	叶齿锐度	中
删除	65	叶齿锐度	锐
删除	64	叶质	厚脆
删除	63	叶质	中

图 2-17 "基础数据表"详细

注：福建省农业科学院茶叶研究所等研究。

第三章 中国乌龙茶功能成分与资源利用研究

"2011 中国乌龙茶产业协同创新中心"各协同单位发挥各自团队的软硬件优势、深入探讨、合理互补、协作创新，基于福建典型乌龙茶的内含成分（黄酮、茶多酚、儿茶素总量和 8 种单体、茶黄素、茶红素、茶褐素等）、香气成分等，探索乌龙茶保健功能的物质基础；对乌龙茶重要成分茶黄素以及黄酮糖苷的减肥、改善胰岛素抵抗、抗抑郁、抑制口腔有害菌等功效进行挖掘利用，深入开展了药效学及其分子机制研究；开发乌龙茶深加工产品等工作。经协同攻关，创立了乌龙茶健康功能研究开发体系及产业化推广机制，全面完成合同的计划和指标。技术路线图如图 3-1 所示。

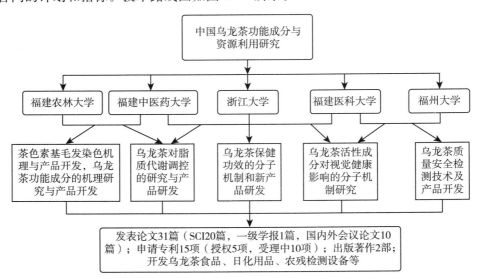

图 3-1 中国乌龙茶功能成分与资源利用研究技术路线

第一节 乌龙茶功能成分检测与指纹图谱构建

一、不同焙火程度及品种武夷岩茶内含成分和香气的分析

选取武夷山有代表性的武夷水仙（SX）、奇种（QZ）、大红袍（DHP）、肉桂（RG）4 个品种，分别设置轻、中、重三个焙火程度制作成岩茶，进行感官审评；测定各茶样常规内含成分（水分、水浸出物、可溶性蛋白质、氨基酸、可溶性糖、多糖、黄酮、茶多

酚、儿茶素总量和8种单体、茶黄素、茶红素、茶褐素等）含量，结合感官审评结果，分析焙火对岩茶内含成分的影响。采用固相微萃取法测定各茶样香气物质组成，结合感官审评香气因子的结果，分析焙火对岩茶香气成分的影响。

（一）不同程度焙火对武夷岩茶内含成分的影响

由图3-2可见，焙火程度对岩茶的含水量影响最为突出。儿茶素、茶黄素和氨基酸含量整体随焙火程度提高而下降（表3-1至表3-3），酚氨比值显著提高（表3-4）。

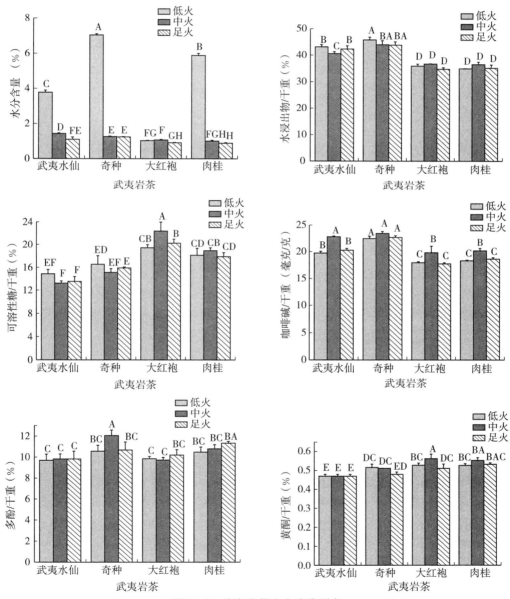

图3-2 武夷岩茶内含成分测定
注：浙江大学屠幼英等研究。

表 3 - 1　儿茶素含量测定

茶样	儿茶素含量（毫克/克 干重）								
	GC	EGC	C	EC	EGCG	GCG	ECG	CG	总重
SX-L	8.48±0.63	18.21±0.57	1.11±0.08	3.88±0.03	29.1±0.60	7.59±0.72	9.98±0.15	0.85±0.09	79.209
SX-M	14.8±0.34	22.15±0.17	1.85±0.04	3.52±0.05	30.24±0.29	7.75±0.26	9.83±0.06	0.97±0.03	91.11
SX-H	10.4±1.54	16.94±0.43	1.02±0.04	3.45±0.04	28.49±0.55	5.99±0.31	9.28±0.22	0.64±0.03	76.21
QZ-L	5.33±0.64	13.92±0.23	0.8±0.06	3.14±0.03	37.46±0.32	8.43±0.92	12.46±0.09	0.91±0.12	82.45
QZ-M	5.47±1.13	12.54±0.13	0.78±0.06	2.85±0.09	37.72±0.57	6.87±0.68	8.27±4.91	0.68±0.09	75.18
QZ-H	4.53±0.06	10.83±0.12	0.71±0.01	2.55±0.03	35.2±0.65	5.95±0.18	10.87±0.22	0.57±0.02	71.21
DHP-L	6.82±0.2	15.19±0.14	1.14±0.04	3.68±0.03	27.59±0.11	6.54±0.3	12.84±0.04	0.99±0.05	74.79
DHP-M	7.62±0.94	15.75±2.76	1.51±0.49	3.46±0.05	27.57±1.26	7.26±0.36	13.14±0.53	1.2±0.18	77.51
DHP-H	5.64±0.65	12.98±0.14	1.08±0.05	3.16±0.03	25.95±0.11	5.87±0.54	11.79±0.1	0.87±0.07	67.34
RG-L	8.38±0.29	19.1±0.24	0.87±0.02	3.51±0.03	29.32±0.3	7.23±0.32	9.66±0.45	0.7±0.04	78.77
RG-M	9.21±0.21	16.61±0.69	0.93±0.03	3.37±0.08	30.37±0.89	6.99±0.56	9.36±0.41	0.68±0.07	77.52
RG-H	7.56±0.98	14.07±0.15	0.9±0.02	3.04±0.05	26.99±0.66	6.71±0.30	8.96±0.23	0.67±0.04	68.90

注：浙江大学屠幼英等研究。

表 3 - 2　茶色素的测定

茶样	茶黄素（毫克/克 干重）					茶红素（干重 %）	茶褐素（干重 %）
	TF1	TF2a	TF2b	TF3	总重		
SX-L	0.19±0.01	0.08±0.01	0.04±0	0.09±0.01	0.4	1.88±0.15	2.63±0.23
SX-M	0.14±0.01	0.08±0	0.04±0	0.07±0	0.33	1.92±0.66	3.50±0.33
SX-H	0.14±0.01	0.07±0	0.04±0	0.07±0.01	0.32	1.83±0.20	3.02±0.19
QZ-L	0.05±0	0.04±0	0.02±0	0.06±0.01	0.17	1.84±0.59	2.66±0.40
QZ-M	0.05±0.03	0.03±0	0.01±0	0.05±0.01	0.14	2.14±0.26	2.71±0.72
QZ-H	0.04±0.02	0.02±0	0.01±0	0.05±0	0.12	2.18±0.31	2.85±0.28
DHP-L	0.08±0	0.05±0	0.02±0	0.05±0	0.20	2.11±0.72	3.05±0.23
DHP-M	0.08±0	0.06±0	0.02±0	0.07±0	0.23	2.21±0.63	3.33±0.58
DHP-H	0.06±0	0.04±0	0.01±0	0.04±0	0.15	2.26±0.26	3.34±0.73
RG-L	0.11±0	0.06±0	0.03±0	0.08±0.01	0.28	2.10±0.42	2.57±0.22
RG-M	0.1±0.01	0.05±0	0.02±0	0.11±0.02	0.28	2.07±0.49	2.56±0.36
RG-H	0.09±0.01	0.04±0	0.02±0	0.06±0.01	0.21	2.20±0.37	2.97±0.56

注：浙江大学屠幼英等研究。

表3-3 氨基酸含量的测定

氨基酸 （干重 %）	SX-L	SX-M	SX-H	QZ-L	QZ-M	QZ-H	DHP-L	DHP-M	DHP-H	RG-L	RG-M	RG-H
ASP	0.10	0.08	0.08	0.09	0.05	0.05	0.04	0.04	0.04	0.05	0.04	0.03
GLU	0.05	0.02	0.02	0.06	0.02	0.01	0.03	0.02	0.02	0.04	0.01	0.02
ASN	0.03	0.02	0.01	0.04	0.01	0.01	0.01	0.01	0.01	0.01	0.01	0.00
SER	0.03	0.02	0.02	0.04	0.02	0.02	0.03	0.01	0.02	0.03	0.02	0.02
GLN	0.02	0.01	0.01	0.02	0.01	0.01	0.02	0.01	0.01	0.02	0.01	0.01
HIS	0.00	0.00	0.00	0.01	0.00	0.00	0.00	0.00	0.00	0.00	0.00	0.00
GLY	0.01	0.01	0.01	0.02	0.01	0.01	0.02	0.01	0.01	0.01	0.01	0.01
THR	0.02	0.02	0.02	0.02	0.01	0.01	0.01	0.01	0.01	0.01	0.01	0.01
ARG	0.02	0.02	0.01	0.05	0.03	0.02	0.02	0.02	0.01	0.01	0.01	0.01
ALA	0.05	0.05	0.06	0.09	0.07	0.07	0.04	0.04	0.04	0.06	0.05	0.06
TEAAA	0.50	0.23	0.20	0.55	0.14	0.11	0.27	0.19	0.13	0.23	0.08	0.05
TYR	0.05	0.04	0.04	0.03	0.02	0.02	0.03	0.02	0.02	0.02	0.01	0.01
VAL	0.03	0.02	0.02	0.03	0.01	0.01	0.02	0.01	0.01	0.02	0.01	0.01
MET	0.01	0.01	0.01	0.01	0.00	0.00	0.00	0.00	0.00	0.00	0.00	0.00
TRP	0.04	0.03	0.03	0.04	0.02	0.02	0.02	0.02	0.02	0.02	0.01	0.01
PHE	0.02	0.02	0.02	0.02	0.01	0.01	0.01	0.01	0.01	0.01	0.01	0.01
ILE	0.02	0.01	0.01	0.01	0.00	0.00	0.01	0.01	0.00	0.01	0.00	0.00
LEU	0.01	0.01	0.01	0.01	0.00	0.00	0.01	0.01	0.00	0.01	0.00	0.00
LYS	0.06	0.04	0.04	0.04	0.02	0.02	0.01	0.01	0.01	0.01	0.01	0.01
总量	1.08	0.66	0.61	1.18	0.46	0.41	0.59	0.47	0.37	0.56	0.30	0.26

注：浙江大学屠幼英等研究。

表3-4 酚氨比测定

茶样	SX-L	SX-M	SX-H	QZ-L	QZ-M	QZ-H	DHP-L	DHP-M	DHP-H	RG-L	RG-M	RG-H
酚氨比	4.64	5.85	6.55	5.53	8.37	8.15	5.93	6.15	7.23	6.51	8.24	9.14

注：浙江大学屠幼英等研究。

（二）对武夷岩茶香气的分析

岩茶香气中种类数量较多的是醇类、酯类物质、杂氧和含氮化合物，相对含量占比较高的则为醇类、酯类和含氮化合物。随着焙火程度的增加，酸类、芳香族化合物的相对含量呈现增高的趋势，酮类、杂氧化合物相对含量降低，其他类香气物质的变化则未呈现出明显的规律性。不同品种的岩茶在醇类、烷烃、烯烃等的相对含量有一定差异。所有样品中的共有峰有（Z）-己酸-3-己烯酯、己酸己酯、β-紫罗兰酮、（E）-己酸，二己烯酯等。（Z）-己酸-3-己烯酯呈水果清香、己酸己酯呈水果香、β-紫罗兰酮呈花香，含量较高的香气物质常重复出现在各样品中，但含量低的香气物质则差异较大（表3-5、表3-6）。

表3-5　各类香气在不同焙火程度岩茶中的数量

茶样	醇类	酯类	含氮化合物	含氧杂环化合物	芳香族类	酮类	醛类	烷烃类	烯类	酸类	含硫化合物
SX-L	15	12	11	9	7	6	6	6	3	1	2
SX-M	13	12	7	4	7	5	1	4	5	1	2
SX-H	14	15	11	7	6	7	4	5	10	4	2
QZ-L	22	15	15	11	5	5	2	4	4	2	2
QZ-M	27	13	10	9	5	5	3	3	6	1	2
QZ-H	23	8	12	6	6	6	3	5	4	3	2
DHP-L	24	12	8	10	6	6	3	3	6	2	2
DHP-M	23	11	9	7	6	5	5	4	6	2	3
DHP-H	18	13	11	8	6	5	6	4	5	2	2
RG-L	6	6	13	13	10	9	3	18	6	1	1
RG-M	19	15	8	7	6	6	1	4	8	1	2
RG-H	21	14	11	7	9	6	0	3	8	1	2

注：浙江大学屠幼英等研究。

表3-6　各类香气在不同焙火程度岩茶中的相对含量

茶样	醇类（％）	酯类（％）	含氮化合物（％）	含氧杂环化合物（％）	芳香族类（％）	酮类（％）	醛类（％）	烷烃类（％）	烯类（％）	酸类（％）	含硫化合物（％）
SX-L	23.66	12.98	7.42	10.34	8.79	11.94	5.95	6.62	8.91	0.53	2.83
SX-M	24.61	9.90	19.40	3.99	16.84	4.43	8.58	4.84	5.44	1.44	0.54
SX-H	21.52	14.32	16.04	5.39	11.70	6.68	7.51	6.40	6.63	1.05	2.77
QZ-L	31.20	17.99	17.83	5.72	4.15	7.59	1.80	4.37	5.05	1.21	3.08
QZ-M	32.47	21.79	10.94	6.70	8.57	3.74	3.01	4.02	7.01	0.25	1.50
QZ-H	35.74	14.29	14.59	2.83	10.46	4.14	3.76	6.38	2.41	3.20	2.20
DHP-L	31.38	19.38	9.33	10.54	6.47	3.73	4.21	2.76	9.24	1.35	1.62
DHP-M	27.87	16.98	13.21	8.03	8.34	1.91	9.59	4.87	6.39	1.04	1.77
DHP-H	19.86	15.23	13.20	12.45	9.44	2.66	16.50	3.97	3.08	2.16	1.44
RG-L	24.47	5.62	9.81	9.38	8.79	11.47	1.71	21.34	6.28	0.65	0.48
RG-M	27.34	13.88	11.00	6.02	10.40	2.17	0.81	4.65	22.91	0.19	0.63
RG-H	27.37	28.26	12.40	2.96	9.06	3.07	0.00	3.46	11.85	0.22	1.35

注：浙江大学屠幼英等研究。

二、乌龙茶中黄酮类物质快速检测技术

（一）一种磁性花状纳米材料的涂层SPME技术

该法制备操作简单，重复性和可控性好，所得的磁性花状纳米材料具有特殊的形貌特

征、强磁性、富含微介孔；表面有大量的苯环和氢键可以与目标物产生强的 π-π 相互作用与氢键相互作用，故能显著提高茶叶样品中痕量元素的吸附性能，同时能去除色素等干扰，达到很好的纯化富集效果，而且吸附时间短，吸附效率高。将该材料应用于不同茶叶中植物激素和黄酮的富集，有着极好的效果。

（二）羟基化磁性氮掺杂碳纳米管材料制备以及 SPME 在茶叶中的应用

根据已有的合成方法，制备出磁性氮掺杂碳纳米管材料。针对其在水中分散性差的缺陷，通过化学手段引入亲水性基团羟基，对材料进行改性，增强了其在水中的分散性，提高材料的亲水性，以更好地使用于茶汤中微量元素的富集。该研究制备工艺简单，所得的羟基化磁性氮掺杂碳纳米材料在已有的强酸条件下依旧保持结构稳定、较高磁性以及比表面积大的基础上，增加了水分散性。同时大量未配位的羟基基团使得材料对含羧基的目标物有更好的选择性，以便于我们将其用于检测茶叶中黄酮类物质的全类别以及超低代谢物含量的检测，并以此法检测建立了黄观音、金观音、肉桂、奇兰、奇种、政和大白茶等 6 个品种茶叶中 16 种黄酮类物质的图谱，图谱效果良好。

三 、构建福建地区乌龙茶特征香气的指纹图谱

（一）色谱条件的建立

项目组以自制纳米材料为 SPME 涂层，设计单因素实验，研究萃取条件（温度、时间、用量）和解析条件（时间）对乌龙茶特征香气分析的影响。根据总离子流图，以被检测物质的强度和丰度为衡量标准，建立了最佳的萃取条件和解析条件：萃取温度 80℃，萃取时间 30 分钟，样品用量 0.5 克，解析时间 5 分钟。

（二）乌龙茶香气成分的检测

乌龙茶挥发性成分的检测，选择武夷肉桂茶为代表，利用自制金属有机骨架材料为 SPME 涂层，对乌龙茶香气成分采用顶空固相微纤维萃取法结合 GC-MS 进行检测和分析，运用谱库检索并结合文献进行定性分析。各组分相对含量按照峰面积归一化法计算（图 3-3、表 3-7）。

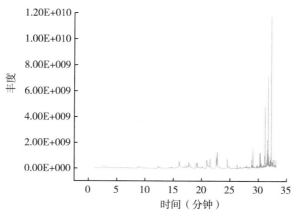

图 3-3　武夷肉桂香气的总离子流图

注：福州大学张兰等研究。

表3-7 基于新型纤维涂层下的武夷肉桂茶香气成分

序号	保留时间（分钟）	CAS号	化合物名称
1	4.747	98-00-0	糠醇
2	8.837	108-50-9	2，6-二甲基吡嗪
3	12.26	620-02-0	5-甲基呋喃醛
4	14.077	110-93-0	甲基庚烯酮
5	14.36	123-35-3	月桂烯
6	17.66	2167-14-8	茶吡咯
7	17.895	695-06-7	γ-己内酯
8	18.658	98-86-2	苯乙酮
9	19.04	1072-83-9	2-乙酰基吡咯
10	19.158	5989-33-3	顺-A，A-5-三甲基-5-乙烯基四氢化呋喃-2-甲醇
11	20.06	34995-77-2	（E）-呋喃芳樟醇氧化物
12	20.92	78-70-6	芳樟醇
13	21.06	20053-88-7	脱氢芳樟醇
14	21.39	60-12-8	苯乙醇
15	22.548	2314-78-5	N-乙基琥珀酰亚胺
16	22.69	140-29-4	苯乙腈
17	24.46	14049-11-7	2，2，6-三甲基-6-乙烯基四氢-2H-呋喃-3-醇
18	25.48	119-36-8	水杨酸甲酯
19	25.75	98-55-5	α-萜品醇
20	25.87	116-26-7	藏红花醛
21	26.237	112-40-3	十二烷
22	26.416	112-31-2	癸醛
23	26.808	432-25-7	BETA-环柠檬醛
24	28.76	120-72-9	吲哚
25	29	629-50-5	十三烷
26	29.65	102-76-1	三乙酸甘油酯
27	29.85	30364-38-6	1，1，6三甲基-1，2二氢萘
28	30.22	31501-11-8	（Z）-己酸-3-己烯酯
29	30.4	488-10-8	茉莉酮
30	30.785	127-41-3	α-紫罗酮
31	31.13	18794-84-8	（E）-金合欢烯
32	31.44	79-77-6	β-紫罗酮
33	31.67	502-61-4	α-法呢烯
34	31.74	495-61-4	β-红没药烯
35	31.994	15356-74-8	二氢猕猴桃内酯
36	32.236	40716-66-3	反式-橙花叔醇
37	34.332	102608-53-7	叶绿醇
38	34.43	502-69-2	植酮
39	34.537	58-0-2	咖啡碱

（三）气相色谱质谱指纹图谱初步构建

项目组选取武夷肉桂、水仙、奇兰、黄玫瑰、瑞香、黄观音共 6 个闽北乌龙茶品种，根据茶叶香气成分 GC－MS/MS 总离子所给出的峰数、峰保留时间和峰面积值等相关参数以及成分鉴定结果，找出共有率为 100% 以上的共有峰，将筛选出的共有峰作为指纹图谱的特征峰，建立共有峰指纹图谱，并在此基础确定共有色谱峰的相对保留时间和相对峰面积。利用 Origin 软件，可对 6 个品种闽北乌龙茶离子色谱图原始数据进行分析。将不同品种茶叶样品的色谱数据导入中药色谱指纹图谱评价系统 2004A 版，进行色谱峰匹配，构建茶叶香气指纹图谱和对照指纹图谱 R（图 3－4、图 3－5），通过 SIMCA 等软件进行闽北乌龙茶香气判别模型的构建（彩图 3－1）。

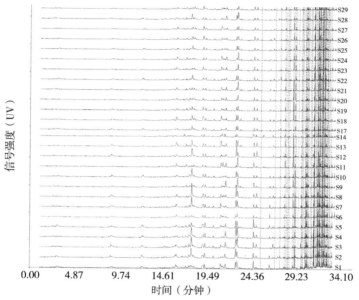

图 3－4　部分茶样指纹图谱谱叠加图

注：福州大学张兰等研究。

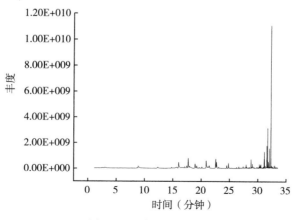

图 3－5　对照指纹图谱 R

注：福州大学张兰等研究。

（四）建立乌龙茶香气指纹图谱信息数据库共享平台

当前是一个互联网时代，互联网时代中一个重要特性就是容易实现资源共享，以便更加合理地达到资源配置，节约社会成本，创造更多财富。本项目拟建设乌龙茶香气指纹图谱数据共享平台，利用现代化网络技术，通过共享门户网站、微信公众号等，共享乌龙茶叶香气指纹图谱数据，同时协同福建地区各单位提供茶产业相关数据，共享协同数据库的内容。其建立共享平台简单思路如图 3-6 所示。

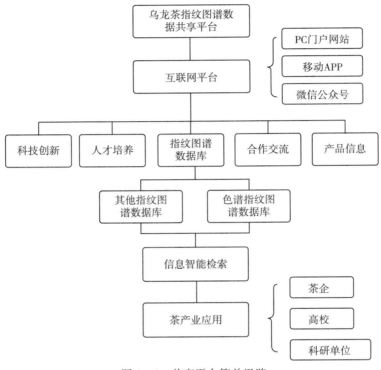

图 3-6　共享平台简单思路

（五）漳平水仙茶加工过程中香气前体变化的研究

鉴定出漳平水仙茶中主要含有青叶醇、芳樟醇等 6 种糖苷类香气前体，漳平水仙茶春茶和秋茶各加工工序茶样含有相同种类的糖苷类香气前体物质，秋茶中糖苷类香气前体物质的含量明显较春茶的高；探明了漳平水仙茶生产过程 12 道工序的糖苷类香气前体含量的变化规律，为漳平水仙茶工艺创新或优化产品香气品质提供理论依据。

四、闽北水仙茶香气指纹图谱与产地判别

构建了产于武夷山、建阳、建瓯的 113 个闽北水仙茶样品的香气化学指纹图谱，获得了不同产地闽北水仙茶样品的质谱信息特征，对闽北水仙茶的质谱信息进行了模式识别，建立了不同产地的闽北水仙茶识别模型。本方法无需样品预处理、分析速度快、灵敏度高、对茶叶无损伤，为茶叶产地溯源提供了新方法。

（一）不同产地闽北水仙的香气成分分析

课题组对 3 个不同产地（武夷山、建阳、建瓯）水仙茶样品的香气成分进行分析，图 3-7 为空气空白及三个产地的闽北水仙香气成分的典型质谱图，如图 3-7 所示：不同产地的闽北水仙茶的 PTR-TOF-MS 谱图既有相同之处，也有明显的差异。在所有谱图中，m/z 13~150 之间产生的质谱峰较多，在 m/z>200 处，质谱峰较少。

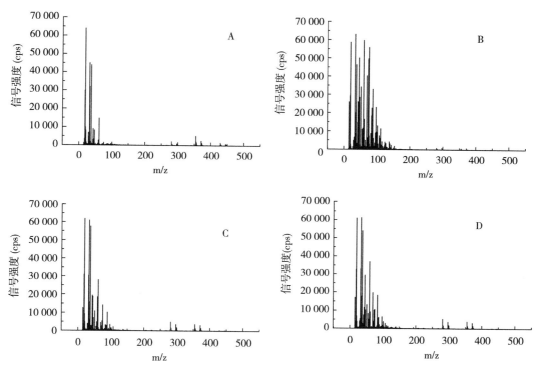

图 3-7　闽北水仙茶 PTR-TOF-MS 典型香气图谱
A. 空气　B. 武夷水仙　C. 建阳水仙　D. 建瓯水仙
注：福建农林大学叶乃兴等研究。

为获得闽北水仙茶的主要香气物质的化学成分信息，本研究采用 PTR-TOF-MS 进行分析，得到的质谱数据经计算机在其自带的内部库并结合相关文献及质谱解析方法进行核对，从检测的精确离子质量、信号强度、实际成分等方面进行比较，初步鉴定其化学成分。筛选化合物定性相对明确且在茶叶中常见的、相对含量排名在前 40 名的香气成分，其质荷比检测值与理论值、主要含量（单位：微克/升）见表 3-8 所示，其中含量较高成分包括：m/z 42.033 8（乙烯酮）、m/z 45.033 5（乙醛）、m/z 59.049 1（丙酮）、m/z 69.069 9（倍半萜烯碎片）、m/z 73.064 6（甲基丙醛）、m/z 75.044 1（丙酸丁酯）、m/z 87.081 2（戊酮）、m/z 97.028 2（糠醛）等。

上述 40 种香气化合物在 3 个产地的闽北水仙茶样中均被检测到，但差别较大（特别是含量较高的组分），有 37 个化合物具有极显著差异（$P<0.01$），说明不同产地的闽北水仙在香气成分含量上具有极显著的差异。此结果与其他文献中的结果一致，如朱慧等采

表 3 - 8　不同产地闽北水仙茶的主要香气物质浓度及显著性分析

检测值 (m/z)	理论值 (m/z)	化学式	初步推测化合物	平均浓度值 ± 标准差（微克/升）			显著性[a]
				武夷水仙 (n=33)	建阳水仙 (n=40)	建瓯水仙 (n=40)	
33.033 5	33.033	CH_4OH^+	Methanol 甲醇	18 359.51±1 439.08	7 210.13±331.5	8 050.08±347.6	<0.001
42.033 8	42.012	$C_2H_2OH^+$	Ketene 乙烯酮	6 099.6±1 159.2	2 890.21±139.93	519.96±27.91	<0.001
45.033 5	45.034	$C_2H_4OH^+$	Acetaldehyde 乙醛	12 966.69±878.47	5 037.11±217.31	3 655.03±144.75	<0.001
47.012 8	47.013	$C_2H_5OH^+$	Ethanol 乙醇	7 713.54±1 529.92	1 156.61±60.81	2 042.86±158.66	<0.001
59.049 1	59.049	$C_3H_6OH^+$	Propanal/acetone 丙醛	14 188.47±1 083.48	5 186.16±234.25	5 159.47±254.51	<0.001
69.069 9	69.071	$C_5H_8H^+$	Sesquiterpenesfragment 倍半萜烯碎片	8 478.56±245.87	2 447.4±120.19	1 915.5±161.42	<0.001
73.064 6	73.065	$C_4H_8OH^+$	Methylpropanal 甲基丙醛	10 275.74±488.34	2 336.11±96.53	1 036.98±71.22	<0.001
75.044 1	75.044	$C_3H_6O_2H^+$	Butyl propanoate 丙酸丁酯	8 146.57±1 208.24	3 892.37±155.85	4 263.21±200.27	0.001
81.069 9	81.071	$C_6H_8H^+$	Cyclohexadiene (Terpene fragment) 萜烯碎片	788.97±150.36	485.86±22.35	149.73±11.49	<0.001
83.085 5	83.086	$C_6H_{10}H^+$	Cyclohexadiene (Terpene fragment) 萜烯碎片	2 414.72±979.49	1 348.95±55.48	1 181.56±103.07	0.074
87.080 4	87.08	$C_5H_{10}OH^+$	Pentenol 戊酮	5 856.23±281.15	1 234.48±57.88	506.55±39.68	<0.001
95.085 5	95.086	$C_7H_{10}H^+$	Methylcyclhexadiene α - terpinene (fragment) α -松油烯碎片	922.02±122.12	449.66±28.2	137.21±12.26	<0.001
97.028 2	97.028	$C_5H_4O_2H^+$	Furfural 糠醛	1 773.38±216.31	1 694.18±79.99	1 022.12±60.56	0.001
97.064 7	97.065	$C_6H_8OH^+$	Hexadienal/ethylfuran 己二烯醛	1 757.45±213.58	1 666.02±79.64	1 004.98±59.92	0.001
99.080 4	99.080	$C_6H_{10}OH^+$	Hexenal 青叶醛	1 419.67±317.65	440.1±23.97	132.44±9.13	<0.001
101.096 1	101.096	$C_6H_{12}OH^+$	cio - 3 - hexenol 顺 3 -己烯醇	1 604.62±164.03	801.42±43.23	250.47±22.75	0.003
107.048 8	107.049	$C_7H_6OH^+$	Benzaldehyde 苯甲醛	1 366.86±454.84	512.85±32.92	498.26±51.17	<0.001
109.064 8	109.065	$C_7H_8OH^+$	Benzyl alcohol 苯甲醇	640.03±142.3	195.63±12.93	66.57±6.25	<0.001
111.080 5	111.080	$C_7H_{10}OH^+$	Heptadienal 庚二烯醛	718.23±85.02	536.63±33.28	178.14±11.23	<0.001
113.096 0	113.096	$C_7H_{12}OH^+$	Heptenal 庚烯醛	292.06±65.36	108.58±8.57	54.19±3.75	0.001
115.111 7	115.112	$C_7H_{14}OH^+$	Heptanone 2 -庚酮	575.56±161.55	153.01±6.88	60.06±6.7	0.001

（续）

检测值 (m/z)	理论值 (m/z)	化学式	初步推测化合物	平均浓度值 ± 标准差（微克/升）			显著性[a]
				武夷水仙 (n=33)	建阳水仙 (n=40)	建瓯水仙 (n=40)	
117.091 0	117.091	$C_6H_{12}O_2H^+$	Hexanoic acid 己酸	249.92±31.1	69.18±2.95	26.3±1.54	<0.001
118.065 1	118.062	$C_8H_6NH^+$	Indole 吲哚	132.13±33.95	65.07±3.96	6.35±0.29	0.001
121.101 2	121.101	$C_9H_{12}H^+$	Terpenes, cyclohexadienone (fragment) 萜烯碎片	200.34±38.27	67.04±5.76	39.64±3.61	<0.001
123.170 9	123.171	$C_8H_{10}OH^+$	Phenylethyl alcohol 苯乙醇	226.43±24.76	80.46±5.04	55.59±4.38	<0.001
127.111 7	127.112	$C_8H_{14}OH^+$	Octenone/methylheptenone 甲基庚烯酮	369.92±132.93	100.23±9.56	39.34±2.95	0.004
129.127 4	129.127	$C_8H_{16}OH^+$	1-Octen-3-ol 1-辛烯-3-醇	196.1±47.03	81.59±4.41	18.49±1.16	0.001
129.127 6	129.127	$C_8H_{16}OH^+$	Octanone/Dimethylcyclohexanol 辛酮	196.1±47.03	81.59±4.41	18.49±1.16	0.001
135.080 4	135.107	$C_9H_{10}OH^+$	alpha-Farnesene (fragment) α-金合欢烯碎片	322.85±450.08	26.71±1.04	15.19±0.59	0.328
137.132 1	137.133	$C_{10}H_{16}H^+$	Various monoterpenes 各种单萜	257.25±31.21	78.47±5.04	26.92±2.6	<0.001
153.054 6	153.055	$C_8H_8O_3H^+$	Vanillin, methyl salicylate 水杨酸甲酯	112.47±17.49	59.83±3.79	16.54±1.34	<0.001
153.127 4	153.127	$C_{10}H_{16}OH^+$	Decadienal 癸二烯醛	111.05±16.99	58.1±3.73	14.52±1.28	<0.001
153.151 2	152.231	$C_{10}H_{16}OH^+$	Citral 香叶醛	110.36±16.96	56.74±4.04	13±4.92	<0.001
155.143 0	155.143	$C_{10}H_{18}OH^+$	Linalool/geraniol 芳樟醇	29.65±4.66	12.03±1.01	4.32±0.43	<0.001
164.251 2	164.251	$C_{11}H_{16}OH^+$	cis-Jasmon 茉莉酮	12.32±0.66	4.28±0.53	2.63±0.18	<0.001
171.250 0	171.138	$C_{10}H_{18}O_2H^+$	Linalool oxide 芳樟醇氧化物	31.83±4.5	9.67±0.54	5.3±0.16	<0.001
194.153 9	193.159	$C_{13}H_{20}OH^+$	β-ionone β-紫罗酮	6.37±0.42	2.33±0.6	1.9±0.12	<0.001
195.065 2	195.088	$C_8H_{10}N_4O_2H^+$	Caffeine 咖啡因	6.66±0.33	2.34±0.3	1.85±0.13	<0.001
205.195 1	205.351	$C_{15}H_{24}H^+$	α-Farnesene α-法尼烯	28.78±2.35	20.06±1.17	4.6±0.19	<0.001
223.372 1	223.37	$C_{15}H_{25}OH^+$	nerolidol 橙花叔醇	41.62±62.22	10.8±0.57	5.71±0.35	0.209

注：福建农林大学叶乃兴等研究。

用 SDE‐GC/MS 联用技术提取和分析了凤凰水仙茶和武夷水仙茶两个产地的水仙茶挥发性成分,结果表明不同产地的水仙在香气成分与含量方面存在差异,凤凰水仙挥发成分的类别、数量及含量均高于武夷水仙,其中共有 9 种挥发成分为两者共有,其中的 β‐紫罗兰酮、芳樟醇、橙花叔醇等,在本研究中也被检测到。

(二)基于 PTR‐TOF‐MS 的闽北水仙茶产地识别

1. 不同产地闽北水仙茶的 PCA（主成分）分析　本研究中以 m/z 整数值为自变量,质量峰的信号强度为因变量,对所采集到的 3 个不同产地的闽北水仙茶 113 个样品的顶空挥发性化合物的指纹进行 PCA 分析。由于过多的特征量会给随后的计算带来困难,本研究选取前 3 个主要特征值进行分析,彩图 3‐2 是校正集的质谱数据矩阵得分图,PC1、PC2 和 PC3 分别代表了变量总方差的 70.4%、8.1% 和 6.1%,累积方差贡献率约 84.661%,足以解释原变量的绝大部分信息,所以该样本点在该三维空间上的投影分布可以充分表征样本在空间中的分布特征。空间上的投影得分值就是空间坐标,能够直观地反映样本间的相似或差异性,如果两个样本之间差异明显,那么这两个坐标点在得分图上的位置相对较远,反之亦然。由彩图 3‐2 可见,3 个产地的茶叶基本上可以分开,其中建阳水仙与建瓯水仙相近,有些许重叠,编号为 222、224、22 几个建阳二级水仙与编号为 337、338 的 2 个建瓯三级水仙极为接近,这可能与建阳水仙与建瓯水仙加工工艺相近、产地相邻有关,需采用分类模式识别法进行进一步区分。

2. 不同产地闽北水仙茶的分类模式识别　分类模式识别一般是根据物以类聚的原则进行样本分类,同类或相似"样本"间的距离应较近,不同类的"样本"间距离应较远。这样可以根据各样本间的距离或距离的函数来判别、分类,并利用分类结果预报未知样本。针对茶叶香气成分的特征变量数多、类型复杂、要求分类准确的特点,本研究选用:SIMCA（Soft independent modeling class analogy）、KNN（K‐nearest neighbors,KNN）、PLS‐DA（Partial least squares‐discriminant analysis）对 3 个不同产地的闽北水仙进行数学统计分析,建立其识别模型。

在 SIMCA 法中,通过交互验证的方法得知,当最佳主成分数是 3 的时候,预测残差平方和（PRESS）为最小,从表 3‐9 可知,其中有 3 个武夷水仙被错判为建瓯水仙、5 个武夷水仙未识别、1 个建阳水仙未被识别、3 个建瓯水仙未被识别（表 3‐9）,其余样品均被正确判别,校正集判别正确率达到了 89.38%,预测集的判别正确率达到 83.18%；在 KNN 模式中,本研究同样通过交互验证的方法来同时优化主成分因子数和参数 K。当主成分数为 3,K 为 1 的时候判别效果最佳,校正集判别正确率达到 100%,预测集的判别正确率为 96.46%；PLS‐DA 模式中,同样提取前 3 个主成分建立模型。校正集判别正确率达到了 100%,预测集的判别正确率达到 95.57%。

综上所述,3 个模型的校正集判别正确率均达到了 85% 以上,预测集的判别正确率均达到 80% 以上,其中 KNN 识别模式的判别准确率最高,其次为 PLS‐DA,较差的为 SIMCA。除 SIMCA 识别模式外,其余两个判别模型均有着较好的实际预测效果和应用价值,结果表明:PTR‐TOF‐MS 结合分类识别模式法可以有效区分不同产地闽北水仙茶。

表 3-9　基于 PTR-TOF-MS 测定的闽北水仙茶香气的 SIMCA，KNN 及 PLS-DA 判别统计结果

识别模式		3 个产地的闽北水仙茶校正集（$n=113$）				识别率（%）
		武夷山	建阳	建瓯	未识别	
软独立建模分类法 SIMCA	武夷山	33	0	3	5	89.38
	建阳	0	39	0	1	
	建瓯	0	0	37	3	
K 最邻近结点算法 KNN	武夷山	33	0	0	0	100
	建阳	0	40	0	0	
	建瓯	0	0	40	0	
偏最小二乘法 PLS-DA	武夷山	33	0	0	0	100
	建阳	0	40	0	0	
	建瓯	0	0	40	0	
软独立建模分类法 SIMCA	武夷山	11	0	1	8	83.18
	建阳	0	20	2	3	
	建瓯	1	2	20	2	
K 最邻近结点算法 KNN	武夷山	24	0	0	1	96.46
	建阳	0	23	2	0	
	建瓯	0	1	23	0	
偏最小二乘法 PLS-DA	武夷山	24	1	0	0	95.57
	建阳	1	23	1	0	
	建瓯	1	1	23	0	

注：福建农林大学叶乃兴等研究。

第二节　乌龙茶卫生指标的快速检测技术研究

一、茶叶中拟除虫菊酯农药高灵敏度检测方法的建立

（一）氮掺杂碳纳米网（N-CNW）固相微萃取纤维的制备

以不锈钢丝（SSW）为基底，首先，利用电沉积技术在不锈钢丝表面沉积一层聚苯胺膜（ANI）；其次，聚苯胺膜吸附金属钴离子后形成金属有机骨架的成核位点，金属钴离子再与有机配体 2-甲基咪唑（2-MIM）反应原位生成金属有机框架膜；最后，金属有机框架膜在氩气中高温煅烧生成氮掺杂的碳纳米网（N-CNW）（具体制备过程见图 3-8）。

（二）氮掺杂碳纳米网（N-CNW）材料的表征

采用 BET、Raman 和 XPS 等表征方法，对氮掺杂碳纳米网进行表征分析（表征结果见图 3-9）。结果表明，N-CNW 的比表面积为 333.75 米²/克，这种高的表面积有利于促进萃取性能的提高，表明 N-CNW 适合作为固相微萃取的涂层材料。N-CNW

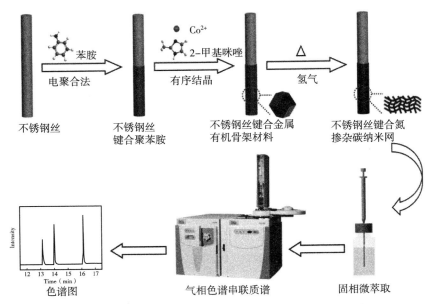

图 3 - 8　氮掺杂碳纳米网（N - CNW）固相微萃取纤维的制备过程

注：福州大学张兰等研究。

中高含量的石墨相碳有利于增加与目标物之间的 π - π 相互作用，从而增强 N - CNW 对目标物的萃取能力。X 射线光电子能谱表明 N - CNW 中含有丰富的氮元素，氮原子的掺杂使碳表面存在大量缺陷和活性位点，使吸附中心数目增加，从而增强对目标物的吸附能力。

（三）8 种拟除虫菊酯类农药的实验条件优化

为了实现 N - CNW 对目标物最佳萃取，项目组研究并优化了萃取温度、萃取时间、解析温度、解析时间、搅拌速度、盐浓度等参数的影响。从图 3 - 10 的实验结果可以看出，最佳萃取条件为：萃取温度 50℃，萃取时间 30 分钟；解析温度 270℃，解析时间 8 分钟；搅拌速度 800 转/分，盐浓度 0.15 克/毫升。

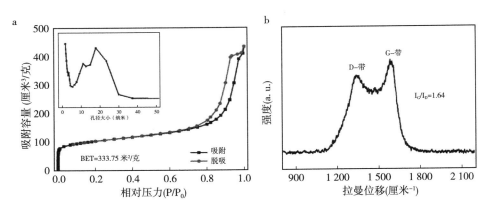

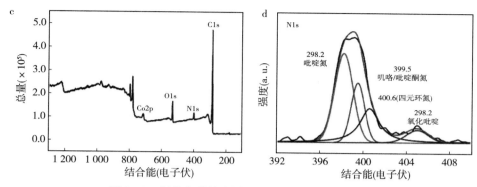

图 3 - 9　氮掺杂碳纳米网（N - CNW）的相关表征

a. 氮掺杂碳纳米网的氮气吸附-脱附等温线，内插图为涂层的孔径分布　b. 氮掺杂碳纳米网的拉曼光谱图　c. 氮掺杂碳纳米网的 X 射线光电子能谱　d. 氮掺杂碳纳米网的氮元素的 X 射线光电子能谱

注：福州大学张兰等研究。

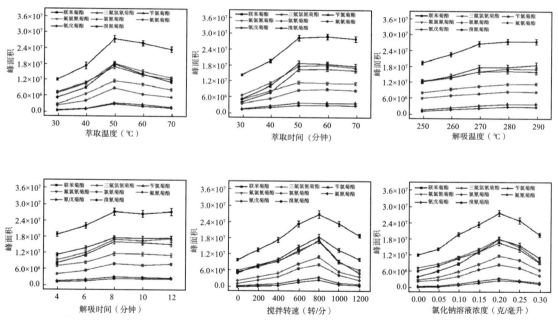

图 3 - 10　拟除虫菊酯类农药实验条件的优化

注：福州大学张兰等研究。

（四）与商业化纤维之间的对比

在最佳实验条件下，项目组进行了 N - CNW 纤维与两种商用固相微萃取（65 微米 PDMS/DVB 和 75 微米 PDMS/CAR）之间对拟除虫菊酯类农药提取性能实验的比较。结果表明，N - CNW 纤维对 8 种拟除虫菊酯类农药均表现出良好的萃取性能（图 3 - 11）。

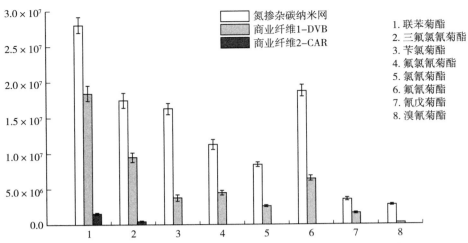

图3-11 不同固相微萃取纤维对拟除虫菊酯类农药萃取性能的对比

注：福州大学张兰等研究。

（五）检测体系的建立和方法验证

在最优的萃取条件下，建立了加标水样的工作曲线，得到的标准曲线的线性范围、线性相关系数（R）、检测限。该方法的线性关系良好、检测限较低，表明建立的新方法能够用于检测茶叶中的拟除虫菊酯类农药残留的检测。同时，项目组进行了日间和日内精密度实验，实验结果表明，纤维的精密度良好，从而表明建立的方法具有较好的重现性，详细结果如表3-10。

表3-10 建立的方法的线性范围、相关系数、检测限及精密度

目标物	线性范围（纳克/升）	相关系数（R）	LODs（纳克/升，S/N=3）	单根纤维重复性 RSD%（n=3） 日内	单根纤维重复性 RSD%（n=3） 日间	不同纤维间重现性 RSD%（n=3）
联苯菊酯	0.008～200.0	0.998 7	0.001 7	3.2	4.1	6.3
三氟氯氰菊酯	0.02～200.0	0.998 6	0.003 3	2.7	3.4	7.2
苄氯菊酯	0.02～200.0	0.999 4	0.005 4	3.6	4.6	5.8
氟氯氰菊酯	0.05～500.0	0.998 3	0.013	3.1	4.8	6.7
氯氰菊酯	0.05～500.0	0.999 7	0.009	2.6	3.8	8.6
氟氰菊酯	0.05～500.0	0.998 8	0.014	4.5	4.5	7.4
氰戊菊酯	0.05～500.0	0.997 7	0.022	3.1	3.3	5.6
溴氰菊酯	0.05～500.0	0.998 1	0.013	4.2	5.4	8.4

注：福州大学张兰等研究。

二、茶叶中有机氯农药高灵敏度检测方法的建立

（一）氧化碳纳米管（ONCNTs）固相微萃取纤维的制备

以不锈钢丝为基底，首先，利用多巴胺自聚反应在不锈钢丝表面沉积一层聚多巴胺

膜；其次，聚多巴胺膜吸附金属钴离子后形成金属有机骨架的成核位点，金属钴离子再与有机配体 2-甲基咪唑反应原位生成金属有机框架膜；随后，金属有机框架膜在氢气中高温煅烧生成氮掺杂的碳纳米管（N-CNTs），最后利用硝酸对制备得的碳纳米管进行氧化。

（二）氧化碳纳米管（ONCNTs）材料的表征

采用透射电位显微镜 TEM、XRD、Raman 和 Zeta 电位等表征方法，对氧化碳纳米管进行表征分析（表征图如图 3-12）。结果表明，ONCNTs 经由硝酸氧化后，依然保留着前驱体 ZIF-67 的八面体结构，另外，其侧壁和尖端产生的缺陷位点更多，利于目标物的吸附。与原始的碳纳米管（N-CNTs）相比，氧化碳纳米管在 20～30 间的碳峰明显增强，拉曼光谱图显示，ONCNTs 的 G-bang/D-bang＝1.20，表明 ONCNTs 暴露出更多的石墨相，有利于增加与目标物之间的 π-π 相互作用，能与目标物有更好的吸附作用。Zeta 电位表征显示，ONCNTs 电位由 7.58 毫伏变为－30.47 毫伏，在吸附目标物后，电位值升高至－4.23 毫伏，由此可知，ONCNTs 可以与目标物之间产生静电相互作用。

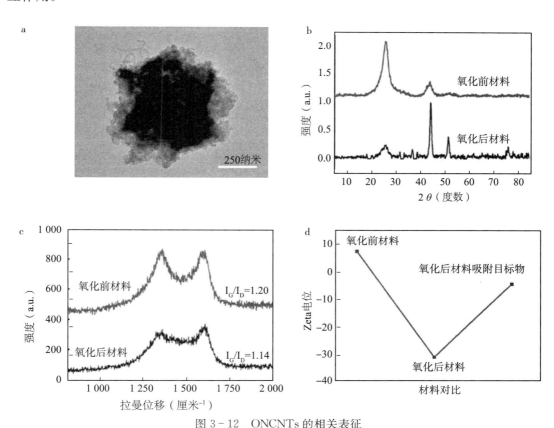

图 3-12 ONCNTs 的相关表征

a. 材料的投射电镜表征图　b. 材料氧化前后单晶衍射图谱　c. 材料氧化前后拉曼光谱图　d. 材料氧化前后 Zeta 电位值及氧化后材料吸附目标物之后 Zeta 电位值

注：福州大学张兰等研究。

（三）9种有机氯农药的实验条件优化

为了实现 ONCNTs 对目标物最佳萃取，项目组研究并优化了萃取温度、萃取时间、解析温度、解析时间、搅拌速度等参数的影响。从图 3-13 的实验结果可以看出，最佳萃取条件为：萃取温度 50℃，萃取时间 40 分钟；解析温度 280℃，解析时间 5 分钟；搅拌速度 600 转/分。

（四）检测体系的建立和验证

在最优的萃取条件下，建立了红茶与乌龙茶的工作曲线，得到的标准曲线的线性范围、线性相关系数（R）、检测限。该方法的线性关系良好、检测限较低，表明建立的新方法能够用于检测茶叶中的有机氯农药和联苯菊酯的检测。同时，项目组进行了日间和日内精密度实验，实验结果表明，纤维的精密度良好，从而表明建立的方法具有较好的重现性。使用建立的方法，项目组对红茶和乌龙茶中的 OCPs 和 PYs 进行萃取分析，在样品浓度较低的条件下，样品的色谱峰仍然具有较好的响应，所制得的涂层灵敏度高（图 3-14）。

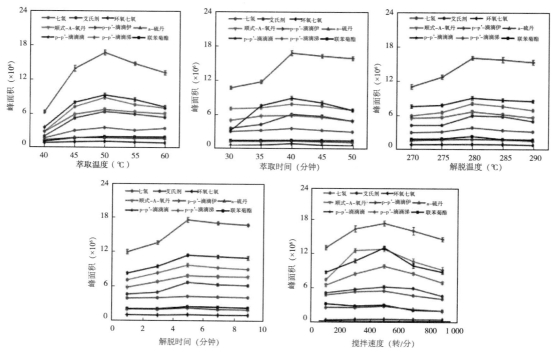

图 3-13　检测有机氯农药实验条件的优化

注：福州大学张兰等研究。

（五）实际样分析

使用建立的方法，对红茶和乌龙茶中的含氯农药和菊酯类农药进行萃取分析并计算该方法的回收率和相应的精密度（表 3-11）。从表 3-11 中得知，在红茶中检测出了艾氏剂（6.6 纳克/克）、α-硫丹（54.7 纳克/克）和联苯菊酯（185.8 纳克/克），在乌龙茶中检测出了艾氏剂（9.6 纳克/克）、α-硫丹（118.4 纳克/克）、p，p'-滴滴涕（16.4 纳克/克）和联苯菊酯（225.8 纳克/克）。

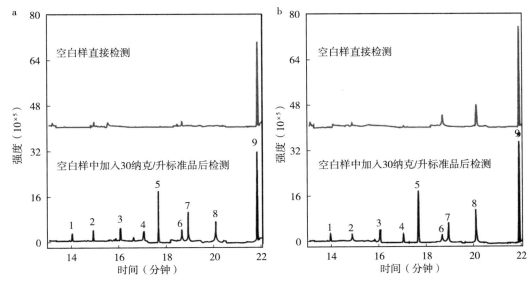

图 3-14　加标实际样品 SIM 模式下的离子流图

a. 红茶中农药直接检测及标准品加入后检测色谱图　b. 乌龙茶中农药直接检测及标准品加入后检测色谱图

1. 联苯菊酯　2. 三氟氯氰菊酯　3. 苄氯菊酯　4. 氟氯氰菊酯　5. 氯氰菊酯　6. 氟氰菊酯　7. 氰戊菊酯　8. 溴氰菊酯

注：福州大学张兰等研究。

表 3-11　红茶和乌龙茶的检测值、加标回收率及精密度

分析物	样品空白（纳克/克）	红茶			样品空白（纳克/克）	乌龙茶		
		8 纳克/升（%RSD）	30 纳克/升（%RSD）	100 纳克/升（%RSD）		8 纳克/升（%RSD）	30 纳克/升（%RSD）	100 纳克/升（%RSD）
七氯	ND	82.9%（6.1）	87.5%（3.6）	94.9%（4.9）	ND	95.2%（4.3）	89.9%（5.4）	86.8%（6.8）
艾氏剂	6.6（5.7）	92.9%（7.6）	98.1%（5.2）	98.8%（7.8）	9.6（4.3）	84.9%（5.9）	96.1%（6.8）	117.6%（7.2）
环氧七氯	ND	111.2%（5.2）	109.5%（8.5）	87.4%（7.5）	ND	110.1%（4.6）	93.4%（4.2）	100.8%（9.2）
顺式 A-氯丹	ND	103.4%（2.5）	100.3%（4.3）	97.6%（6.3）	ND	99.3%（7.2）	93.4%（8.1）	94.6%（9.2）
p，p'-滴滴伊	ND	90.2%（7.1）	94.3%（5.6）	99.5%（4.3）	ND	97.4%（8.9）	94.5%（7.3）	98.9%（4.5）
α-硫丹	54.7（6.3）	93.2%（4.1）	98.5%（4.2）	111.0%（3.7）	118.4（2.3）	104.6%（4.6）	101.5%（3.6）	101.3%（4.8）
p，p'-滴滴滴	ND	85.5%（3.5）	89.4%（7.3）	105.0%（8.9）	ND	81.1%（6.6）	97.8%（5.8）	104.8%（3.8）

（续）

分析物	样品空白（纳克/克）	红茶			样品空白（纳克/克）	乌龙茶		
		8纳克/升（%RSD）	30纳克/升（%RSD）	100纳克/升（%RSD）		8纳克/升（%RSD）	30纳克/升（%RSD）	100纳克/升（%RSD）
p，p'-滴滴涕	ND	92.4%（4.0）	90.2%（3.9）	106.5%（6.4）	16.4（5.7）	87.7%（6.7）	96.2%（8.5）	96.8%（9.3）
联苯菊酯	185.8（2.5）	102.8%（3.5）	106.1%（4.7）	117.0%（4.7）	225.8（5.3）	117.9%（3.9）	89.8%（6.8）	97.1%（8.7）

注：福州大学张兰等研究。

三、茶叶农药残留的现场快检仪器的开发及方法建立

项目组与厦门斯坦道科学仪器股份有限公司合作，采用分光光度法开发茶叶中有机磷类、菊酯类等农药残留的快速检测技术。通过实验对比选用特异性好的显色剂与农药残留反应，生成显色物质，能较为准确检测茶叶中农药残留含量。目前，本项目已经研制茶叶安全快速检测仪器样机以及配套前处理装置（彩图3-3、彩图3-4），仪器外观小巧便携，美观大方，操作简便。同时，配套的萃取柱主要是用于辅助比色模块的前处理操作，比色法通过溶液的显色不同进行结果判定，因而对前处理要求较高，萃取柱内填料主要为吸附色素和水分的填料，主要材料有PSA和石墨化炭黑等，能有效地吸附茶叶中一些干扰色素物质，同时又不会吸附过多的待检农药残留，通过优化填料中各组分的配比，达到最好的吸附效果，并节约萃取柱成本。

同时项目组选用了6种茶叶样品，进行加标回收试验，菊酯选择了氯氰菊酯和溴氰菊酯进行加标试验，有机磷选择敌敌畏作为代表，试验方法为吸取500微升（10毫克/千克）菊酯标品加入1.5克样品中，吸取300微升（10毫克/千克）敌敌畏到1.5克样品中，并按照仪器操作步骤进行实验，回收率基本在40%～60%范围，后续可通过多种农药标准溶液的回收率数据进行修正，从而对茶叶中的农药残留进行初筛（表3-12）。

表3-12　实际样品加标回收

样品名称	类型	氯氰菊酯	溴氰菊酯	敌敌畏
奇兰	空白（毫克/千克）	<0.75	<0.75	<0.2
	加标值（毫克/千克）	3.33	3.33	2
	检测值（毫克/千克）	1.51	1.32	1.02
	回收率	45.3%	39.6%	51%
黄观音	空白（毫克/千克）	<0.75	<0.75	<0.2
	加标值（毫克/千克）	3.33	3.33	2
	检测值（毫克/千克）	1.62	1.43	0.95
	回收率	48.6%	42.9%	47.5%

（续）

样品名称	类型	氯氰菊酯	溴氰菊酯	敌敌畏
大白	空白（毫克/千克）	<0.75	<0.75	<0.2
	加标值（毫克/千克）	3.33	3.33	2
	检测值（毫克/千克）	1.57	1.45	1.13
	回收率	47.1%	43.5%	56.5%
肉桂	空白（毫克/千克）	<0.75	<0.75	<0.2
	加标值（毫克/千克）	3.33	3.33	2
	检测值（毫克/千克）	1.52	1.37	0.95
	回收率	45.6%	41.1%	47.5%
奇种	空白（毫克/千克）	<0.75	<0.75	<0.2
	加标值（毫克/千克）	3.33	3.33	2
	检测值（毫克/千克）	1.47	1.54	1.13
	回收率	44.1%	46.2%	56.5%
金观音	空白（毫克/千克）	<0.75	<0.75	<0.2
	加标值（毫克/千克）	3.33	3.33	2
	检测值（毫克/千克）	1.53	1.39	0.89
	回收率	45.9%	41.7%	44.5%

注：福州大学张兰等研究。

项目组所研发的茶叶安全快速检测仪器适用于大型茶企进行茶叶农药残留初筛工作，农产品检测中心等单位，还可用于产前、产后的农药残留批量分析，为茶叶生产、出口基地和农业等监管部门提供了便捷、准确的分析手段。

第三节　乌龙茶功能成分预防肥胖、心血管疾病功效研究

一、不同焙火程度的乌龙茶降脂减肥功效研究

（一）岩茶提取物对小鼠体重和脂肪的影响

实验开始时，各组大鼠的平均体重无显著性差异。实验结束时，正常组小鼠体重显著低于高脂组，不同焙火程度茶样给药组小鼠体重均显著低于高脂组，脂肪重量和脂肪系数也低于高脂组，不同程度焙火的岩茶样品活性差异不显著（表3-13）。

（二）岩茶提取物对小鼠血浆中脂肪含量的作用

实验组小鼠血浆中总胆固醇（TC）含量和低密度脂蛋白胆固醇（LDL）含量均低于高脂组，高焙火组 TC、LDL 含量显著低于高脂组，在实验组中表现最优。甘油三酯（TG）含量各组差异不显著（表3-14）。

表 3-13　不同程度岩茶对小鼠体重的影响（Mean±SD，$n=9$）

处理	终重（克）	脂肪重（克）	脂肪系数（%）
正常组	34.97±1.66**	0.20±0.07**	0.56±0.19**
低焙火组	38.53±1.45**＋	0.40±0.08**＋＋	1.20±0.17**＋＋
中焙火组	41.99±3.17*＋＋	0.52±0.15＋＋	1.21±0.28＋＋
高焙火组	40.48±4.05**＋＋	0.41±0.12**＋＋	1.04±0.27**＋＋
高脂组	45.29±4.09＋＋	0.63±0.08＋＋	1.39±0.17＋＋

注：*，与高脂对照组比存在显著差异，$P<0.05$；**，与高脂对照组比存在极显著差异，$P<0.01$；＋，与正常对照组比存在显著差异，$P<0.05$；＋＋，与正常对照组比存在极显著差异，$P<0.01$；浙江大学屠幼英等研究。

表 3-14　不同焙火程度岩茶对小鼠血浆的影响（Mean±SD，$n=9$）

处理	TC（毫摩尔/升）	TG（毫摩尔/升）	LDL（毫摩尔/升）
正常组	4.44±0.22**	1.40±0.27	2.69±0.44**
低焙火组	4.58±0.26** a	1.56±0.58	3.10±0.19＋a
中焙火组	4.66±0.32** a	1.72±0.37	2.83±0.32** b
高焙火组	4.16±0.18**＋b	1.36±0.26	2.54±0.25** b
高脂组	4.98±0.22＋	1.54±0.43	3.36±0.60＋＋

注：*，与高脂对照组比存在显著差异，$P<0.05$；**，与高脂对照组比存在极显著差异，$P<0.01$；＋，与正常对照组比存在显著差异，$P<0.05$；＋＋，与正常对照组比存在极显著差异，$P<0.01$；a，b，c 表示各处理组之间存在显著差异，$P<0.05$；浙江大学屠幼英等研究。

（三）岩茶提取物对肝脏过氧化水平和抗氧化酶的作用

高脂组小鼠的丙二醛（MDA）含量显著高于正常对照组，SOD 酶活性低于对照组。实验样品可以降低 MDA 含量，中低焙火岩茶样品对提高 SOD 活性的作用更为显著。谷胱甘肽过氧化物酶（GSH-PX）活力各组差异不大（图 3-15）。

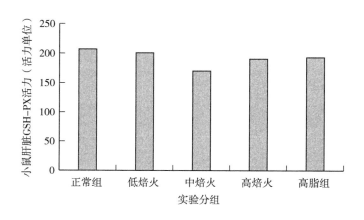

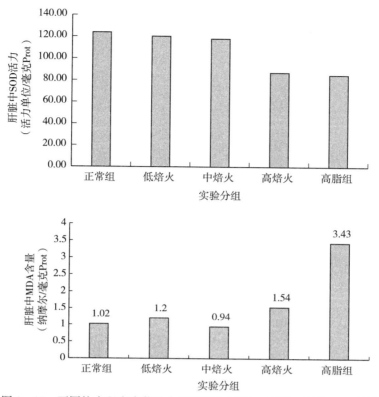

图 3-15　不同焙火程度岩茶对小鼠肝脏中 MDA、SOD、GSH-Px 的影响

注：浙江大学屠幼英等研究。

二、茶黄素降脂减肥功效研究

（一）茶黄素对大鼠体重和摄食量的影响

实验开始时，各组大鼠的平均体重无显著性差异。实验结束时，高脂组平均体重比正常组的高 9.26%，存在极显著差异，$P<0.01$，说明本实验的肥胖模型建立成功。各组平均终重均小于高脂组，其中 TF14 组和 TF1 组的平均终重极显著低于高脂组的，达9.67%，$P<0.01$，略低于正常组，但没有统计学上的显著性差异；TF40 组和 TF80 组的平均终重仅数值上小于高脂组，但没有统计学上的显著性差异；且 TF40 组和 TF80 组大鼠的平均终重显著高于正常组的，$P<0.01$。因此，TF14 组和 TF1 组抑制大鼠增重效果明显优于其余处理组（表 3-15、表 3-16）。

摄食量可以反映大鼠体重增减的部分原因。从摄食量看，高脂组摄食量显著高于其他各组（$P<0.01$），说明高脂组大鼠摄取了过多脂肪和能量而导致了肥胖的发生。几个处理组大鼠的摄食量与正常组相比，没有统计学上的显著性差异，说明灌胃茶黄素可以适量抑制大鼠摄取高脂饲料，从而达到抑制大鼠增重的效果。

表3-15　茶黄素对大鼠体重的影响

处理	始重（克）	终重（克）
正常组	87.40±5.31	368.71±12.87 **
高脂组	87.16±5.98	402.86±16.69
TF14 组	85.14±8.44a	364.83±19.91 ** b
TF40 组	86.99±6.26a	392.67±13.76 ++a
TF80 组	87.46±5.56a	401.50±17.14 ++a
TF1 组	87.56±5.27a	364.00±17.52 ** b

注：*，与高脂组比存在显著差异，$P<0.05$；**，与高脂组比存在极显著差异，$P<0.01$；+，与正常组比存在显著差异，$P<0.05$；++，与正常组比存在极显著差异，$P<0.01$；a，b，c 表示各处理组之间存在显著差异，$P<0.05$；浙江大学屠幼英等研究。

表3-16　茶黄素对大鼠摄食量的影响（Mean±SD，$n=2$）

处理	总摄食量（克/鼠）
正常组	531.80±4.81 **
高脂组	589.00±8.20
TF14 组	515.50±4.60 ** a
TF40 组	519.75±4.60 ** a
TF80 组	524.88±23.51 * a
TF1 组	536.33±43.95 * a

注：*，与高脂组比存在显著差异，$P<0.05$；**，与高脂组比存在极显著差异，$P<0.01$；+，与正常组比存在显著差异，$P<0.05$；++，与正常组比存在极显著差异，$P<0.01$；a，b，c 表示各处理组之间存在显著差异，$P<0.05$；浙江大学屠幼英等研究。

（二）茶黄素对大鼠肝脏重量和肝体比的影响

实验解剖中除高脂组大鼠的肝脏略显肿大外，未发现脂肪肝，所有脏器均比较正常。由表3-17可知，各处理组大鼠的肝脏重量均小于高脂组，且 TF14 组和 TF1 组的肝脏重量显著小于高脂组（$P<0.01$）；各处理组大鼠的肝体比也都小于高脂组，且 TF14 组、TF1 组和 TF80 组大鼠的肝体比显著小于高脂组（$P<0.01$）；各处理组的肝体比和正常组的无统计学上的显著性差异。

表3-17　茶黄素对大鼠肝脏重量和肝体比的影响（Mean±SD，$n=6\sim8$）

处理	肝脏重（克）	肝体比（%）
正常组	10.98±0.75 **	3.09±0.13
高脂组	12.02±0.66	3.14±0.15
TF14 组	10.60±0.81 ** c	2.87±0.11 ** ++b
TF40 组	11.99±0.69 +a	2.97±0.18ab
TF80 组	11.75±0.64ab	2.97±0.12 * ab
TF1 组	10.98±0.72 * bc	2.99±0.07 * ab

注：*，与高脂组比存在显著差异，$P<0.05$；**，与高脂组比存在极显著差异，$P<0.01$；+，与正常组比存在显著差异，$P<0.05$；++，与正常组比存在极显著差异，$P<0.01$；a，b，c 表示各处理组之间存在显著差异，$P<0.05$；浙江大学屠幼英等研究。

（三）茶黄素对大鼠体内脂肪重量和脂肪系数的影响

肥胖不仅表现在体重增加，而且也表现在生物体内脂肪的过量累积，尤其内脏脂肪的累积对健康影响更大。过量堆积的内脏脂肪转移到肝脏、骨骼肌、心脏等其他组织，不仅导致脏器功能损伤或者退化，引起心血管疾病、动脉硬化、糖尿病等代谢综合征。脂肪系数是大鼠体内肾脏及附睾周围脂肪总和与大鼠体重的百分比，反映大鼠体内脂肪的多少与大鼠的肥胖程度。

表 3-18　茶黄素对大鼠体内肾周围脂肪、附睾周围脂肪、脂肪系数的比较

处理	肾周围脂肪（克）	肾周脂体比（%）	附睾周围脂肪（克）	附睾周脂体比（%）	总脂肪（克）	脂肪系数（%）
正常组	5.51±0.57**	1.51±0.18**	3.40±0.64**	0.93±0.18**	10.79±1.53**	2.64±0.35**
高脂组	7.68±0.98	2.08±0.20	6.38±1.48	1.59±0.34	15.12±2.18	3.75±0.42
TF14组	6.35±0.58*+a	1.76±0.20*+a	5.69±0.52++a	1.39±0.18++a	11.67±1.00**a	3.07±0.31**+a
TF40组	6.28±1.26*a	1.66±0.27**ab	5.40±1.29++a	1.22±0.27++a	10.91±2.13**a	2.88±0.42**ab
TF80组	5.87±1.24*a	1.49±0.29**ab	5.31±1.11++a	1.34±0.23++a	11.19±2.12**a	2.83±0.45**ab
TF1组	6.34±1.15*a	1.67±0.26**ab	5.29±1.13++a	1.29±0.25++a	10.60±1.59**a	2.82±0.27**ab

注：*，与高脂组比存在显著差异，$P<0.05$；**，与高脂组比存在极显著差异，$P<0.01$；+，与正常组比存在显著差异，$P<0.05$；++，与正常组比存在极显著差异，$P<0.01$；a，b，c表示各处理组之间存在显著差异，$P<0.05$。数字加粗，表示正常组和高脂组存在显著性差异，$P<0.05$；注：浙江大学屠幼英等研究。

由表 3-18 知，各处理组的肾周围脂肪重量、肾周围脂体比显著小于高脂组（$P<0.05$）；各处理组的总脂肪比高脂组低 22.82%～35.05%，显著低于高脂组大鼠体内脂肪积累（$P<0.01$），而且各处理组的脂肪总量与正常组没有统计学上的显著性差异。各处理组的脂肪系数显著小于高脂组（$P<0.01$），和正常组不存在统计学上的差异。由上可知，茶黄素可以显著减少大鼠体内脂肪累积；BTE 组大鼠体内脂肪累积最少，这可能因为咖啡因可以额外的刺激大鼠中枢神经兴奋，使大鼠能耗增加，较其他无咖啡因的茶黄素组能有效地减少体内脂肪积累。

（四）茶黄素对大鼠血清中总胆固醇、甘油三酯及高密度脂蛋白的影响

血浆中所含脂类统称为血脂，血浆脂类含量虽只占全身脂类总量的极小一部分，但外源性和内源性脂类物质都需经过血液运转于各组织之间。因此，血脂含量可以反映体内脂类代谢的情况。血浆总胆固醇和甘油三酯是血脂中的重要组成部分，长时间食用高脂膳食，总胆固醇和甘油三酯会维持较高水平。血浆胆固醇含量增高是引起动脉粥样硬化的主要因素，动脉粥样硬化斑块中往往含有大量胆固醇，是胆固醇在血管壁中堆积的结果，由此可引起一系列心血管疾病。

如表 3-19 所示，各处理组与高脂组相比，大鼠血清 TC 降低了 1.77%～26.47%，各组大鼠血清 TC 含量和高脂组存在显著性差异（$P<0.05$），TF80 组血清 TC 降低最多，其次 TF40 组，再次 TF1 组，TF14 组。四组的多酚总量接近，约为 80%～90%，茶黄素含量不一，TF80 组茶黄素含量高达 83% 且多为没食子酸酯茶黄素，TF40 组茶黄素含量约 30%，亦多为没食子酸酯茶黄素，且儿茶素含量高达 40%，这两处理组的大鼠血清 TC

降低最多，由此可见，大鼠血清 TC 含量的变化可能和茶黄素的含量、茶黄素的种类以及儿茶素的含量相关，茶黄素含量高且没食子酸酯茶黄素含量高或者茶黄素和儿茶素含量均高，有利于降低大鼠血清 TC 含量。各处理组大鼠血清 TC 与正常组相比无显著性差异。

表 3-19　茶黄素对大鼠血清 TC、TG 及 HDL 的影响

处理	TC（毫摩尔/升）	TG（毫摩尔/升）	HDL（毫摩尔/升）
正常组	1.42±0.09**	0.41±0.14**	1.06±0.10
高脂组	1.70±0.10	0.65±0.07	1.11±0.17
TF14 组	1.48±0.07** ab	0.33±0.11** b	1.11±0.04b
TF40 组	1.33±0.11** b	0.49±0.07** a	1.03±0.10b
TF80 组	1.25±0.17** b	0.33±0.09** b	1.05±0.15b
TF1 组	1.44±0.12** ab	0.34±0.08** b	1.11±0.17b

注：*，与高脂组比存在显著差异，$P<0.05$；**，与高脂组比存在极显著差异，$P<0.01$；+，与正常组比存在显著差异，$P<0.05$；++，与正常组比存在极显著差异，$P<0.01$；a，b，c 表示各处理组之间存在显著差异，$P<0.05$；浙江大学屠幼英等研究。

各处理组与高脂组相比，大鼠血清 TG 降低了 24.61%～49.23%，与高脂组存在极显著性差异（$P<0.01$），其中 TF40 组降低量最少，其余四组降低量接近。各处理组大鼠血清 TG 与正常组相比无显著性差异，TF14 组、TF80 组和 TF1 组大鼠血清 TG 含量数值上小于正常组。

胆固醇又分为高密度胆固醇（HDL）和低密度胆固醇（LDL）两种，前者对心血管有保护作用，通常称之为"好胆固醇"，后者偏高，冠心病的危险性就会增加，通常称之为"坏胆固醇"。HDL 可以转化成胆汁酸盐，有助于脂肪的消化吸收；转化为肾上腺皮质激素，发挥对物质代谢的调节作用；转化为性激素（雌激素和雄激素），发挥其对生育及物质代谢的调节作用等。机体内高水平的 HDL 是血脂良好状态的表现之一。

本实验中高脂组、正常组和各处理组的大鼠血清 HDL 含量都不存在统计学差异。Yang（2001）的研究中也报道大鼠血清 HDL 水平不受任何茶叶提取物的影响（Yang et al.，2001）。

由上可知，各处理组可以有效地降低高脂饮食下的肥胖大鼠血清 TC、TG 含量，使其与正常组无显著性差异；各处理组对大鼠血清 HDL 水平没有显著影响。

（五）茶黄素对大鼠肝脏中总胆固醇、甘油三酯及高密度脂蛋白的影响

如表 3-20 所示，对于调节肝脏中 TC 水平，各处理组大鼠肝脏中 TC 含量均小于高脂组，且 TF40 组、TF80 组的肝脏 TC 含量小于高脂组的 22.47%（$P<0.05$），与正常组大鼠肝脏 TC 含量无统计学差异。BTE 组和 TF14 组大鼠肝脏 TC 含量显著高于正常组（$P<0.05$），也高于其他处理组。此结果和血清中 TC 水平相对应，可能茶黄素含量或儿茶素含量高低与肝脏 TC 含量相关，喂饲茶黄素或儿茶素含量越高的处理组，其降低 TC 的效果越好。

各处理组大鼠肝脏中 TG 含量数值上均小于高脂组，但是不存在统计学上的显著性差异；数值上均大于正常组，但是和正常组也不存在统计学上的显著性差异。

与高脂组相比，各处理组大鼠肝脏内的 HDL 水平均显著提高了 47.37%～126.32%（$P<0.05$），其中 BTE 组大鼠肝脏内 HDL 含量最高，显著高于 TF80 组和 TF1 组。各处理组肝脏中的 HDL 含量和正常组的不存在统计学上的显著性差异。HDL-C 具有多方面的心血管保护作用，其中包括促进胆固醇逆转运、抗氧化、抗炎以及对缺血再灌注损伤的保护作用。此外，HDL-C 还具有抑制血小板激活、稳定前列环素和促进一氧化氮合成等作用。所以，茶黄素对提高 HDL-C 水平，意味着能全面有效改善脂肪代谢，防治脂肪氧化物在血管壁的沉积和引起动脉硬化等。

综合比较，各茶黄素材料能够更有效地降低血清的 TC、TG，但是可以更好地提高肝脏的 HDL。处理组中茶黄素或者儿茶素含量越高，如 TF40 组和 TF80 组，其降低大鼠血清和肝脏中的 TC 效果越好，优于 TF14 组。

表 3-20 茶黄素对大鼠肝脏 TC、TG 及 HDL 的影响

处理	TC（毫摩尔/升）	TG（毫摩尔/升）	HDL（毫摩尔/升）
正常组	0.64±0.10**	0.90±0.11**	0.33±0.08**
高脂组	0.89±0.15	1.05±0.12	0.19±0.07
TF14 组	0.93±0.07＋a	0.97±0.06a	0.35±0.10*ab
TF40 组	0.69±0.16*b	1.04±0.15a	0.32±0.09*ab
TF80 组	0.69±0.14*b	0.97±0.23a	0.28±0.08*b
TF1 组	0.84±0.23ab	0.98±0.11a	0.29±0.08*b

注：*，与高脂组比存在显著差异，$P<0.05$；**，与高脂组比存在极显著差异，$P<0.01$；＋，与正常组比存在显著差异，$P<0.05$；＋＋，与正常组比存在极显著差异，$P<0.01$；a，b，c 表示各处理组之间存在显著差异，$P<0.05$；浙江大学屠幼英等研究。

（六）茶黄素对大鼠肝脏中脂肪代谢水平的影响

瘦素是肥胖基因 ob 的表达产物，是分泌性蛋白类激素，通过与瘦素受体结合而发挥作用。人们普遍认为它进入血液循环后会参与糖、脂肪及能量代谢的调节，促使机体减少摄食，增加能量释放，抑制脂肪细胞的合成，进而使体重减轻。但许多研究表明，在一些啮齿类先天肥胖动物和过量摄食导致的肥胖动物中，脂肪组织 obRNA 表达增加，血瘦素水平升高，对外源性瘦素有抵抗性，说明这些动物体内对瘦素的反应减弱或无反应，瘦素不能在体内发挥抑制食欲、降低摄食和增加产热效应，即肥胖最终引起了瘦素抵抗。

由表 3-21 得知，高脂组大鼠瘦素水平较正常组的高，肥胖可能引起瘦素抵抗，经红茶提取物或茶黄素干预后，各处理组大鼠体内瘦素含量较高脂组下降了 13.00%～29.15%，TF40 组与高脂组存在显著性差异（$P<0.05$），和正常组也存在显著性差异（$P<0.05$）。其余处理组瘦素水平接近正常组，无统计学差异。TF40 组大鼠肝脏的瘦素水平数值上低于其余各处理组的，但各处理组之间不存在统计学上的差异。

膳食中的甘油三酯大多只有经过食道中脂肪酶作用，降解为甘油二酯、单甘油酯、甘油和脂肪酸后才被人体吸收。因此有效抑制脂肪酶活性，就可达到减少脂肪吸收、控制和治疗肥胖之目的。由表 3-21 得知，各处理组大鼠肝脏中 LPS 活性低于高脂组的 13.52%～42.04%。首先 TF1 组抑制脂肪酶活性最强，显著优于其他茶黄素处理组，其次是 TF80

组，再次之是 TF14 组、TF40 组；而且 TF1 组和 TF80 组大鼠肝脏中脂肪酶活性显著低于正常组（$P<0.05$）。由上可知，茶色素的含量越高，其抑制脂肪酶的活性越强。有研究报道茶黄素具有较强的脂肪酶抑制作用，且对脂肪酶活性的抑制作用大于儿茶素，也为我们的实验结果提供了旁证（Kobayashi et al.，2009；Uchiyama et al.，2011）。

表 3-21　茶黄素对肝脏中脂肪代谢水平的影响

处理	Lep（微克/毫升 10%肝脏匀浆）	LPS（活力单位/克 prot）	FAS（微克/毫升 10%肝脏匀浆）	FFA（微摩尔/克 prot）
正常组	2.11±0.45	10.59±1.50*	0.42±0.05**	48.00±12.42
高脂组	2.23±0.61	12.87±1.12	0.54±0.05	47.49±20.25
TF14 组	1.81±0.55a	9.39±2.13** ab	0.58±0.09++a	61.19±21.94ab
TF40 组	1.58±0.29*+a	10.35±0.93** a	0.38±0.05** b	37.05±12.26+c
TF80 组	1.94±0.13a	8.55±0.90**+bc	0.45±0.04** b	43.01±16.91bc
TF1 组	1.77±0.30a	7.46±1.66**++c	0.42±0.04** b	65.97±11.92*+a

注：*，与高脂组比存在显著差异，$P<0.05$；**，与高脂组比存在极显著差异，$P<0.01$；+，与正常组比存在显著差异，$P<0.05$；++，与正常组比存在极显著差异，$P<0.01$；a，b，c表示各处理组之间存在显著差异，$P<0.05$；浙江大学屠幼英等研究。

动物的脂肪酸合酶与机体的肥胖有密切的关系，2000 年 Lotfus 等报道给肥胖小鼠注射 FAS 抑制剂 C75，能够大幅度的降低其进食和体重（Loftus et al.，2000）。由表 3-21 得知，高脂组的 FAS 含量显著高于正常组 26%（$P<0.01$）。除 TF14 组之外，其余处理组大鼠肝脏中 FAS 含量显著低于高脂组 24.07%～29.63%（$P<0.01$），和正常组不存在显著性差异。其中，TF40 组大鼠肝脏中 FAS 含量为 5 个处理组中最低，且低于正常组。

游离脂肪酸（freefatacid，FFA）是联系肥胖和胰岛素抵抗或高胰岛素血症的重要环节。肥胖可引起脂肪分解合成代谢旺盛，导致血液 FFA 浓度升高。高浓度的 FFA 可通过多种途径影响胰岛素的作用及葡萄糖代谢，与胰岛素抵抗的发生有密切关系（Jensen et al.，1989；Roden et al.，1996）。由表 3-21 得知，高脂组和正常组大鼠肝脏 FFA 含量接近，TF40 组和 TF80 组大鼠肝脏中 FFA 含量小于高脂组，但没有显著性差异。

综合上述，茶黄素样品可以显著降低肥胖大鼠体内肝脏中的 LPS 酶活性、FAS 含量，降低瘦素水平，部分降低肥胖大鼠肝脏中的游离脂肪酸含量，使大鼠体内的脂肪代谢回归正常水平。

（七）茶黄素对大鼠血糖和血清胰岛素水平的影响

胰岛素抵抗（insulinresistance，IR）是指胰岛素效应器官对胰岛素生理作用不敏感的一种病理生理状态，表现为靶器官，如肝脏、肌肉、脂肪组织等对胰岛素介导的葡萄糖代谢作用不敏感。长期高脂饮食是胰岛素抵抗综合征（即代谢综合征）发病的重要环境因素。研究发现，高脂饮食可减弱胰岛素抑制肝糖原输出的能力（Chan et al.，2001），并影响葡萄糖刺激胰岛细胞的胰岛素分泌（Chan et al.，2001；Kaneto et al.，2007；Song et al.，2007），引起血浆甘油三酯和游离脂肪酸水平增高。高脂膳食致 IR 模型与人类肥胖引起的 IR 在病因学上类似。

由表 3-22 可知，各实验组大鼠的空腹血糖无统计学差异。高脂组大鼠空腹胰岛素水平高于正常组的，各处理组大鼠空腹胰岛素水平较高脂组降低了 16.84%～55.79%（$P<$ 0.01），TF80 组和 TF40 组大鼠的空腹胰岛素水平显著低于正常组的（$P<0.05$），TF14 组和 TF1 组的空腹胰岛素水平极显著低于正常组（$P<0.01$）。

表 3-22　茶黄素对大鼠空腹血糖、胰岛素、胰岛素敏感指数的影响（Mean±SD，$n=6\sim8$）

处理	空腹血糖（毫摩尔/升）	胰岛素（毫国际单位/升）	胰岛素敏感指数
正常组	5.07±0.76	0.88±0.06	−1.31±0.15*
高脂组	4.94±0.22	0.95±0.06	−1.55±0.06
TF14 组	5.13±0.22a	0.67±0.05** ++b	−1.23±0.08** b
TF40 组	5.13±0.68a	0.78±0.07** +a	−1.39±0.08** c
TF80 组	4.98±0.53a	0.79±0.01** +a	−1.36±0.02** c
TF1 组	4.85±0.54a	0.71±0.02** ++b	−1.24±0.02** b

注：*，与高脂组比存在显著差异，$P<0.05$；**，与高脂组比存在极显著差异，$P<0.01$；+，与正常组比存在显著差异，$P<0.05$；++，与正常组比存在极显著差异，$P<0.01$；a，b，c 表示各处理组之间存在显著差异，$P<0.05$；浙江大学屠幼英等研究。

高脂组大鼠的胰岛素敏感指数（ISI）显著小于正常组的（$P<0.01$），各处理组大鼠的 ISI 显著大于高脂组 10.84%～54.84%（$P<0.01$）。

本研究采用高脂膳食法成功建立了肥胖致 IR 大鼠模型，肥胖致 IR 大鼠模型同时具备肥胖和 IR 的特征，即大鼠体重、体脂较对照组增加，胰岛素敏感指数（ISI）降低，空腹胰岛素水平升高。当机体处于 IR 时，生理浓度的胰岛素无法使血糖维持在正常范围内，机体便通过代偿性提高血浆胰岛素浓度的机能来使血糖保持正常。此时机体呈现高胰岛素血症，血糖在高胰岛素浓度下得以维持相对正常。但如果 IR 状态持续存在，一旦胰腺功能衰竭，β 细胞无法分泌足够的胰岛素来维持，机体血糖就会升高，进而出现糖尿病的临床症状（Lakka et al.，2002）。故高胰岛素血症也是机体存在 IR 的表现形式之一，通过测定空腹血浆胰岛素浓度可衡量机体在 IR 程度（Kahn et al.，2003）。本实验中高脂喂养的大鼠空腹胰岛素水平均较对照组提高，但相应的血糖水平却无变化，说明此时胰腺细胞分泌还处在代偿期，尚未进入衰竭状态。茶黄素或红茶提取物干预后，各处理组大鼠的空腹胰岛素水平降低，且胰岛素敏感质素提高，其可能机制为血浆 TG 水平降低可以提高葡萄糖氧化和利用，减少其对胰岛素信号途径的抑制，从而提高胰岛素敏感性，改善了由高脂饮食引起的肥胖导致的机体胰岛素抵抗状态。

（八）茶黄素对大鼠血清中抗氧化酶水平的影响

自由基与肥胖关系密切。当机体进食高脂饮食，能量摄入与消耗失衡，能量摄入大于消耗时，导致肥胖症，进而引起机体一系列代谢的改变，如血清 TC 水平、TG 水平升高。HDL 水平降低，随着血脂的升高，机体内自由基呈线性升高。大量自由基会使各器官组织产生脂质过氧化，进一步导致各器官功能受损，引起糖尿病、高血压等一系列并发症。

体内和体外研究均有报道茶黄素是很好的自由基清除剂，能够有效地提高机体内的抗氧化酶活性，清除体内的活性氧自由基、羟基自由基、脂质过氧化产生的自由基等。（Skrzydlewska et al.，2011；SkrzydlewskaandLuczaj，2004；Skrzydlewska et al.，2008；Yang et al.，2008b）。过氧化物歧化酶（SOD）、过氧化氢酶（CAT）和谷胱甘肽转移酶（GSH-PX）是体内清除自由基的重要抗氧化酶。如表3-23所示，各处理组大鼠血清中的SOD酶活性都大于高脂组，TF1组大鼠血清SOD酶活性最高，高出高脂组13.8%，但是和高脂组不存在统计学上的差异。各处理组之间的血清SOD酶活性不存在统计学上差异。TF14组和TF40组大鼠血清CAT酶活性和高脂组相当，其余处理组的CAT酶活性均小于高脂组。同样，TF14组和TF1组大鼠血清GSH-PX酶活性和高脂组相当，其余处理组的GSH-PX酶活性均小于高脂组。

表3-23 茶黄素对大鼠血清中抗氧化酶水平的影响

处理	SOD（国际单位/毫升）	CAT（国际单位/毫升）	GSH-PX（国际单位/毫升）	MDA（纳摩尔/毫升）
正常组	190.19±13.93*	0.36±0.07*	2 691.71±152.99**	4.57±0.54*
高脂组	171.13±12.94	0.58±0.10	3 023.97±110.69	5.55±0.74
TF14组	192.37±19.74a	0.59±0.21+a	3 053.00±109.66++a	4.69±0.50*a
TF40组	179.36±17.30a	0.58±0.29a	2 156.05±151.52**++c	4.66±0.54*+a
TF80组	181.39±33.04a	0.48±0.17a	2 685.13±270.04*b	4.42±0.43*ab
TF1组	194.77±7.81**a	0.36±0.10*a	3 115.38±146.50++a	3.88±0.34**+b

注：*，与高脂组比存在显著差异，$P<0.05$；**，与高脂组比存在极显著差异，$P<0.01$；+，与正常组比存在显著差异，$P<0.05$；++，与正常组比存在极显著差异，$P<0.01$；a，b，c表示各处理组之间存在显著差异，$P<0.05$；浙江大学屠幼英等研究。

肥胖症往往有血浆游离脂肪酸（FFA）升高，FFA极易产生过氧化作用，形成脂类过氧化的终产物之一丙二醛（MDA），所以MDA常作为脂类过氧化（即自由基产生）的指标。由表3-18可知，各处理组大鼠血清MDA水平比高脂组地降低了11.53%～30.09%，与高脂组存在显著性差异（$P<0.05$）。而且，随着茶黄素含量的增加，大鼠血清MDA含量越低，即TF1组<TF80组<TF40组<TF14组。TF1组大鼠血清MDA显著低于正常组水平（$P<0.05$）。

（九）茶黄素对大鼠肝脏中抗氧化酶水平的影响

由表3-24可知，各处理组大鼠肝脏中的SOD酶活性都高于高脂组的；TF1组大鼠肝脏SOD酶活性与高脂组相比达到了极显著水平（$P<0.01$），比高脂组高了12.04%；TF40组的SOD酶活性与高脂组相比达到了显著水平（$P<0.05$），这三组处理的SOD酶活性均高于TF80组和TF14组。但各处理组的肝脏SOD酶活性均显著小于正常组水平（$P<0.01$）。

本实验中，高脂组和正常组肝脏中的CAT酶活性无统计学差异。除TF80组外，其余茶黄素处理组大鼠肝脏中CAT水平高于高脂组3.17%～25.60%，且TF14组和TF1组极显著高于高脂组（$P<0.01$），显著高于正常组（$P<0.05$），TF1组>TF14组。

各处理组肝脏中的GSH-PX水平高于高脂组13.23%～45.00%；TF14组和TF40组显著高于高脂组（$P<0.05$）。茶黄素含量极高的TF80组和TF1组调节肝脏GSH-PX水

平不如茶黄素含量低的处理组。

表 3 - 24　茶黄素对大鼠肝脏中抗氧化酶水平的影响（Mean±SD，$n=6\sim8$）

处理	SOD （国际单位/克 prot）	CAT （国际单位/克 prot）	GSH-PX （国际单位/克 prot）	MDA （纳摩尔/克 prot）
正常组	88.28±8.06**	15.74±3.53	408.71±43.27	6.83±0.80
高脂组	66.43±2.96	16.05±1.14	423.10±62.09	7.48±0.45
TF14 组	65.94±3.72++b	19.71±1.33**+ab	536.59±78.30*++ab	7.68±0.57ab
TF40 组	70.04±2.17*++ab	16.56±1.95cd	505.30±69.47*+ab	7.97±0.46+a
TF80 组	67.21±3.23++b	15.20±1.19d	507.16±165.37ab	7.24±0.34b
TF1 组	73.56±2.16**++a	20.16±2.35**++a	479.08±112.11b	7.87±0.41+a

注：*，与高脂组比存在显著差异，$P<0.05$；**，与高脂组比存在极显著差异，$P<0.01$；+，与正常组比存在显著差异，$P<0.05$；++，与正常组比存在极显著差异，$P<0.01$；a，b，c 表示各处理组之间存在显著差异，$P<0.05$；浙江大学屠幼英等研究。

从 3 个抗氧化酶活性结果可以得知，TF1 组提高肝脏 SOD 酶活性和 CAT 酶活性优于其他处理组。对于调节肝脏中的 MDA 水平，与高脂组相比，仅 TF80 组大鼠肝脏 MDA 含量数值上小于高于高脂组，但各处理组肝脏 MDA 水平与高脂组不存在统计学上差异。

综上可知，各茶黄素材料能够更好地提高肝脏的 SOD、CAT 和 GSH-PX 水平，降低血清 MDA 水平。所以，茶黄素对动物减肥降脂不是单方面的作用，是从脂肪代谢、消化和吸收，抗脂肪氧化和自由基水平等多方面协调，从而可以有效地起到降脂减肥的作用。

（十）茶黄素对大鼠动脉粥样硬化指数和血管紧张素转移酶的影响

动脉粥样硬化指数是国际医学界制定的一个衡量动脉硬化程度的指标。动脉粥样硬化指数数值越小动脉硬化的程度就越轻，引发心脑血管病的危险性就越低；数值越大动脉硬化的程度就越重，发生心脑血管病的危险性就越高。由表 3 - 25 可知，高脂组的动脉粥样硬化指数较正常组和处理组都高，与高脂组相比，各处理组降低肥胖大鼠的动脉粥样硬化指数 31.37%～45.10%（$P<0.05$），以 TF40 组和 TF1 组组数值最低；各处理组与正常组无统计学差异，各处理组之间也无统计学差异。TF1 处理的大鼠动脉粥样硬化指数最低，这个结果与各茶黄素处理组能有效降低血清的 TC、TG 水平和提高肝脏的 HDL-C 水平相一致，进一步证实茶黄素可以从降低血液和肝脏中脂肪等帮助减少心血管疾病的风险。

血管紧张素转化酶（angiotensinconvertenzyme，ACE）催化血管紧张素Ⅰ生成血管紧张素Ⅱ，使小动脉血管平滑肌收缩，引起血压迅速上升（Megias et al.，2004）。抑制 ACE 的活性，可以有效阻止血管紧张素Ⅱ的生成，从而达到降压作用。

检测肝脏中血管紧张素转移酶含量，发现正常组大鼠肝脏内 ACE 含量虽然低于高脂组大鼠，但是两者没有显著性差异。TF40 组 ACE 含量小于高脂组 30.97%（$P<0.05$）；其次是 TF1 组和 TF80 组的 ACE 含量也小于高脂组；而 TF14 组的 ACE 含量高于高脂组 15%左右。究其原因，可能是 TF14 组含有 0.4%的咖啡因，咖啡因会提高机体中 ACE 的含量（Odegaard et al.，2008；Westerterp-Plantenga et al.，2006），从而引起血压升高。TF40 降低 ACE 水平优于其他各组可能与 TF40 中含有大量的儿茶素（约 40%）有关系。

表 3-25　茶黄素对大鼠 AI 和肝脏中 ACE 的影响（Mean±SD，$n=6～8$）

处理	AI	ACE（纳克/毫升 10%肝脏匀浆）
正常组	0.35±0.15*	25.80±3.16
高脂组	0.51±0.24	29.22±0.98
TF14 组	0.35±0.05*a	33.58±4.65a
TF40 组	0.28±0.13**a	20.17±3.65*c
TF80 组	0.33±0.10*a	26.65±1.48b
TF1 组	0.28±0.08**a	25.61±2.51b

注：*，与高脂组比存在显著差异，$P<0.05$；**，与高脂组比存在极显著差异，$P<0.01$；+，与正常组比存在显著差异，$P<0.05$；++，与正常组比存在极显著差异，$P<0.01$；a，b，c 表示各处理组之间存在显著差异，$P<0.05$；浙江大学屠幼英等研究。

（十一）茶黄素对大鼠血清和肝脏谷丙转氨酶的影响

谷丙转氨酶（ALT）是反映肝细胞受损程度最灵敏的指标，其值越低，说明肝脏组织受损伤越少（表 3-26）。各茶黄素处理组血清中的 ALT 水平低于高脂组 22.29%～39.64%，其中 TF14 组和 TF40 组血清 ALT 显著低于高脂组（$P<0.05$），且低于 TF80组和 TF1 组（$P<0.05$）。

表 3-26　茶黄素对大鼠血清和肝脏 ALT 水平的影响

处理	血清 ALT（国际单位/克 prot）	肝脏 ALT（国际单位/克 prot）
正常组	19.21±2.10	4.97±1.18**
高脂组	22.55±8.07	3.28±0.79
TF14 组	13.61±1.87*++b	2.34±0.59*++b
TF40 组	13.87±2.23*++b	2.26±0.59*++b
TF80 组	17.47±4.52a	3.23±0.57++a
TF1 组	17.50±2.49a	2.64±0.78++ab

注：*，与高脂组比存在显著差异，$P<0.05$；**，与高脂组比存在极显著差异，$P<0.01$；+，与正常组比存在显著差异，$P<0.05$；++，与正常组比存在极显著差异，$P<0.01$；a，b，c 表示各处理组之间存在显著差异，$P<0.05$；浙江大学屠幼英等研究。

各茶黄素处理组肝脏中的 ALT 水平低于高脂组 1.52%～36.89%，其中 TF14 组和 TF40 组血清 ALT 显著低于高脂组（$P<0.05$），且低于 TF80 组（$P<0.05$）和 TF1 组。

综上可知，茶黄素含量较低的组别（TF14 组和 TF40 组）比茶黄素高的组别（TF80组和 TF1 组）能够更好地降低大鼠血清和肝脏中的 ALT 水平。

高脂组大鼠无论从体重、脂肪积累还是从血清和肝脏的大部分指标上看均和正常组大鼠有显著性差异，说明用高脂饲料建立肥胖大鼠模型是成功的。4 种含茶黄素材料（TF14，TF40，TF80，TF1）对高脂饮食所引起的肥胖大鼠具有明显的降脂减肥效果，它们可以降低实验大鼠体重，减少大鼠体内肾周围和附睾周围脂肪的积累；降低大鼠血清和肝脏的 TC、TG，降低胰岛素水平，降低 ACE 和动脉粥状硬化指数；降低肝脏中FAS、LPS、Lep、ALT、MDA 以及 FFA；提高血清和肝脏的 HDL 和抗氧化酶 SOD、CAT、GSH-PX 的酶活，提高胰岛素抵抗系数；最终使高脂饮食大鼠与正常组大鼠体内指标无显著性差异，有些指标甚至更优于正常组大鼠。

三、茶黄素对高脂诱导胰岛素抵抗的作用机制研究

（一）实验用茶黄素的化学组成

HPLC 分析表明所用茶黄素混合物含 12.0%TF，18.1%TF-3-G，24.1%TF-3'-G，38.49%TFDG，总茶黄素含量为 92.8%（图 3-16）。

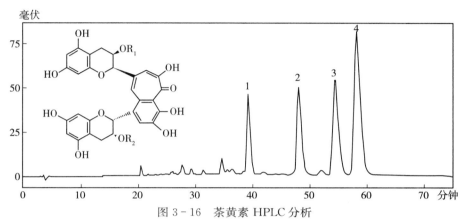

图 3-16 茶黄素 HPLC 分析

1. TF：R1＝R2＝H 2. TF-3-G：R1＝H，R2＝galloyl 3. TF-3'-G：R1＝galloyl，R2＝H 4. TFDG：R1＝R2＝galloyl.

注：浙江大学屠幼英等研究。

（二）茶黄素对胰岛素抵抗 HepG2 细胞模型葡萄糖吸收的影响

采用软脂酸（PA）诱导的 HepG2 胰岛素抵抗细胞模型，发现 PA（250 微摩尔/升）显著降低 HepG2 细胞对荧光葡萄糖 2-NBDG 的吸收，而 TFs（2.5～10 微克/毫升）和阳性对照二甲双胍（5 微克/毫升）处理细胞 24 小时后，都能够显著改善细胞对葡萄糖的吸收（$P < 0.05$），表明茶黄素能够改善软脂酸诱导的 HepG2 细胞胰岛素抵抗（图 3-17）。

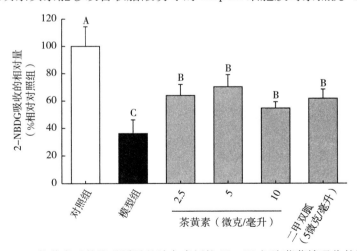

图 3-17 茶黄素对软脂酸诱导的胰岛素抵抗 HepG2 细胞葡萄糖吸收的影响

组间显著性差异用不同字母表示（$P < 0.05$）

注：浙江大学屠幼英等研究。

（三）茶黄素对胰岛素传导信号通路的影响

为进一步验证茶黄素对 PA 诱导的胰岛素抵抗的作用，对胰岛素传导相关信号通路进行了进一步验证。如图 3-18 所示，PA 显著降低膜结合 GLUT4 蛋白水平和 Akt 在 Ser473 的磷酸化水平，上调 IRS-1 在 Ser307 的磷酸化水平（$P < 0.05$）；对总 GLUT4、Akt 和 IRS-1 没有显著影响（$P > 0.05$）。茶黄素可以提高膜结合 GLUT4 蛋白水平，同

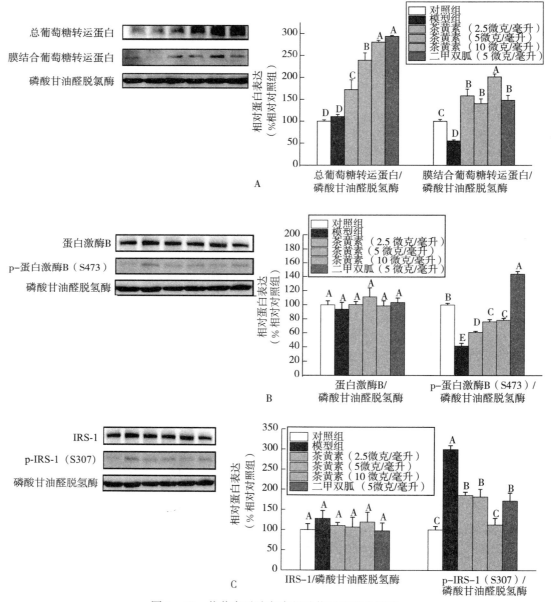

图 3-18　茶黄素对胰岛素相关信号通路的影响

A. 总 GLUT4 和膜结合 GLUT4 蛋白水平　B. Akt 和 phosphor-Akt（Ser473）蛋白水平　C. IRS-1 和 phosphor-IRS-1（Ser307）蛋白水平

注：浙江大学屠幼英等研究。

时改善 Akt 和 IRS-1 磷酸化水平（$P<0.05$）。且茶黄素对 GLUT4 和 Akt 磷酸化的作用强于阳性对照二甲双胍。

（四）茶黄素促进 PA 诱导的线粒体生物合成

以线粒体 DNA（mtDNA）拷贝数评估线粒体数量。如图 3-19 所示，与对照组相比，PA 诱导的 HepG2 细胞中线粒体数量约减少 20%。茶黄素能够显著增加细胞的线粒体数量，呈现剂量梯度依赖效应，且效果好于阳性对照二甲双胍（$P<0.05$）。采用线粒体分裂抑制剂 Mdivi-1，和茶黄素一起处理细胞，则可以部分抵消茶黄素对葡萄糖吸收的促进作用（图 3-20），表明线粒体在茶黄素改善胰岛素抵抗方面具有重要作用。

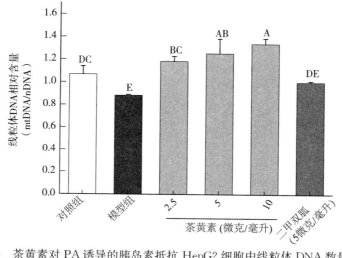

图 3-19　茶黄素对 PA 诱导的胰岛素抵抗 HepG2 细胞中线粒体 DNA 数量的影响
组间显著性差异用不同字母表示（$P<0.05$）

注：浙江大学屠幼英等研究。

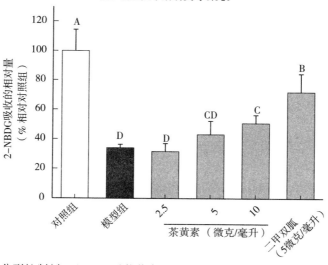

图 3-20　线粒体分裂抑制剂 mdivi-1 对茶黄素处理的胰岛素抗性 HepG2 细胞葡萄糖吸收的影响
组间显著性差异用不同字母表示（$P<0.05$）

注：浙江大学屠幼英等研究。

（五）茶黄素对 PGC-1 表达的影响

PGC-1β 和 PRC 基因是 PGC-1 家族中两个重要成员，与线粒体生物合成密切相关。PA 可以上调 PGC-1β，下调 PRCmRNA 的表达。茶黄素可以显著逆转 PA 对两个基因的影响（图 3-21）。

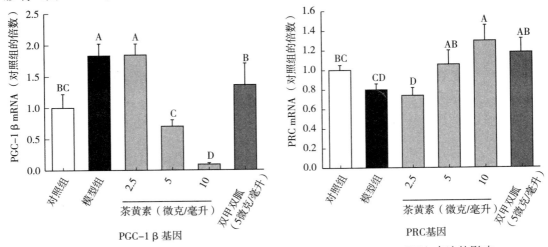

图 3-21　茶黄素对 HepG2 细胞中 PGC-1β（A）和 PRC（B）mRNA 表达的影响

组间显著性差异用不同字母表示（$P<0.05$）

注：浙江大学屠幼英等研究。

线粒体生物合成与胰岛素抗性的发生发展密切相关。本研究采用 PA 诱导的 HepG2 细胞胰岛素抗性模型，发现茶黄素在细胞水平可以显著改善脂肪引起的肝细胞胰岛素敏感性，提高葡萄糖吸收，改善胰岛素相关信号传导通路，且这一作用和提高线粒体生物合成有关。

第四节　乌龙茶功能成分对肠道菌群以及肝脏脂代谢的影响研究

一、茶籽皂苷对糖尿病大鼠菌群物种丰度和多样性的影响

茶籽皂苷对糖尿病大鼠菌群物种丰富度和多样性的影响（表 3-27）。

表 3-27　茶籽皂苷对糖尿病大鼠菌群物种丰度和多样性的影响

项目 样本	OTU 数量	chao1 指数	observed species 指数	PD whole tree 指数	shannon 指数
正常组	1 392.33±63.81	1 865.60±51.71	1 392.27±63.83	55.98±1.26	7.72±0.03
阳性对照组	1 393.00±26.51*	1 918.05±20.51*	1 392.93±26.50*	58.14±4.67	7.63±0.05
阴性对照组	1 335.33±18.72△	1 785.12±45.70	1 335.33±18.72△	55.52±0.91	7.60±0.03
茶籽皂苷低剂量组	1 301.00±55.46	1 779.72±26.42	1 300.97±55.43	54.10±1.77	7.41±0.04
茶籽皂苷中剂量组	1 381.00±18.52*	1 888.26±12.15	1 380.87±19.41*	56.79±0.55	7.44±0.01
茶籽皂苷高剂量组	1 391.00±4.00*	1 890.16±40.10	1 390.85±5.59*	57.44±1.26	7.62±0.03

OTU 数量在一定程度上可以代表样品中微生物的丰度，其数量与大鼠肠道微生物丰度呈正相关，通过 RDP Classifer 软件计算在 97% 的相似水平上每个样品的 OTU 数量后，结果如图 3-22 所示，各组大鼠肠道内容物中 OTU 数量的范围在 1 237～1 444 之间，其中阴性对照组与正常组大鼠 OTU 数量对比可知，糖尿病会导致大鼠肠道微生物丰度显著降低（$P<0.05$），而经过茶籽皂苷中、高剂量及二甲双胍灌胃后的大鼠 OTU 数量较阴性对照组有显著提升（$P<0.05$），数值与正常组大鼠接近，而低剂量茶籽皂苷灌胃后大鼠肠道微生物丰度仍较低，这表明中、高剂量茶籽皂苷与二甲双胍能在一定程度上提升肠道内微生物丰度。

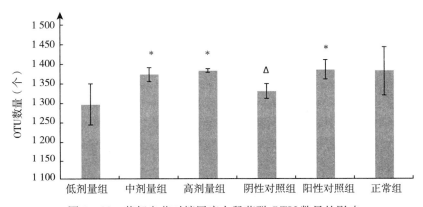

图 3-22　茶籽皂苷对糖尿病大鼠菌群 OTU 数量的影响

注：（1）模型组与正常组对照，△代表显著性差异（$P<0.05$），△△代表极显著差异（$P<0.01$）；给药组与模型组对照，＊代表显著性差异（$P<0.05$），＊＊代表极显著差异（$P<0.01$）；福建农林大学杨江帆等研究。

通过 Chao1 值、Observed species 指数对各试验组大鼠肠道菌群物种的丰度分析，进一步验证了上述结果，由图 3-23（a、b）可知，在糖尿病的影响下，大鼠肠道菌群物种丰度降低，而中高剂量茶籽皂苷、二甲双胍均能提高物种丰度，使其恢复正常水平。由图 3-23（c、d）显示，各试验组 Shannon 指数与 PD whole tree 指数差异小，均不存在显著性差异，其中，各试验组菌群 Shannon 指数均较正常组降低，表明糖尿病可能会导致大鼠肠道菌群多样性的降低，且经过茶籽皂苷中低剂量组干预后，进一步加剧了多样性下降趋势。

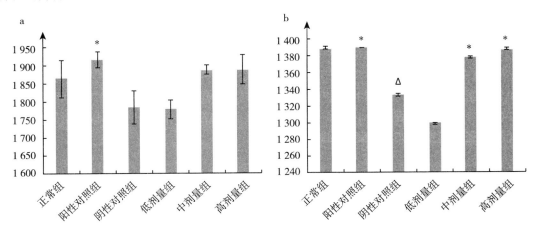

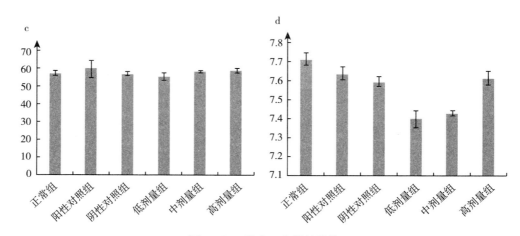

图 3 - 23　样本 α 多样性指数

a. Chao1 指数　b. observed　species 指数　c. PD　whole　tree 指数　d. shannon 指数

注：（1）模型组与正常组对照，△代表显著性差异（$P<0.05$），△△代表极显著差异（$P<0.01$）；给药组与模型组对照，＊代表显著性差异（$P<0.05$），＊＊代表极显著差异（$P<0.01$）；福建农林大学杨江帆等研究。

综上可知，中、高剂量茶籽皂苷与二甲双胍能在提升糖尿病大鼠肠道内微生物丰度显著性差异（$P<0.05$），但对其微生物多样性影响较小，无显著性差异。

二、茶籽皂苷对糖尿病大鼠菌群物种间差异的影响

当 PCA 分析（Principal Component Analysi）图中样本距离越近时，则代表不同样本 OTU 组成越相似。本试验基于各组的 OTU 信息，选取不同处理下各组粪便菌群的差异进行 PCA 分析，所得结果如图 3 - 24 所示。第一主成分（PC1）对样品差异的贡献值达 30.09%，第二主成分（PC2）对样品差异的贡献值为 21.47%。同一处理组内糖尿病大鼠菌群样品均能够集聚，不同组间的区分效果显著，说明不同处理对糖尿病大鼠菌群影响明显。其中，不同剂量茶籽皂苷处理组间差异较小，表明茶籽皂苷剂量的高低差异对肠道菌群微生物结构的影响小。茶籽皂苷处理组与阴性对照组在第二主成分上距离大，这表明茶籽皂苷处理组与阴性对照组之间微生物结构差异较大。不同剂量茶籽皂苷处理组或二甲双胍组，都可以使小鼠的肠道菌群结构发生正向调控，但调控程度有所差异。

三、茶籽皂苷对糖尿病大鼠菌群物种成分分布的影响

1. 在门分类学水平上的差异分析　通过不同试验组门水平上的菌群构成比例绘制柱状图（彩图 3 - 5）可知，在正常组大鼠的粪便中，厚壁菌门（Firmicutes）和拟杆菌门（Bacteroidetes）所占比例分别占据肠道细菌总量的 58.17% 和 34.61%，变形菌门（Proteobacteria）所占比例约为 9.56%。与正常组比较，阴性对照组厚壁菌门的优势菌地位没变，但变形菌门的含量减少，拟杆菌门含量增加。与阴性对照组相比，阳性对照组与高、中、低剂量茶籽皂苷组大鼠中厚壁菌门含量增加，拟杆菌门的含量减少，平均减少 28.13%，厚壁菌门/拟杆菌门比值增加。

2. 在纲分类学水平上的差异分析　在对各试验组菌群门水平分析的基础上，对其纲分类

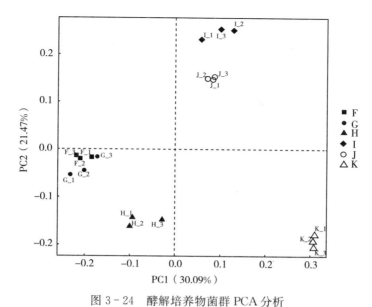

图 3-24 酵解培养物菌群 PCA 分析

F. 低剂量组　G. 中剂量组　H. 高剂量组　I. 阴性对照组　J. 阳性对照组　K. 正常组

注：福建农林大学杨江帆等研究。

水平进行差异分析，通过不同试验组菌群纲水平上的菌群构成比例绘制柱状图（彩图 3-6）可见，各试验组主要菌纲组成相同，主要由梭菌纲（Clostridia）、拟杆菌纲（Bacteroidia）、芽孢杆菌纲（Bacilli）等 3 个纲组成，其中梭菌纲和拟杆菌纲合计占比约在 70%～80%，且梭菌纲的数量相当。阴性对照组中拟杆菌纲的含量较正常组有所提高，高、中、低剂量茶籽皂苷组的组内差异较小，但较阴性对照组而言，其拟杆菌纲的含量减少，与此同时，芽孢杆菌纲的含量增加，说明茶籽皂苷在一定程度上改变了糖尿病大鼠纲水平菌群结构。

3. 在科分类学水平上的差异分析　不同试验组菌群科分类学水平上的差异如彩图 3-7 所示，各试验组主要由毛螺菌科（Lachnospiraceae）、瘤胃菌科（Ruminococcaceae）、拟杆菌科（Bacteroidales _ S24-7 _ group）、芽孢杆菌科（Enterococcaceae）等组成。正常组小鼠中毛螺菌科、瘤胃菌科、拟杆菌科等菌科的含量占比相当，与正常组相比，阴性对照组芽孢杆菌科占比下降。高、中、低剂量茶籽皂苷组组间菌群结构差异不大，茶籽皂苷处理组与阳性对照组中毛螺菌科、拟杆菌科的丰度较阴性对照组降低，芽孢杆菌科比例上升。表明经过茶籽皂苷和二甲双胍的干预，糖尿病大鼠菌群科水平结构得到改善，芽孢杆菌科几乎可以恢复到正常水平。

四、茶籽皂苷对糖尿病大鼠菌群物种门水平的相似程度分析

为进一步探究茶籽皂苷对糖尿病大鼠菌群门水平粪便菌群结构的影响，对不同处理下相对丰度前 20 门水平酵解培养物菌群的分布进行分析，结果如彩图 3-8。不同处理组相对丰度最高的菌门均为厚壁菌门（Firmicutes）、拟杆菌门（Bacteroidetes）、变形菌门（Proteobacteria）。此外，茶籽皂苷处理组在门水平相对丰度占据一定优势地位的还有螺旋菌门（Spirochaetae）、脱铁杆菌门（Deferribacteres）、丝状杆菌门（Fibrobacteres）

等。茶籽皂苷处理组丰度高于阴对照组的菌群有螺旋菌门（Spirochaetae）、脱铁杆菌门（Deferribacteres）、绿菌门（Ignavibacteriae），且除厚壁菌门（Firmicutes）、酸杆菌门（Acidobacteria）、蓝藻门（Cyanobacteria）外，其他菌门均差异显著。

五、茶籽皂苷对高脂血症大鼠肝脏 FXR mRNA 表达的影响

如图 3-25 所示，相比 C 组，H 组大鼠肝脏 FXR mRNA 表达水平极显著降低（$P<0.01$）。经药物干预后，与 H 组相比，FXR mRNA 表达水平有所提高，其中 P 组、TSH 组显著提高（$P<0.05$），TSL 组、TSM 组无显著性差异。综上可知，高剂量茶籽皂苷对高脂血症大鼠肝脏 FXR 基因的表达量有显著提高作用。

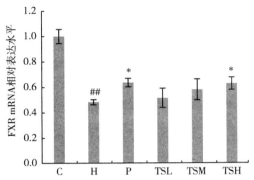

图 3-25　茶籽皂苷对大鼠肝脏组织中 FXR mRNA 表达水平的影响

注：与 C 组比较，#$P<0.05$，##$P<0.01$；与 H 组比较，*$P<0.05$，**$P<0.01$；福建农林大学杨江帆等研究。

六、茶籽皂苷对高脂血症大鼠肝脏 Adipo R2mRNA 表达的影响

如图 3-26 所示，相比 C 组，H 组大鼠肝脏 Adipo R2mRNA 表达水平极显著降低（$P<0.01$）；与 H 组相比，而摄入茶籽皂苷和辛伐他汀的 P 组、TSL 组、TSM 组、TSH 组的 Adipo R2mRNA 表达水平均极显著提高（$P<0.01$）。表明茶籽皂苷各干预组均可极显著提高高脂血症大鼠 Adipo R2mRNA 表达水平，其中，茶籽皂苷中、高剂量组效果最佳。

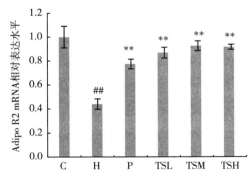

图 3-26　茶籽皂苷对大鼠肝脏组织中 Adipo R2mRNA 表达水平的影响

注：与 C 组比较，#$P<0.05$，##$P<0.01$；与 H 组比较，*$P<0.05$，**$P<0.01$；福建农林大学杨江帆等研究。

七、茶籽皂苷对高脂血症大鼠肝脏 PPARα 和 PPARγ mRNA 表达的影响

如图 3-27 所示，相比 C 组，H 组大鼠肝脏 PPARα mRNA 表达水平极显著降低
（$P<0.01$），PPARγ mRNA 表达水平极显著提高（$P<0.01$）。经药物干预后，与 H 组
相比，PPARα mRNA 表达水平有所提高，其中 P 组、TSM 组、TSH 组极显著提高
（$P<0.01$），TSL 组无显著性差异；PPARγ mRNA 表达水平有所降低，其中 P 组、TSM
组、TSH 组极显著降低（$P<0.01$），TSL 组显著降低（$P<0.05$）。综上可知，茶籽皂
苷对高脂血症大鼠肝脏 PPARα 基因的表达量有显著提高作用，对 PPARγ 基因的表达量
有显著抑制效果，其中茶籽皂苷高剂量组效果最佳。

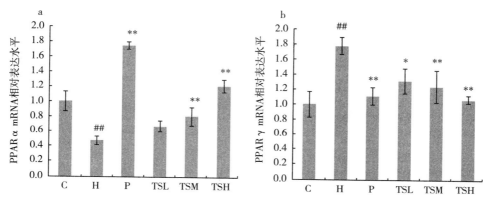

图 3-27　茶籽皂苷对大鼠肝脏组织中 PPARα 和 PPARγ mRNA 表达水平的影响

注：与 C 组比较，♯$P<0.05$，♯♯$P<0.01$；与 H 组比较，＊$P<0.05$，＊＊$P<0.01$；福建农林大学杨江帆等研究。

八、茶籽皂苷对高脂血症大鼠肝脏 LXRα mRNA 表达的影响

如图 3-28 所示，相比 C 组，H 组大鼠肝脏 LXRα mRNA 表达水平极显著提高
（$P<0.01$）；与 H 组相比，摄入茶籽皂苷和辛伐他汀的 P 组、TSL 组、TSM 组、TSH
组的 LXRα mRNA 表达水平均极显著降低（$P<0.01$），以 TSH 组效果最佳，甚至优于 P
组。综上可知，茶籽皂苷可下调 LXRα mRNA 表达水平，且呈量效关系，以茶籽皂苷高
剂量组效果最佳。

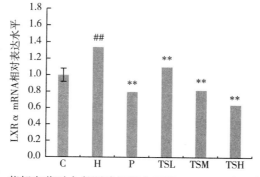

图 3-28　茶籽皂苷对大鼠肝脏组织中 LXRα mRNA 表达水平的影响

注：与 C 组比较，♯$P<0.05$，♯♯$P<0.01$；与 H 组比较，＊$P<0.05$，＊＊$P<0.01$；福建农林大学杨江帆等研究。

第五节　乌龙茶功能成分对口腔、眼睛、皮肤的保健研究

一、乌龙茶活性成分维护口腔健康功能研究

（一）乌龙茶及黄酮苷对口腔致病菌的抑制作用研究

1. F₁、F₂ 对 *P. gingivalis* 和 *F. nucleatum* 生长的抑制作用　通过二倍稀释法测定化合物对 *P. gingivalis* 和 *F. nucleatum* 的抑菌活性。表 2-28 和表 2-29 表明 F₁、F₂ 对牙龈卟啉单胞菌和具核梭杆菌都具有较好的抑菌效果：对牙龈卟啉单胞菌的最低抑菌浓度分别为 0.24 毫摩尔/升和 0.24 毫摩尔/升，对具核梭杆菌的最低抑菌浓度分别为 0.24 毫摩尔/升和 0.12 毫摩尔/升。以往研究中从植物材料中分离出的黄酮苷对致龋的革兰氏阳性菌——变形链球菌具有极佳的抑制效果，本次试验证明两种黄酮四糖苷对引发牙周炎的两种革兰氏阴性菌也有较强的抑制活性。黄酮苷的抑菌机制有关定论较少，Tagousop 在研究来自 *G. glandulosum* 的纯化黄酮苷对革兰氏阴性菌霍乱弧菌菌株的抗菌作用时认为其抗菌模式是由于细胞裂解和膜渗透性对细胞质膜的破坏。因此，F₁ 与 F₂ 很可能也通过这种模式发挥其抑菌效果。具核梭杆菌具有促进细菌共聚的作用，Riihinen 研究从越橘、黑醋栗、云莓中得到的可溶性固形物对细菌共聚作用的影响，并进行组分分析，认为阻止口腔细菌发生共聚的是黄酮苷类物质。因此，F₁ 与 F₂ 也可能通过对具核梭杆菌的生长抑制减少了细菌间的黏附和牙菌斑的形成，减少龋齿及牙周炎的发生。本次实验发现了槲皮素的酰化四糖苷及山奈酚的酰化四糖苷对两种致病菌都有明显的抑制作用，为黄酮苷的抑菌活性研究提供了数据支撑。至于黄酮苷的活性高低更取决于苷元性质还是糖苷数量，待进一步研究。

表 3-28　F₁ 和 F₂ 对 *P. gingivalis* 的 MIC 测定值

药物	浓度（毫摩尔/升）							
	0.48	0.24	0.12	0.06	0.03	0.015	0.007 5	0.003 7
F₁	−	−	+	+	+	+	+	+
F₂	−	−	+	+	+	+	+	+

表 3-29　F₁ 和 F₂ 对 *F. nucleatum* 的 MIC 测定值

药物	浓度（毫摩尔/升）							
	0.48	0.24	0.12	0.06	0.03	0.015	0.007 5	0.003 7
F₁	−	−	+	+	+	+	+	+
F₂	−	−	−	+	+	+	+	+

注：−表示无菌生长，+表示有菌生长；浙江大学屠幼英等研究。

2. 两种黄酮苷与其对应苷元的抑菌活性比较　表 3-30 表明，抑菌活性大小为：槲皮素＞F₁，F₂＞山奈酚。槲皮素的最低抑菌浓度与以往报道一致，其抑菌活性较山奈酚强，早有研究认为抗菌活性随着连接到苯环上的羟基数量的增加而显著增加，且连苯三酚

和邻苯二酚分别比间苯三酚和间苯二酚具有更高的抗菌能力。这可能也是含两个羟基的槲皮素的抑菌效果高于含一个羟基的山柰酚的原因之一。槲皮素早被报道是一种强抑菌化合物，经槲皮素处理的细菌在扫描电镜下生物量大大减少，尤其是牙龈卟啉单胞菌出现膨胀和破裂。

表 3 - 30　两种黄酮苷与其苷元的抑菌活性对比

化合物	最低抑菌浓度（MIC，毫摩尔/升）	
	P. gingivalis	*F. nucleatum*
F_1	0.24	0.24
F_2	0.24	0.12
槲皮素	0.03	0.12
山柰酚	>0.48	0.48

注：浙江大学屠幼英等研究。

有学者认为黄酮醇苷的抑菌活性不如黄酮醇，Patra 通过微量测定评估了存在于美洲大蠊中的天然化合物的山柰酚、槲皮素、槲皮素 3 - 葡萄糖苷，异槲皮苷在 1～8 微克/毫升浓度对两种口腔致病微生物的抗菌活性。结果发现山柰酚对两种病原体均发挥抗菌活性，槲皮素以浓度依赖性方式仅对变形链球菌显示出有效的生长抑制活性；而槲皮素 3 - 葡萄糖苷和异槲皮苷对变形链球菌显示出非常轻微的生长抑制活性，对其他受试生物没有活性。Dadi 研究了几种多酚对 ATP 合成酶的抑制作用，测定结果为槲皮素，槲皮素-3-β-D 葡萄糖苷和槲皮苷的 IC_{50} 分别为 33 微摩尔/升、71 微摩尔/升和 120 微摩尔/升，两种苷类的效果不如糖苷配基。但也有研究结果与之相反，Yang 等从槐花干花中分离得到三种黄酮类化合物芦丁、槲皮素-3'-O-甲基-3-O-α-L-鼠李糖基（1→6）-β-D-吡喃葡萄糖苷和槲皮素中，槲皮素对变形链球菌的抑制作用较弱；相反，含有 O-鼠李糖的糖苷作用较强。Muhammad 等根据浮游最低抑菌浓度（PMIC）和浮游最小杀菌浓度（PMBC）比较了几种黄酮醇及其糖苷对 4 种牙周主要病原体及生物膜生长模式的抗菌作用，该结果表明对于不同菌株，几种黄酮醇苷的抑制活性有所不同，对于放线杆菌和牙龈卟啉单胞菌，黄酮醇苷抑制活性不如苷元，而对于具核梭杆菌则相反。

本研究结果显示，对于两种口腔致病菌，山柰酚四糖苷抑菌活性高于其苷元，但槲皮素四糖苷抑菌活性不如槲皮素。我们推断可能槲皮素苯环上的间位羟基这个基团相比对位羟基对抑菌效果有着很大的贡献，即使所分离的两个单体结构中糖基的存在可能会降低抑菌活性，但 F_1 和 F_2 结构中存在的对香豆酰基中的羟基可提高抑菌活性，有研究认为带有 6″-O-p-香豆酰基部分的银锻苷比黄芪素具有更强的抗氧化和细胞保护作用，因此 F_2 的活性高于苷元——山柰酚，但该羟基可能与母核的间位羟基存在空间位阻，导致 F_1 活性反而低于槲皮素。

3. 两种黄酮苷对 *P. gingivalis* 和 *F. nucleatum* 生物膜形成的影响　生物膜的形成不管在变形链球菌形成菌斑的致龋毒性还是牙龈卟啉单胞菌对牙周组织的破坏过程中都起着很关键的作用，不同药物对 *P. gingivalis* 生物膜的抑制作用不同，同一种药物在不同浓度下的抑制效果呈剂量依赖性。

如图3-29，4种药物在0.24毫摩尔/升浓度下对生物膜均有很强的抑制作用，抑制率达到90%以上。F₁、F₂对牙龈卟啉单胞菌的生物膜抑制作用成剂量效应，浓度越高，抑制作用越强，浓度在0.12毫摩尔/升以上的生物膜抑制率便可达到80%。槲皮素对生物膜的抑制作用较强，在所试浓度下的生物膜抑制率均高于70%，早有报道称槲皮素可以影响成熟的多物种致病生物膜的代谢活动和结构。槲皮素对牙龈卟啉单胞菌生物膜的抑制作用高于山奈酚，且以槲皮素为苷元的F₁在每一个所试浓度下的生物膜抑制率均略高于F₂。

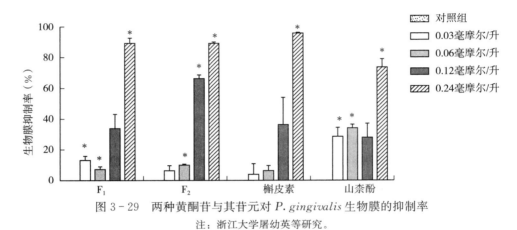

图3-29　两种黄酮苷与其苷元对 *P. gingivalis* 生物膜的抑制率
注：浙江大学屠幼英等研究。

如图3-30，具核梭杆菌相对牙龈卟啉单胞菌而言，对F₁和F₂的敏感性较低。在较低浓度下，F₁与F₂对具核梭杆菌的生物膜并没有显著的抑制作用，但浓度为0.12毫摩尔/升时，F₂的生物膜抑制率接近70%，浓度为0.24毫摩尔/升时接近90%，效果优于F₁。槲皮素在低浓度下对具核梭杆菌生物膜并没有显著的抑制作用，效果不及山奈酚，在浓度高于0.12毫摩尔/升的抑制率超过山奈酚。

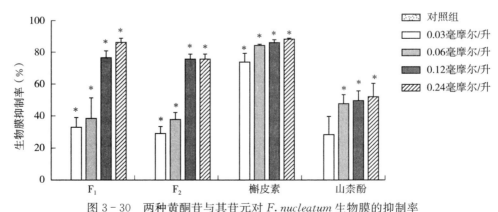

图3-30　两种黄酮苷与其苷元对 *F. nucleatum* 生物膜的抑制率
注：对照组为不加药物的处理，纵坐标为生物膜抑制率（%）；浙江大学屠幼英等研究。

综上可知，从福建水仙茶中分离的两种黄酮苷化合物对所试菌株的生物膜形成均具有良好的抑制活性，两者抑制效果高低因菌种不同而变化，且受浓度影响。猜测黄酮苷活性高低很可能取决于其苷元种类（酚羟基数量的不同）。从生物膜抑制率高低可观察到山奈酚经糖苷化后可能在高浓度条件下其活性大大所提高，而槲皮素反而降低，Eirini 等发现唇科植物中的柠檬香脂提取物能很好地抑制两种致龋菌变形链球菌和远缘链球菌菌株附着和生物膜形成，并认为提取物中发现的两种黄酮苷芹菜素和木犀草素的糖苷是抑制链球菌生物膜形成的主要成分。在口腔疾病防治中，有效地清除口腔内菌斑生物膜成为预防和治疗牙周炎及龋齿的技术关键，F_1 和 F_2 均可有效抑制两种致病菌的生物膜形成。

从福建水仙茶中分离的酰化黄酮四糖苷 F_1、F_2 对两种供试细菌都有明显的抑制作用，对牙龈卟啉单胞菌的最低抑菌浓度（MIC）分别为 0.24 毫摩尔/升和 0.24 毫摩尔/升；对具核梭杆菌的最低抑菌浓度（MIC）分别为 0.24 毫摩尔/升和 0.12 毫摩尔/升。采用结晶紫染色法测定细菌生物膜形成量，F_1 与 F_2 对细菌生物膜的形成具有很强的抑制作用，且随浓度的升高而加强，两者在浓度大于 0.12 毫摩尔/升时对生物膜的抑制率均高于 70%。通过 MIC 值和生物膜抑制率的大小比较了所分离的黄酮苷与其苷元的抑制活性。

二、乌龙茶活性成分对眼保健功能研究

本研究建立 SD 大鼠视网膜慢性光损伤模型，于光照前后动态观察视网膜组织病理学及视网膜外核层（ONL）厚度变化，利用组织病理学、生化研究指标分析其作用及其机制，研究乌龙茶提取物茶多酚对视网膜光损伤有保护作用，探明其确切分子机制，为 AMD 等视网膜退行性病变的防治提供了新思路。

采用视网膜的光损伤做模型，研究视网膜光化学损伤过程中 RPE 的改变的微环境变化，研究乌龙茶提取物茶多酚等对视网膜光及氧化损伤对 RPE 的影响。

研究了乌龙茶提取物茶多酚对视网膜过氧化损伤对 RPE 的影响，用过氧化氢模拟体外眼部氧化损伤的环境，以过氧化氢不同的浓度和时间梯度作用人视网膜色素上皮（HRPE-19）细胞，用 MTT 法检测细胞活性，建立人视网膜色素上皮（HRPE-19）细胞体外氧化损伤的模型；研究茶多酚对 H_2O_2 诱导的 ARPE-19 细胞氧化损伤的保护。检测茶多酚对人视网膜色素上皮（HRPE-19）细胞是否有增殖作用及其安全的剂量范围，即茶多酚对人视网膜色素上皮（HRPE-19）细胞的毒理实验检测。

利用不同浓度的茶多酚做干预治疗实验，分为正常对照组、过氧化氢模型组、茶多酚干预组做比较，研究发现茶多酚对过氧化氢诱导的人视网膜色素上皮（HRPE-19）细胞氧化损伤是否有保护作用及其有保护作用的最佳浓度。

（一）ARPE-19 细胞的鉴定与视网膜光损伤形态学改变

本研究所用第一代人视网膜色素上皮细胞 ARPE-19 细胞，在倒置显微镜下，人 RPE 细胞呈扁平不规则多角形的铺路石状单层贴壁，胞浆内充满黑色颗粒。传代细胞生长活跃，呈典型的鹅卵石状，换液 2 次后即可再次传代，3～5 代细胞为短梭形或纺锤形，无明显的色素颗粒。形态研究与其他研究相一致。免疫组织化学染色显示 ARPE-19 细胞胞浆呈特异性棕黄色着色，阳性率为 100%（彩图 3-9）。

大鼠眼球视网膜的组织结构随着强光暴露时间的延长而损害加剧。外层视网膜的变化较内层视网膜明显，其中，外核层的厚度变化最明显。光损伤导致外核层厚度变薄，且呈明显的时间相关性，同时细胞间空隙增大，排列稀疏。此外，位于视网膜下腔的感光细胞

外节染色不均匀，腔隙缩小。而内层视网膜相对无明显变化，内核层厚度大致稳定，但细胞形态较模糊（彩图 3-10）。

正常 SD 大鼠视网膜感光细胞外节的膜盘，堆叠整齐，排列规则。在电镜下观察，光损伤后外节水肿、缩短、结构破坏，膜盘结构紊乱变形，部分呈同心圆样排列；继而出现膜盘不规则脱落，外节明显缩短，部分视网膜神经上皮层与色素上皮层脱离。而条件培养液组的感光细胞内外节的损伤程度低，形态维持良好，膜盘结构仍较清晰，排列规整（彩图 3-11）。

（二）不同浓度茶多酚对 ARPE-19 细胞毒性的影响

ARPE-19 细胞被 1 毫克/毫升、2 毫克/毫升、4 毫克/毫升、8 毫克/毫升和 16 毫克/毫升 5 个不同浓度的茶多酚处理 24 小时后，与对照组相比，ARPE-19 细胞的存活率分别为：（93.87±2.24）%、（97.52±3.67）%、（97.67±1.94）%、（94.16±3.11）%、（96.57±0.29）%，与对照组（TP0 毫克/毫升）100.21±4.31 相比，无统计学差异（$P>0.05$）。当茶多酚终浓度为 1~16 毫克/毫升时，对 ARPE-19 细胞没有明显的毒性作用（表 3-31）。

细胞存活率＝（实验组 OD－空白组 OD）/（对照组 OD－空白组 OD）。

表 3-31　不同浓度茶多酚对 ARPE-19 细胞毒性的影响

TP（毫克/毫升）	细胞活性（%）
对照组（0）	100.21±4.31
1	93.87±2.24
2	97.52±3.67
4	97.67±1.94
8	96.57±0.29
16	94.16±3.11

注：不同浓度 TP 与空白对照组比较差异无统计学意义（$P>0.05$）；福建医科大学徐国兴等研究。

（三）过氧化氢对 ARPE-19 细胞活力的影响研究

1. 不同 H_2O_2 浓度对 ARPE-19 细胞活力的影响　用 MTT 法检测 6 组 A490 值可见：与空白对照组相比，过氧化氢可以明显降低 ARPE-19 细胞的活性。H_2O_2 浓度从 200 微摩尔/升起细胞活性 A490 值差异有统计学意义（$P<0.05$），H_2O_2 浓度与 A490 值成反比，即 H_2O_2 浓度与细胞活性呈负相关，随着 H_2O_2 浓度的升高，ARPE-19 细胞活力逐渐下降（表 3-32）。

表 3-32　不同浓度过氧化氢对 ARPE-19 细胞活性的影响（$x\pm S$，$n=5$）

H_2O_2（微摩尔/升）	吸光度值（A490）
0	1.006±0.091
100	0.966±0.083
200	0.752±0.067*

（续）

H₂O₂ （微摩尔/升）	吸光度值 （A490）
400	0.560±0.094*
600	0.257±0.029*
800	0.096±0.011*
1 000	0.033±0.008*

*表示与空白对照组比较有统计学意义（$P<0.05$）。

IC_{50}的计算，改良寇式法：1克 $IC_{50}=Xm-I\,[P-(3-Pm-Pn)/4]$

式中，Xm 为1克最大剂量，I 为1克（最大剂量/相临剂量），P 为阳性反应率之和，Pm 为最大阳性反应率，Pn 为最小阳性反应率。求得 $IC_{50}=528.9$ 微摩尔/升。因此，本实验选择 500 微摩尔/升 H_2O_2 作为氧化损伤模型的适宜诱导浓度（表 3-33）。

细胞抑制率＝1－（试验组 OD 值/对照组 OD 值）×100%。

表 3-33 各过氧化氢浓度组 ARPE-19 细胞生长抑制率

H₂O₂ （微摩尔/升）	100	200	400	600	800	1 000
细胞抑制率	0.040	0.252	0.443	0.745	0.905	0.967

注：福建医科大学徐国兴等研究。

2. H_2O_2 不同作用时间对 ARPE-19 细胞活力的影响 MTT 检测细胞活性结果见表 3-34：终浓度为 500 微摩尔/升的 H_2O_2 作用 6 小时、12 小时、24 小时、48 小时与空白对照组相比，细胞活性差异有统计学意义（$P<0.05$），且细胞活性与作用时间的延长呈负相关，即作用时间越长，细胞活性越差；因为 6 小时组-空白组吸光度值（A490）和 24 小时组至 48 小时组吸光度值（A490）对比，差异均无统计学意义（$P>0.05$）。故选择 24 小时作为 H_2O_2 实验作用时间。

**表 3-34 5 500 微摩尔/升过氧化氢在不同作用时间下
对 ARPE-19 细胞活性的影响（$x\pm S$，$n=5$）**

作用时间 （小时）	吸光度值 （A490）
0	1.103±0.071
6	0.978±0.053
12	0.757±0.063*
24	0.460±0.064*
48	0.357±0.049*

注：福建医科大学徐国兴等研究。

（四）茶多酚对 ARPE-19 细胞增殖的影响

MTT 法测得茶多酚对 ARPE-19 细胞活性的结果如表 3-35 所示，与空白对照组相比，ARPE-19 细胞与不同浓度的茶多酚（1 毫克/毫升、2 毫克/毫升、4 毫克/毫升、

8 毫克/毫升、16 毫克/毫升）共培养，A490 均无明显差异，无统计学意义（$P>0.05$），可见增加茶多酚对 ARPE－19 细胞活力没有明显影响，也没有促进 ARPE－19 细胞增殖。

表 3-35　不同浓度 TP 对 ARPE－19 细胞活性的影响（$x\pm S$，$n=5$）

TP（毫克/毫升）	吸光度值（A490）
0	0.956±0.109
1	0.944±0.093
2	0.952±0.087
4	0.960±0.094
8	0.957±0.079
16	0.961±0.081

注：福建医科大学徐国兴等研究。

（五）茶多酚对 H_2O_2 氧化损伤 ARPE－19 细胞活性的影响

1. MTT 法测得茶多酚对 H_2O_2 氧化损伤 ARPE－19 细胞活性的影响　结果显示如表 3-36 所示，与空白对照组相比，TP＋H_2O_2 组 A 值有明显下降；与 H_2O_2 组相比，TP＋H_2O_2 各组 A 值均有所提高；TP（8 毫克/毫升）＋H_2O_2 组和 TP（16 毫克/毫升）＋H_2O_2 组与 H_2O_2 组差异有统计学意义（$P<0.05$）。表明茶多酚可以恢复过氧化氢造成的细胞活性减弱问题，随着茶多酚浓度的升高，吸光度值越高，细胞活性恢复越多。

表 3-36　不同浓度 TP 对 500 微摩尔/升 H_2O_2 氧化损伤
ARPE－19 细胞活性的影响（$x\pm S$，$n=5$）

TP（毫克/毫升）	吸光度值（A490）
空白对照组	0.956±0.109
H_2O_2	0.376±0.079
TP（1）＋H_2O_2	0.436±0.079
TP（2）＋H_2O_2	0.496±0.043
TP（4）＋H_2O_2	0.552±0.037
TP（8）＋H_2O_2	0.760±0.054*
TP（16）＋H_2O_2	0.617±0.079*

注：福建医科大学徐国兴等研究。

2. AnnexinV－FITC 检测 ARPE－19 细胞凋亡　运用流式细胞术检测各组细胞凋亡率，从表 3-37、图 3-31 可以看出：与正常对照组相比，H_2O_2 模型组的凋亡率明显升高，说明过氧化氢会损伤细胞，引起凋亡；茶多酚治疗组（TP＋H_2O_2 组）与 H_2O_2 模型组相比，凋亡率从（66.76±7.79）%下降至（28.15±5.79）%，下降显著，二者差异均具有统计学意义（$P<0.05$）。

表 3-37　流式细胞术检测各组细胞凋亡率

组别	细胞凋亡率（%）
正常对照组	7.56±1.89
H_2O_2 模型组	66.76±7.79*
TP+H_2O_2 组	28.15±5.79#

表示与 H_2O_2 模型组比较有统计学意义（$P<0.05$）。

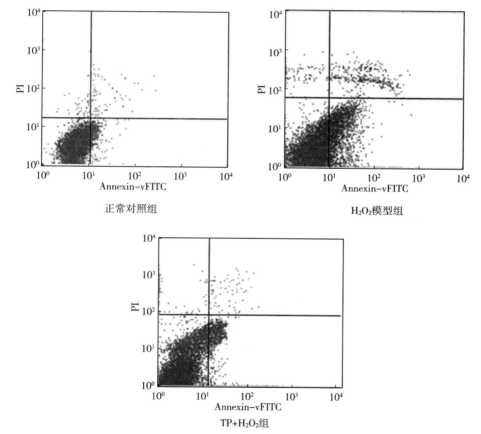

图 3-31　流式细胞术检测细胞［左下象限为活细胞，（FITC−/PI−）；右上象限为坏死
细胞，为（FITC+/PI+）；右下象限为凋亡细胞，为（FITC+/PI−）］
注：福建医科大学徐国兴等研究。

（六）茶多酚条件培养液对光及 H_2O_2 氧化损伤 RPE、ARPE-19 细胞 SOD 活性、MDA 含量的影响

在显微镜下，彻底取下 SD 大鼠视网膜神经上皮层作为视网膜片，并对其常规石蜡切片 HE 染色鉴定各层组织结构的完整性。①HE 染色显示所取的 SD 大鼠神经上皮层结构

完整。②电镜结果显示光损伤后的 SD 大鼠视网膜片结构损伤严重。③诱导 7～8 天后的 SD 大鼠 RPE 细胞置倒置相差显微镜下观察：条件培养液Ⅰ诱导组的细胞有较多突起，发生迁移并建立突触联系，而条件培养液Ⅱ及条件培养液Ⅲ只有少数细胞发生上述改变。

茶多酚对 H_2O_2 氧化损伤 ARPE-19 细胞 SOD 活性、MDA 含量的影响情况从表 3-38 中可知：H_2O_2 模型组 MDA 含量明显高于正常对照组，而 SOD 活性明显低于正常对照组；H_2O_2 模型组与 TP＋H_2O_2 组比较，后者 MDA 含量减少，SOD 活性升高，二者差异均具有统计学意义（$P<0.05$）（图 3-32）。

表 3-38　TP 对 H_2O_2 氧化损伤 ARPE-19 细胞 SOD 活性、
MDA 含量的影响（$x\pm S$，$n=3$）

组别	MDA	SOD
正常对照组	27.56±1.89	25.56±2.11
H_2O_2 模型组	66.56±3.79*	9.76±1.79*
TP＋H_2O_2 组	40.27±3.79#	21.05±1.89#

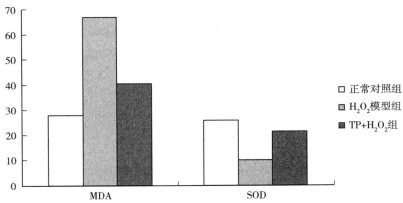

图 3-32　TP 对 H_2O_2 氧化损伤 ARPE-19 细胞氧化应激水平的影响

注：福建医科大学徐国兴等研究。

（七）拉曼光谱检测诱导视网膜 RPE 微环境的蛋白差异

研究发现视网膜 RPE 诱导后的 MSC 分泌功能减弱，表现为全波数峰值均下降，尤其在 1 444 厘米$^{-1}$* 和 1 658 厘米$^{-1}$处的峰值明显低于对照组，1 444 厘米$^{-1}$和 1 658 厘米$^{-1}$处 MSC 培养液拉曼峰值分别为 7 795 和 7 464，而诱导后的 MSC 培养液 1 444 厘米$^{-1}$和 1 658 厘米$^{-1}$处拉曼峰值为 5 377 和 4 383，说明 MSC 从分泌功能旺盛的干细胞转化成相对成熟的细胞（图 3-33、彩图 3-12 至彩图 3-15、表 3-39）。

＊ 厘米$^{-1}$：光谱学中波长单位，波长数是波长的倒数，即每厘米中波的个数。

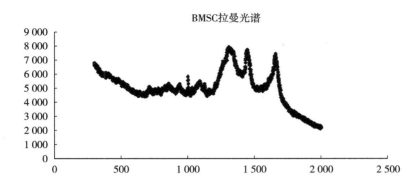

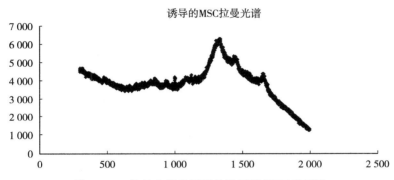

图 3 - 33　拉曼光谱检测诱导视网膜 RPE 微环境

注：福建医科大学徐国兴等研究。

表 3 - 39　质谱鉴定的 32 个诱导后视网膜微环境蛋白质点的相关信息

蛋白质点识别号	英文蛋白名	中文蛋白名	表达	蛋白归属
227	zyxin	斑联蛋白	↓	细胞骨架相关蛋白
381	zyxin	斑联蛋白	↓	细胞骨架相关蛋白
366	NAG22	NAG22 蛋白	↓	细胞骨架相关蛋白
367	NAG22	NAG22 蛋白	↓	细胞骨架相关蛋白
369	NAG22	NAG22 蛋白	↓	细胞骨架相关蛋白
376	NAG22	NAG22 蛋白	↓	细胞骨架相关蛋白
1141	beta tropomyosin	β 原肌球蛋白	↓	细胞骨架相关蛋白
1513	keratin 1	β 角蛋白 1	↓	细胞骨架相关蛋白
379	prelam in-A/C isoform 1 precursor	核纤层蛋白 A/C 亚型 1 前体	↓	细胞骨架相关蛋白
1146	tropomyosin alpha - 4 chain isoform 1	原肌球蛋白 α - 4 链亚型 1	↓	细胞骨架相关蛋白
1687	myosin, light polypeptide 6, alkali, smooth muscle and non-muscle, isoform CRA - d	肌球蛋白，轻链 6，碱性，平滑肌，亚型	↑	细胞骨架相关蛋白
351	stress-mduced-phosphoprotein 1	压力感应磷蛋白 1＝STIP1	↓	分子伴侣

（续）

蛋白质点 识别号	英文蛋白名	中文蛋白名	表达	蛋白归属
1641	mitochondrial heat shock 60kD protein 1 variant 1	线粒体的热休克 60KD 蛋白质 1 变异体 1	↑	分子伴侣
675	T-complex protein 1 subunit beta isoform 2	T-复合蛋白质 1 亚基亚型 2	↓	分子伴侣
1383	cathepsin D preproprotein	组织蛋白酶 D 前蛋白原	↓	能量代谢的激酶类
1070	PREDICTED：gelsolin-like capping protein isoform 9	假设（肌动蛋白）凝溶胶蛋白样成帽蛋白亚型 9	↑	其他蛋白
403	unnamed protein product	未命名蛋白产物	↓	其他蛋白
400	PREDICTED：hypothetical protein isoform 4	假设蛋白亚型 4	↑	其他蛋白
395	unnamed protein product	未命名蛋白产物	↑	其他蛋白
1393	cathepsin D preproprotein	组织蛋白酶 D 前蛋白原	↓	能量代谢的激酶类
1395	glutathione S-transferase omega－1 isoform 1	谷胱甘肽 S-转移酶∞-1 亚型 1	↑	能量代谢的激酶类
1888	alpha－2－macroglobulin	α-2-巨球蛋白	↑	能量代谢的激酶类
1888（2）	alpha－2－macroglobulin	α-2-巨球蛋白	↑	能量代谢的激酶类
1025	Cytochrome b-c1 complex subunit 1，mitochondrial	线粒体的细胞色素 B-C$_1$ 复合亚基 1	↓	能量代谢的激酶类
1491	cathepsin B	组织蛋白酶 B	↓	能量代谢的激酶类
850	thioredoxin domain-containing protein 5 isoform 3	含硫氧还蛋白域蛋白质 5 亚型 3	↑	能量代谢的激酶类
945	GDP dissociation inhibitor 2，isoform CRA_a	GDP 解离抑制因子 2，亚型 CRA-a	↑	细胞信号转导相关蛋白
1533	Chain A，Temary Complex Of An Crk Sh2 Domain Crk-Derived Phophopeptide，And Abl Sh3 Domain By Nmr Spectroscopy	p38	↓	细胞信号转导相关蛋白
1248	Chain C，Human Pcna	人类增殖细胞核抗原 C 链	↓	细胞增殖、分化和凋亡相关蛋白
986	Chain A，Bm－40，FsEC DOMAIN PAIR	SPARC	↓	细胞增殖、分化和凋亡相关蛋白
964	reticulocalbin－1 prectrsor	内质网钙结合蛋白-1 前体	↓	钙结合蛋白和离子通道
1032	reticulocalbin－1 precursor	内质网钙结合蛋白-1 前体	↓	钙结合蛋白和离子通道
1344	EF-hand domain-containing protein D2	含 EF 手型结构域蛋白质 D2	↑	钙结合蛋白和离子通道

注：福建医科大学徐国兴等研究。

（八）对 EAU 大鼠视网膜 IFN－γ、IL17 表达的影响

采用免疫组化学 S-P 法染色，DAB 显色。

光镜下观察免疫组织化学染色切片，抗 IFN－γ、IL17 抗体染色阳性的细胞表现为程度不同、黄色至棕黄色胞浆或细胞核着染的反应产物，反之则染色阴性（表 3－34、表 3－35）。判断标准：400×镜下 HP，随机选取 10 个，依据阳性细胞染色浓度和所占比例进行评分。显色程度评分：0 分——无色，1 分——浅黄，2 分——黄色至棕黄色，3 分——深棕；阳性细胞比例评分：1 分——小于 20%，2 分——20% 至 50%，3 分——50% 以上。将以上两项得分相加，可分为 4 个等级：细胞结构清晰无显色：（－）阴性，1～2 分为弱阳性（＋）、2～3 分为阳性（＋＋）、大于等于 4 分为强阳性（＋＋＋）。模型组大鼠眼球组织切片在虹膜、睫状体和视网膜组织中可见大量 IFN－γ 和 IL－17 呈阳性表达，IFN－γ 和 IL－17 表达免疫组化阳性信号为棕黄色，位于胞浆中（表 3－40、表 3－41）。在正常对照未见明显阳性染色。在 XZ 各剂量组和地塞米松组中 IFN－γ 和 IL－17 阳性细胞的表达明显较模型组均降低，评分比较差异有显著性（$P < 0.05$）。

表 3－40　X 对 EAU 大鼠视网膜 IFN－γ 表达的影响

组别	标本数	IFN－γ			总阳性数	阳性率（%）
	8 只 16 眼	＋	＋＋	＋＋＋		
正常组	16	0	0	0	0	0.0
模型组第 12 天	16	0	2	14	16	100
模型组第 20 天	16	0	3	9	12	75.0
XZ6 毫克/千克	16	2	3	1	6	37.5
XZ12 毫克/千克	16	3	1	0	4	25.0
地塞米松组	16	2	1	0	3	18.8

表 3－41　X 对 EAU 大鼠视网膜 IL－17 表达的影响

组别	标本数	IL－17			总阳性数	阳性率（%）
	8 只 16 眼	＋	＋＋	＋＋＋		
正常组	16	1	0	0	0	0.0
模型组第 12 天	16	1	1	14	16	100
模型组第 20 天	16	1	2	8	11	68.8
XZ6 毫克/千克	16	3	2	0	6	37.5
XZ12 毫克/千克	16	3	1	0	4	25.0
地塞米松组	16	1	2	0	3	18.8

注：福建医科大学徐国兴等研究。

实验研究证实，乌龙茶功能成分茶多酚对大鼠视网膜病变具有保护作用。

三、乌龙茶活性功能成分的护肤作用

（一）乌龙茶茶叶香气形成的影响因素

1. 茶叶香气 GC/GC-MS 检测

红茶、绿茶和乌龙茶在香气成分的差别：实验采用顶空固相微萃取法提取茶叶的香气，并通过 GC-MS 检测其香气的组成成分，得到的 3 个茶样的质谱总离子图见图 3-34 至图 3-36。

绿茶中的主要香气物质有 23 种，共占总相对含量的 50.39%，其中含量较多物质有：（一）-异长叶醇 8.72%、十七烷 4.81%、十八烷 4.6%、2-甲基-萘 3.32%、2，5-二甲基环己醇 3.20%、丙烯 2-丁酸乙酯 3.20%。

红茶中的主要香气物质有 30 种，共占总相对含量的 57.23%，其中含量较多物质有：癸醛 3.51%、4-（2，6，6 三甲基环己烯-1-1-基）3-丁烯-2-酮 7.52%、叔十六烷 13.55%、十四烷 7.75%、棕榈酸异丙酯 4.19%。

乌龙茶茶中的主要香气物质有 23 种，共占总相对含量的 59.31%，其中含量较多物质有：环己醇 4.24%、精氨酸 5.99%、己酸 3.98%、乙酸 4.92%、2，4，4-三甲基-3-（3-甲基丁基）环己-2-烯酮 18.01%、苯并呋喃 5.13%。

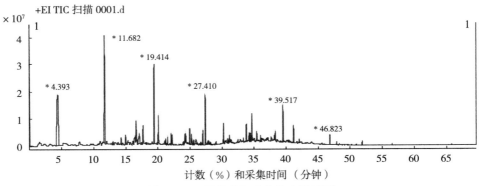

图 3-34　绿茶香气成分总离子流图

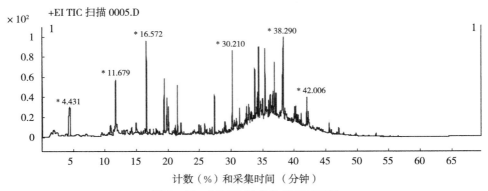

图 3-35　红茶香气成分总离子流图

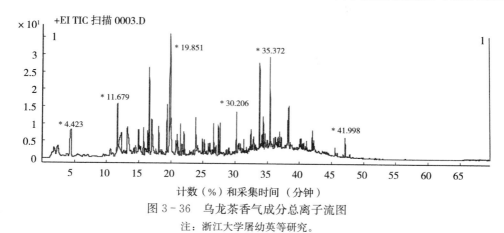

图 3-36　乌龙茶香气成分总离子流图
注：浙江大学屠幼英等研究。

在《茶叶生物化学》上，共将茶叶香气成分分为 11 大类，其中包括碳氢化合物、醇类化合物、醛类化合物、酮类化合物、酯类化合物、内酯类化合物、酸类化合物、酚类及其衍生物、杂氧化合物、含硫化合物、含氮化合物等共 11 种。将本实验的茶样中检测到的香气按这几大类分类，其结果如表 3-42 所示。

表 3-42　样品中各组分的相对含量（%）

香气成分	绿茶	红茶	乌龙茶
碳氢化合物	5.53	2.93	22.98
醇类	11.92	9.31	5.93
醛类	3.49	1.66	5.52
酮类	0.00	20.87	9.83
酯类	4.40	3.42	7.83
酸类	3.90	9.32	0.00
酚类	0.00	0.00	0.00
杂氧化合物	2.40	5.13	5.13
含硫化合物	0.00	0.00	0.00
含氮化合物	0.00	6.68	0.00
总含量	54.14	59.31	57.23

注：浙江大学屠幼英等研究。

表 3-42 中反应的是 3 个样品中的每一组分物质的含量，结合这两张表可以看出哪一类物质在茶样中占据主导及重要地位。从表 3-42 中我们可以得到以下结果：得到绿茶的香气成分比红茶和乌龙茶的少，含量也较低。在绿茶的香气中，以醇类物质、酯类物质、碳氢化合物为主，醇类物质占总含量的 11.92%，酯类物质和碳氢化合物分别占了 4.40% 和 5.53%；红茶中占主导的组分是酮类、醇类和酸类物质，分别占了 20.87%、9.31% 和 9.32%；在乌龙茶的香气中，以碳氢化合物、酮类物质、酯类物质为主，碳氢化合物占总含量的 22.98%，酮类物质和酯类物质分别占了 9.83% 和 7.83%。

2. 不同烘焙时间对茶叶香气总量的影响 控制定量茶叶种类为乌龙茶，烘焙温度为60℃，控制变量时间为30～150分钟，通过 GC 分析，得出茶叶香气总量随着时间因素的变化（图 3 - 37），将得到的数据通过 SPSS7.0 拟合曲线，得到图 3 - 38 和表 3 - 43。

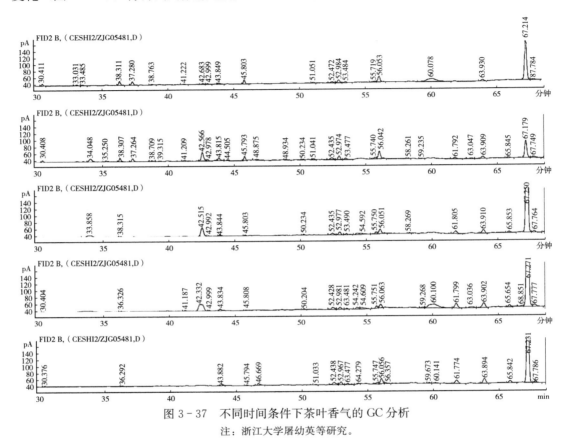

图 3 - 37　不同时间条件下茶叶香气的 GC 分析

注：浙江大学屠幼英等研究。

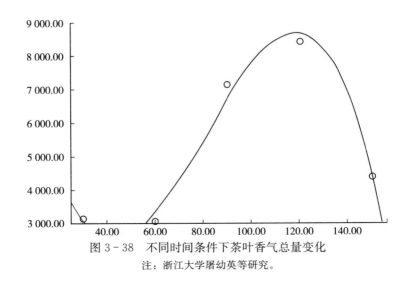

图 3 - 38　不同时间条件下茶叶香气总量变化

注：浙江大学屠幼英等研究。

表 3-43　模型汇总和参数估计值

方程	模型汇总					参数估计值			
	R方	F	df₁	df₂	Sig.	常数	b₁	b₂	b₃
三次	0.989	29.777	3	1	0.134	10 801.541	−443.766	7.064	−0.029

注：浙江大学屠幼英等研究。

从拟合曲线中可以看出随着时间的增加，茶叶香气物质总量先经过平稳期，随后总量极速上升，120 分钟香气物质总量达到峰值，随后香气总量开始下降。

3. 不同烘焙温度对茶叶香气总量的影响　控制定量茶叶种类为乌龙茶，烘焙时间为 90 分钟，控制变量温度为 30～90℃，通过 GC 分析，得出茶叶香气总量随着时间因素的变化（图 3-39），将得到的数据通过 SPSS7.0 拟合曲线，得到图 3-40 和表 3-44。

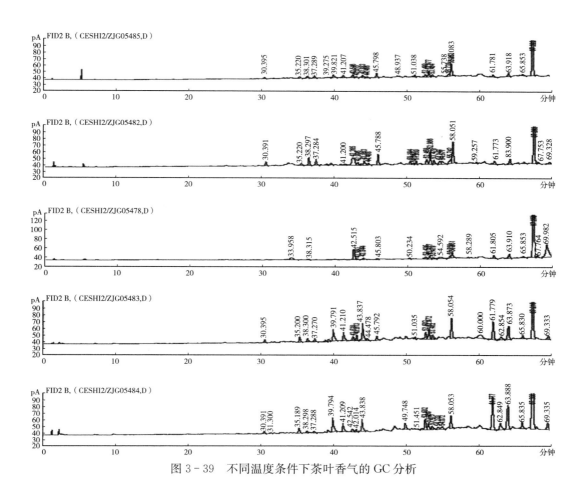

图 3-39　不同温度条件下茶叶香气的 GC 分析

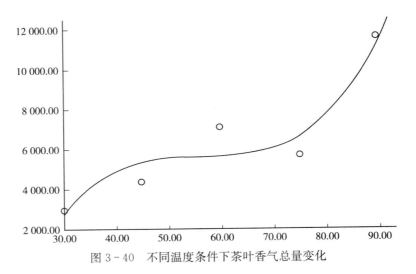

图 3 - 40　不同温度条件下茶叶香气总量变化

表 3 - 44　模型汇总和参数估计值

方程	模型汇总					参数估计值			
	R 方	F	df₁	df₂	Sig.	常数	b₁	b₂	b₃
三次	0.911	3.396	3	1	0.375	−21 985.863	1 452.567	−25.529	0.150

注：浙江大学屠幼英等研究。

从拟合曲线中可以看出随着温度的增加，茶叶香气物质总量在 50℃ 左右进入平稳期，70℃ 左右总量开始上升。

（二）茶叶香气成分的护肤作用条件

1. 不同茶叶香气成分对面部皮肤的护肤作用　控制茶叶烘焙时间为 90 分钟，温度为 60℃，测量受试者在受试前后皮肤指标的变化，计算得出其变化百分比（表 3 - 45）。从图 3 - 41 上可知通过茶叶嗅吸处理前后受试者皮肤指标的变化，可知皮肤指标中，油分指标 6～8 为正常，水分指标为 >10，色素指标为 21～29，弹性指标为 >50，胶原蛋白纤维

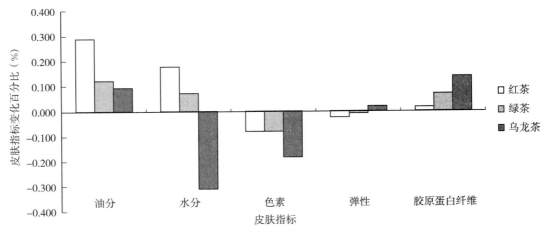

图 3 - 41　不同茶类对面部皮肤的护肤作用-变化百分比

指标为＞65，从图3-41中可看出茶叶香气处理后受试者面部皮肤油分增加，其中红茶影响最大，绿茶次之，乌龙茶影响最小；水分基本增加，红茶影响作用大于绿茶，而乌龙茶处理后水分下降；色素普遍降低其中以乌龙茶的作用最大，红茶和绿茶次之；乌龙茶处理后弹性增加，而红茶、绿茶处理弹性略有降低；胶原蛋白纤维普遍增加，影响作用乌龙茶＞绿茶＞红茶，可得出结论在一定程度上茶叶香气处理可以对面部皮肤有积极作用。

表3-45　不同茶类对面部皮肤的护肤作用-变化百分比

皮肤指标	红茶（％）	绿茶（％）	乌龙茶（％）
油分 u_1	0.288A	0.122A	0.093B
水分 u_2	0.177A	0.072B	−0.309E
色素 u_3	−0.081B	−0.079B	−0.183A
弹性 u_4	−0.024E	−0.009D	0.020A
胶原蛋白纤维 u_5	0.017E	0.067C	0.135A

注：在 $P<0.05$ 水平下，同一列数值后的相同字母表示达到显著性差异。

U＝$\{u_1、u_2、u_3、u_4、u_5\}$ 为皮肤指标，权重 A＝（0.1，0.15，0.25，0.25，0.25），由表3-46中所述数据对 u_1、u_2、u_3、u_4、u_5 的模糊评判建立单因素评判矩阵，如下：

表3-46　面部护肤作用的茶类单因素评价

皮肤指标	红茶	绿茶	乌龙茶
油分 u_1	(1, 0, 0, 0, 0)	(1, 0, 0, 0, 0)	(0, 1, 0, 0, 0)
水分 u_2	(1, 0, 0, 0, 0)	(0, 1, 0, 0, 0)	(0, 0, 0, 0, 1)
色素 u_3	(0, 1, 0, 0, 0)	(0, 1, 0, 0, 0)	(1, 0, 0, 0, 0)
弹性 u_4	(0, 0, 0, 0, 1)	(0, 0, 0, 1, 0)	(1, 0, 0, 0, 0)
胶原蛋白纤维 u_5	(0, 0, 0, 0, 1)	(0, 0, 1, 0, 0)	(1, 0, 0, 0, 0)

注：浙江大学屠幼英等研究。

由以上单因素评判，可诱导出模糊关系：

$$R_1=\begin{pmatrix}1&0&0&0&0\\1&0&0&0&0\\0&1&0&0&0\\0&0&0&0&1\\0&0&0&0&1\end{pmatrix};\ R_2=\begin{pmatrix}1&0&0&0&0\\0&1&0&0&0\\0&1&0&0&0\\0&0&0&1&0\\0&0&1&0&0\end{pmatrix};\ R_3=\begin{pmatrix}0&1&0&0&0\\0&0&0&0&1\\1&0&0&0&0\\1&0&0&0&0\\1&0&0&0&0\end{pmatrix};$$

用模型 M（∧，∨）计算，得

$B_1=A_1 \cdot R_1＝$（0.25，0.25，0，0，0.5）；

$B_2=A_2 \cdot R_2＝$（0.1，0.4，0.25，0.25，0）；

$B_3=A_3 \cdot R_3＝$（0.75，0.1，0，0，0.15）；

另外，我们规定A级得100分，B级得80分，C级得60分，D级得40分，E级得

20分，则各条件护肤指标得分如表3-47所示。

表3-47　不同茶类茶叶香气对面部皮肤的护肤作用

茶类	绿茶	红茶	乌龙茶
总得分	55	67	86

综上可知，茶叶香气处理后受试者面部皮肤油分增加，水分基本增加，色素普遍降低，弹性有增加，胶原蛋白纤维普遍增加，在一定程度上茶叶香气处理可以对面部皮肤有积极作用。

绿茶、红茶、乌龙茶中，乌龙茶对面部皮肤的护肤作用得分最高，红茶次之，绿茶影响作用最小，可得出结论乌龙茶茶叶香气的护肤作用最佳。

通过比较不同茶叶香气的影响作用大小，选择影响最大的茶类即乌龙茶进行后续实验。

2. 茶叶香气面部护肤的最佳时间条件　控制茶叶种类为乌龙茶，烘焙温度为60℃，控制变量时间为30~150分钟，测量受试者在受试前后皮肤指标的变化，计算得出其变化百分比（表3-48）。

表3-48　不同时间条件面部护肤作用-变化百分比

皮肤指标	30分钟（%）	60分钟（%）	90分钟（%）	120分钟（%）	150分钟（%）
油分 u_1	0.198A	0.177A	0.093B	−0.004D	0.076B
水分 u_2	−0.206E	−0.287E	−0.309E	−0.363E	0.129B
色素 u_3	−0.184A	−0.133B	−0.183A	−0.206A	0.057D
弹性 u_4	−0.130E	−0.035E	0.020A	−0.055D	0.062A
胶原蛋白纤维 u_5	0.017E	0.076B	0.135A	0.087A	0.053B

注：在 $P<0.05$ 水平下，同一列数值后的相同字母表示达到显著性差异；浙江大学屠幼英等研究。

$U=\{u_1, u_2, u_3, u_4, u_5\}$ 为皮肤指标，权重 $A=(0.1, 0.15, 0.25, 0.25, 0.25)$，由表3-49中所述数据对 u_1, u_2, u_3, u_4, u_5 的模糊评判建立单因素评判矩阵，如下：

表3-49　面部护肤作用的时间单因素评价

皮肤指标	30	60	90	120	150
油分 u_1	(1, 0, 0, 0, 0)	(1, 0, 0, 0, 0)	(0, 1, 0, 0, 0)	(0, 0, 0, 1, 0)	(0, 1, 0, 0, 0)
水分 u_2	(0, 0, 0, 0, 1)	(0, 0, 0, 0, 1)	(0, 0, 0, 0, 1)	(0, 0, 0, 0, 1)	(0, 1, 0, 0, 0)
色素 u_3	(1, 0, 0, 0, 0)	(0, 1, 0, 0, 0)	(1, 0, 0, 0, 0)	(1, 0, 0, 0, 0)	(0, 0, 0, 1, 0)
弹性 u_4	(0, 0, 0, 0, 1)	(0, 0, 0, 0, 1)	(1, 0, 0, 0, 0)	(0, 0, 0, 1, 0)	(1, 0, 0, 0, 0)
胶原蛋白纤维 u_5	(0, 0, 0, 0, 1)	(0, 1, 0, 0, 0)	(1, 0, 0, 0, 0)	(1, 0, 0, 0, 0)	(0, 0, 0, 1, 0)

注：浙江大学屠幼英等研究。

由以上单因素评判，可诱导出模糊关系：

$$R_4 = \begin{pmatrix} 1 & 0 & 0 & 0 & 0 \\ 0 & 0 & 0 & 0 & 1 \\ 1 & 0 & 0 & 0 & 0 \\ 0 & 0 & 0 & 0 & 1 \\ 0 & 0 & 0 & 0 & 1 \end{pmatrix}; \quad R_5 = \begin{pmatrix} 1 & 0 & 0 & 0 & 0 \\ 0 & 0 & 0 & 0 & 1 \\ 0 & 1 & 0 & 0 & 0 \\ 0 & 0 & 0 & 0 & 1 \\ 0 & 1 & 0 & 0 & 0 \end{pmatrix}; \quad R_6 = \begin{pmatrix} 0 & 1 & 0 & 0 & 0 \\ 0 & 0 & 0 & 0 & 1 \\ 1 & 0 & 0 & 0 & 0 \\ 1 & 0 & 0 & 0 & 0 \\ 1 & 0 & 0 & 0 & 0 \end{pmatrix};$$

$$R_7 = \begin{pmatrix} 0 & 0 & 0 & 1 & 0 \\ 0 & 0 & 0 & 0 & 1 \\ 1 & 0 & 0 & 0 & 0 \\ 0 & 0 & 0 & 1 & 0 \\ 1 & 0 & 0 & 0 & 0 \end{pmatrix}; \quad R_8 = \begin{pmatrix} 0 & 1 & 0 & 0 & 0 \\ 0 & 1 & 0 & 0 & 0 \\ 0 & 0 & 0 & 1 & 0 \\ 1 & 0 & 0 & 0 & 0 \\ 0 & 0 & 0 & 1 & 0 \end{pmatrix};$$

用模型 M（∧，∨）计算，得

$B_4 = A_4 \circ R_4 = (0.35, 0, 0, 0, 0.65)$；

$B_5 = A_5 \circ R_5 = (0.1, 0.5, 0, 0, 0.4)$；

$B_6 = A_6 \circ R_6 = (0.75, 0.1, 0, 0, 0.15)$；

$B_7 = A_7 \circ R_7 = (0.5, 0, 0, 0.35, 0.15)$；

$B_8 = A_8 \circ R_8 = (0.25, 0.25, 0, 0.5, 0)$；

另外，我们规定 A 级得 100 分，B 级得 80 分，C 级得 60 分，D 级得 40 分，E 级得 20 分，则各条件面部护肤指标得分如表 3-50 所示。

表 3-50 不同时间条件下乌龙茶香气的面部护肤作用

时间（分钟）	30	60	90	120	150
总得分	48	58	86	67	65

综上可知：不同时间条件下，茶叶香气对面部皮肤均有护肤作用，随着时间的增加，护肤作用的影响呈现先增加后减少的趋势，其中 90 分钟时对面部皮肤的护肤作用得分最高，即当烘焙时间为 90 分钟时茶叶香气的护肤作用最佳。

通过比较不同时间下茶叶香气的影响作用大小，选择最佳条件时间即 90 分钟进行后续实验。

3. 茶叶香气面部护肤的最佳温度条件 控制茶叶种类为乌龙茶，烘焙时间为 90 分钟，控制变量温度为 30~75℃，测量受试者在受试前后皮肤指标的变化，计算得出其变化百分比（表 3-51）。

表 3-51 不同温度条件面部护肤作用-变化百分比

皮肤指标	30℃（%）	45℃（%）	60℃（%）	75℃（%）
油分 u_1	0.023B	0.293A	0.093B	0.209A
水分 u_2	0.800A	0.246A	−0.309E	0.313A
色素 u_3	0.384E	0.246E	−0.183A	−0.052B
弹性 u_4	0.190B	0.058A	0.020A	0.057A
胶原蛋白纤维 u_5	−0.003E	−0.024E	0.135A	0.057D

注：在 $P < 0.05$ 水平下，同一列数值后的相同字母表示达到显著性差异。

U＝{u₁，u₂，u₃，u₄，u₅} 为皮肤指标，权重 A ＝（0.1，0.15，0.25，0.25，0.25），由表 3－52 中所述数据对 u_1，u_2，u_3，u_4，u_5 的模糊评判建立单因素评判矩阵，如下：

表 3－52　面部护肤作用的温度单因素评价

皮肤指标	30	45	60	75
油分 u_1	（0，1，0，0，0）	（1，0，0，0，0）	（0，1，0，0，0）	（1，0，0，0，0）
水分 u_2	（1，0，0，0，0）	（1，0，0，0，0）	（0，0，0，0，1）	（1，0，0，0，0）
色素 u_3	（0，0，0，0，1）	（0，0，0，0，1）	（1，0，0，0，0）	（0，1，0，0，0）
弹性 u_4	（0，1，0，0，0）	（1，0，0，0，0）	（1，0，0，0，0）	（1，0，0，0，0）
胶原蛋白纤维 u_5	（0，0，0，0，1）	（0，0，0，0，1）	（1，0，0，0，0）	（0，0，0，1，0）

注：浙江大学屠幼英等研究。

由以上单因素评判，可诱导出模糊关系：

$$R_9=\begin{pmatrix}0&1&0&0&0\\1&0&0&0&0\\0&0&0&0&1\\0&1&0&0&0\\0&0&0&0&1\end{pmatrix}; \quad R_{10}=\begin{pmatrix}1&0&0&0&0\\1&0&0&0&0\\0&0&0&0&1\\1&0&0&0&0\\0&0&0&0&1\end{pmatrix};$$

$$R_{11}=\begin{pmatrix}0&1&0&0&0\\0&0&0&0&1\\1&0&0&0&0\\1&0&0&0&0\\1&0&0&0&0\end{pmatrix}; \quad R_{12}=\begin{pmatrix}1&0&0&0&0\\1&0&0&0&0\\0&1&0&0&0\\1&0&0&0&0\\0&0&0&1&0\end{pmatrix};$$

用模型 M（∧，∨）计算，得

$B_9=A_9 \circ R_9 =$（0.15，0.35，0，0，0.5）；

$B_{10}=A_{10} \circ R_{10} =$（0.5，0，0，0，0.5）；

$B_{11}=A_{11} \circ R_{11} =$（0.75，0.1，0，0，0.15）；

$B_{12}=A_{12} \circ R_{12} =$（0.5，0.25，0.25，0，0）；

另外，我们规定 A 级得 100 分，B 级得 80 分，C 级得 60 分，D 级得 40 分，E 级得 20 分，则各条件护肤指标得分如表 3－53 所示。

表 3－53　不同温度条件下茶叶乌龙茶香气的面部护肤作用

温度（℃）	30	45	60	75
总得分	53	60	86	85

综上可知：不同温度条件下，茶叶香气对面部皮肤均有护肤作用，随着温度升高影响作用变大，60℃和 75℃影响作用差异不大，对面部皮肤的护肤作用得分最高，可得出结论当烘焙温度为 60℃时茶叶香气的护肤作用最佳。

4. 空白对照组　本实验组的设置是为了排除环境温度和时间对变量的影响。设置受试者在无茶叶情况下以 60℃、90 分钟条件进行实验，检测受试前后皮肤指标的变化。计算得出其变化百分比（表 3 - 54）。

表 3 - 54　空白对照组面部护肤作用-受试前后

皮肤指标	受试前	受试后
油分 u_1	8.57	8.50
水分 u_2	13.86	9.00
色素 u_3	39.43	27.38
弹性 u_4	47.71	36.13
胶原蛋白纤维 u_5	77.86	68.75

注：浙江大学屠幼英等研究。

计算得到 $P = 0.408\ 6$，在 $P > 0.05$ 水平下，同一列数值后的相同字母表示没有显著性差异。

综上可知：实验数据表现出在受试前后面部皮肤指标没有显著性差异，说明在无茶叶、60℃、90 分钟的条件下，皮肤面部指标没有显著性变化，即排除了环境温度和时间对面部皮肤的影响。

（三）茶提取物对 B16 黑色素瘤细胞内黑色素合成总量的影响

表 3 - 55 为不同茶提取物及维生素 C 对 B16 黑色素瘤细胞中黑色素合成总量的影响，结果表明均能显著抑制细胞内黑色素总量的合成，随处理浓度的升高，黑色素合成量显著降低，即茶提取物及维生素 C 均与黑色素总量之间呈显著的浓度依赖性。当 EGCG、TF40 组、TF1 组的质量浓度达到 80 微克/毫升时，黑色素总量仅为对照的（39.91±6.88）%、（48.71±6.93）%、（23.10±3.49）%；而当维生素 C 质量浓度达到 300 微克/毫升时，黑色素总量为对照的（37.72±2.65）%。由此可知，从黑色素合成总量考虑，TF1 组的效果最突出，TF40 组和 EGCG 次之，维生素 C 的效果最弱。

表 3 - 55　茶提取物及维生素 C 对 B16 黑色素瘤细胞中黑色素合成总量的影响

处理	茶提取物及维生素 C 质量浓度（微克/毫升）					
	0（0）	5（10）	10（50）	40（100）	80（200）	120（300）
EGCG	100[a]	104.82±5.71[a]	85.52±5.82[b]	63.73±3.74[c]	39.91±6.88[d]	18.45±5.01[e]
TF40 组	100[a]	97.36±4.11[a]	65.26±2.19[b]	57.35±3.85[c]	48.71±6.93[d]	17.41±1.55[e]
TF1 组	100[a]	92.72±7.49[a]	61.21±4.14[b]	46.55±3.86[c]	23.10±3.49[d]	15.37±0.98[e]
维生素 C	100[a]	94.49±4.07[b]	80.61±4.16[c]	69.23±3.54[d]	51.81±3.11[e]	37.72±2.65[f]

注：浙江大学屠幼英等研究。

综上可知：通过皮肤测定在经过茶叶香气处理前后的面部皮肤指标变化，可以看出茶叶香气处理后受试者面部皮肤油分增加，其中红茶影响最大，绿茶次之，乌龙茶影响最小；水分基本增加，红茶影响作用大于绿茶，而乌龙茶处理后水分下降；色素普遍降低其中以乌龙茶的作用最大，红茶和绿茶次之；乌龙茶处理后弹性增加，而红茶、绿茶处理弹性略有降低；胶原蛋白纤维普遍增加，影响作用乌龙茶＞绿茶＞红茶，可得出结论在一定程度上茶叶香气处理可以对面部皮肤有积极作用。

采用模糊评价分析法对不同种类茶叶香气对面部皮肤指标的影响作用进行综合评价，最终得到乌龙茶茶叶香气护肤作用评分为 86 分，红茶香气护肤作用评分为 67 分，绿茶香气护肤作用评分为 55 分，得到结论乌龙茶茶叶香气的面部护肤作用最佳。

采用模糊评价分析法对不同时间条件下茶叶香气对面部皮肤指标的影响作用进行综合评价，最终得到随着时间的增加，护肤作用的分数呈现先增加后减少的趋势，其中 90 分钟时对面部皮肤的护肤作用得分最高，分数为 86 分。可以得出结论，90 分钟为最佳时间条件。

采用模糊评价分析法对不同温度条件茶叶香气对面部皮肤指标的影响作用进行综合评价，最终得到随着温度升高分数变大，60℃和 75℃分数差异不大，其中 60℃时茶叶香气对面部皮肤的护肤作用得分最高，分数为 86 分。可以得出结论，60℃为最佳温度条件。

使用 GC 分析不同时间条件下茶叶香气物质的总量的变化，随着时间的增加，茶叶香气物质总量先经过平稳期，60 分钟后总量极速上升，120 分钟达到峰值，随后香气总量开始下降。

使用 GC 分析不同温度条件下茶叶香气物质的总量的变化，随着温度的增加，茶叶香气物质总量在 50℃左右进入平稳期，70℃左右总量开始上升。

茶叶香气对面部皮肤指标的影响实验与 GC/GC-MS 分析茶叶香气含量的实验对比分析，可以看出在茶叶香气总量相对丰富的条件与茶叶香气对面部护肤作用的最佳条件：茶叶种类乌龙茶，温度 60℃，时间 90 分钟有一定的重合度，即当茶叶散发出达到最大的香气物质时，它的面部护肤功效达到最大。

实验得到茶叶香气对面部护肤作用的最佳条件：茶叶种类乌龙茶，温度 60℃，时间 90 分钟。

茶黄素和 EGCG 能抑制黑色素瘤细胞合成黑色素。

第六节　乌龙茶香气安神产品和天然染色剂产品的研发

一、乌龙茶香气的抗抑郁作用及相关产品研发

（一）香薰处理对小鼠安静指数与屎量的影响

乌龙茶香薰处理对小鼠安静指数与屎量的影响如表 3-56、图 3-42。

表 3-56　乌龙茶香薰实验期间小鼠活跃程度

日期	3.10		3.11			3.12			3.13			3.14		
	60	100	10	40	70	15	35	65	15	30	45	15	30	45
空1	4.5	6	0	5	5.5	2.5	5	6	3.5	6	5.5	1	5	5.5
空2	5.5	5	0	5.5	6	3	3.5	6	4	5.5	6	2	5	6

（续）

日期	3.10		3.11			3.12			3.13			3.14		
	60	100	10	40	70	15	35	65	15	30	45	15	30	45
香1	6	5.5	0	4.5	5	2	4	5.5	4	5.5	5.5	3	6	6
香2	3	4.5	0	2	5.5	0	2	6	1.5	2	4	0	2	3.5

注：① "空1、空2、香1、香2"分别代表空白1组、空白2组、香薰实验1组、香薰实验2组；② "3.10、3.11、3.12、3.13、3.14"表示实验日期；③表中 "60、100……"分别表示当天香薰实验进行 "60分钟、100分钟……"时，单位皆为分钟；④表中 "4.5、6、0、5……"为安静指数主观评价数值；⑤安静指数数据的确定为，一笼6只小鼠，若6只小鼠皆处于睡眠状态，则安静指数为6；若6只小鼠皆处于活动状态，则安静指数为0。观察时间为2分钟。

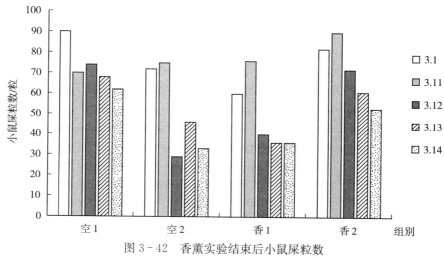

图3-42　香薰实验结束后小鼠屎粒数

注：浙江大学屠幼英等研究。

经过乌龙茶香气处理小鼠，后几天小鼠安静下来所需时间明显较开始几天缩短，对陌生环境已经适应；安静指数体现日常观察表明，香2小鼠较为躁动，较难安静下来，空1、空2、香1小鼠状态比较相近。

屎量可以反映小鼠的活动量和紧张程度等综合状况。从屎量来看，空2与香1相近；空1与香2相近。香2屎量下降较明显，疑似香气的镇定作用。

结合安静指数和屎量。安静指数表现为香2的活动量更大，空1、空2、香1活动量相近，然而空1和香2的屎量却相近。推测空1小鼠较易紧张。

（二）香薰处理对小鼠睡觉位置的影响

乌龙茶香薰处理对小鼠睡觉位置的影响如表3-57。

观察通香气后，不同鼠笼因为香气量大小会影响小鼠睡觉位置。小鼠是扎堆睡觉的，从最后睡觉的位置来看，空2和香1的小鼠每次基本扎堆在相同的位置，而空1和香2扎堆睡觉的位置每次都有所变化。表现为空2和香1性情较为慵懒、安静，而空1和香2性情较为躁动。此结果可解释小鼠屎量的结果，表现为空1和香2屎量相近，而空2和香1屎量相近。

表 3 - 57　小鼠扎堆睡觉位置

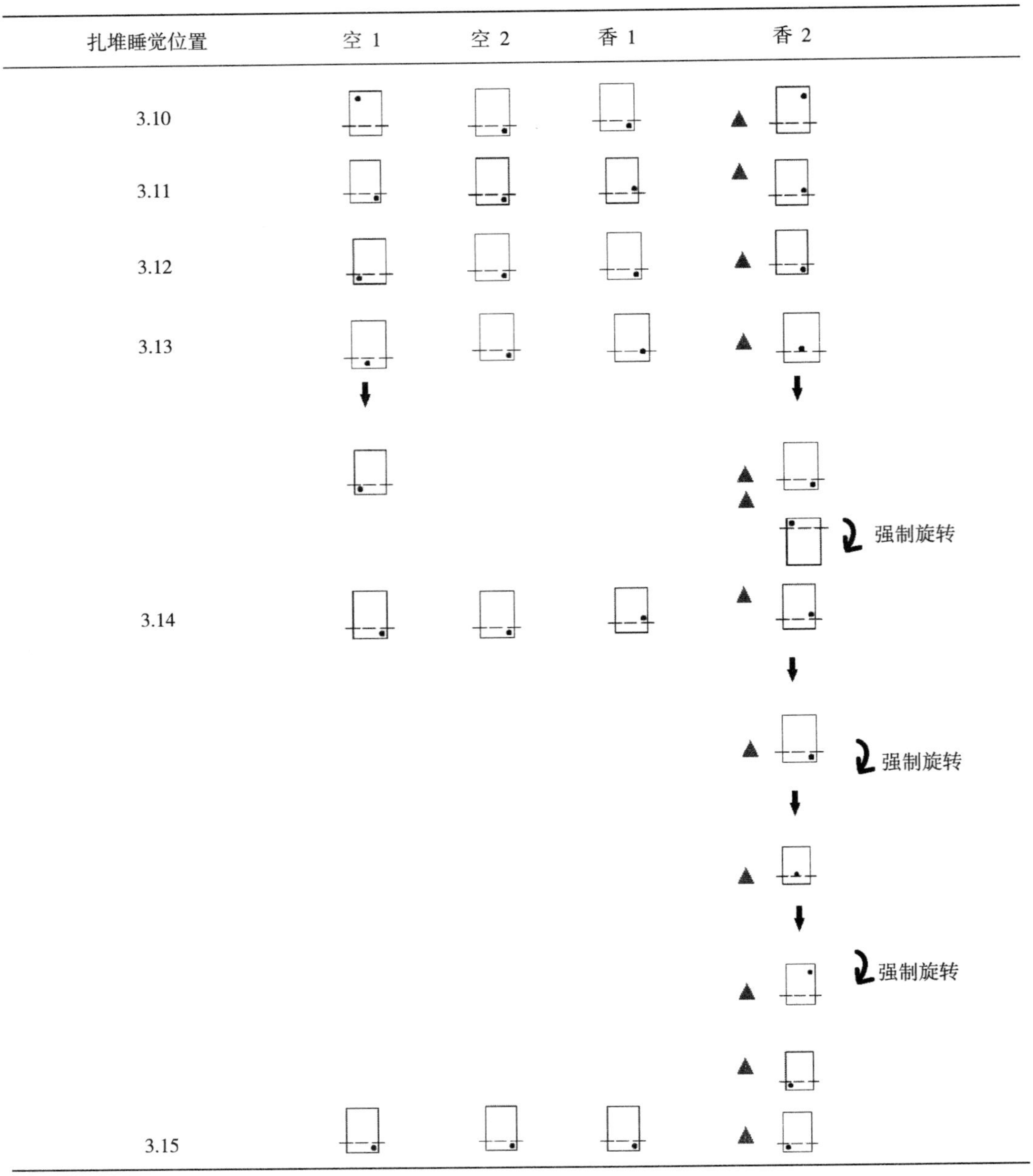

扎堆睡觉位置	空 1	空 2	香 1	香 2
3.10				
3.11				
3.12				
3.13				
				强制旋转
3.14				
				强制旋转
				强制旋转
3.15				

注：▲表示茶叶烘焙机所在位置；浙江大学屠幼英等研究。

香 1 小鼠扎堆的位置恰在导香气管口下，香薰效果较为理想。而香 2 并不为香气所动，为了达到香薰效果，后期对鼠笼进行旋转调位，甚至利用纸管延伸玻璃管，导向小鼠所在位置。当然，调位会稍许影响其活动量，进而影响其屎量、进食量等参数。

（三）普通枕头睡眠和茶枕睡眠下 α 节律波的检测

如图 3 - 43 所示，按照试验方法设定的时间程序，受测试者使用普通枕头和使用茶枕下左脑和右脑平均相对振幅随时间变化，α节律波的相位变化图谱。

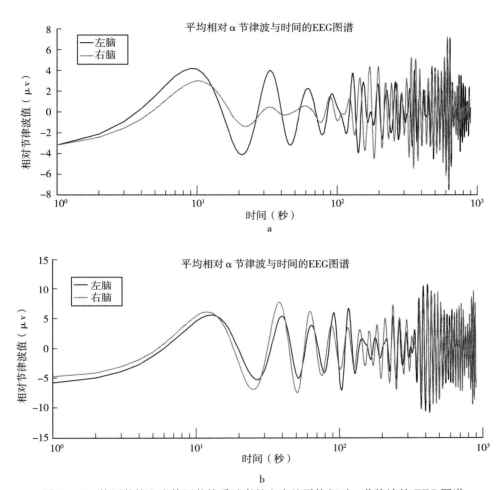

图3-43　使用茶枕和未使用茶枕受试者的左右脑平均相对α节律波的EEG图谱
a. 受试者使用茶叶枕头，安静15分钟之后，左右脑的相对于眉心基点的α节律波图谱
b. 受试者使用普通枕头，安静15分钟之后，左右脑的相对于眉心基点的α节律波图谱
注：浙江大学屠幼英等研究。

（四）普通枕头睡眠和茶枕睡眠下大脑皮层活跃度

如图3-44所示，按照时间程序执行检测EEG中，受试者在使用茶枕和未使用茶枕过程中平均相对α节律波和β节律波随时间推移的相位变换图。

综上可知：本实验选择了体重为18～20克的未成年小鼠，实验结果体现为，安静指数、屎量等众多指标得到改善。茶叶枕头在唤起α节律过渡波上优于使用普通枕头，能更迅速地促进大脑进入低频生物波阶段。而对于茶叶枕头中起到此种功效的挥发性成分以及茶叶枕头对于β节律波有否抑制作用机理还有待进一步的研究。

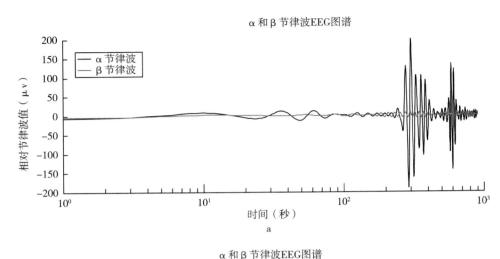

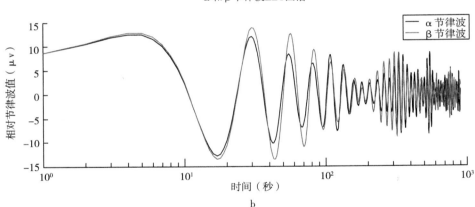

图 3-44　使用茶枕和未使用茶枕受试者的平均相对 α 和 β 节律波的 EEG 图谱

a. 受试者使用茶叶枕头，安静 15 分钟后第二轮检测，α 节律波和 β 节律波的 EEG 图谱

b. 受试者使用普通枕头，安静 15 分钟后第二轮检测，α 节律波和 β 节律波的 EEG 图谱

注：浙江大学屠幼英等研究。

二、茶色素基染料开发及染发产品开发

以茶黄素和茶褐素为关键成分，研究其与金属盐改性的颜色变化及染色工艺，研究毛发水解多肽增强毛发染色作用机理和工艺，开发天然茶色素基染发剂，可为茶色素拓展新用途，为市场提供一类低毒、安全的天然色素染发剂产品。

（一）确定了茶黄素和茶褐素染色的颜色系列及色深调节工艺

以白色棉织物为基底，设计单因素实验，研究金属盐浓度、温度、时间和 pH 对茶黄素和茶褐素颜色变化的影响，实验的金属盐有氯化镍、氯化钴、硝酸铝、氯化镉、氯化锆、硫酸铜、氯化锌、硫酸亚铁、四氯化钛、三氯化铁等 10 种，探明金属盐对染色颜色和色调的影响，确定了茶黄素和茶褐素染色的优化工艺条件。采用铝盐与茶黄素制备了茶黄素铝配合物，并通过响应面法优化茶黄素铝配合物合成工艺，采用红外光谱法分析了铝盐与茶黄素的络合作用。

（二）探明毛发多肽提高茶黄素染色毛发上染率的作用机理和优化工艺

研究确定了毛发水解优化条件，并采用膜分离法制备了由 2～5 个氨基酸构成的毛发多肽应用于茶色素染色的增强固色。制备的茶黄素多肽复合物具备茶黄素原有的结构，茶黄素与多肽的部分官能团产生结合，其结合产物的热稳定性较茶黄素提高。以上染率为指标，研究茶黄素上染毛发的工艺，结果表明，毛发多肽作为预处理剂可显著增加上染率（彩图 3－15）。

多肽预处理对毛发的上染的色牢度有明显的提升，通过金属盐的固色作用，会增加色牢度，这是因为金属离子与已经上染在毛发纤维上的茶黄素形成配合物，形成一个络合网络结合在毛发纤维上，当毛发鳞片闭合后，大分子结构锁在毛发纤维里，因此毛发的水洗色牢度得到提高。

（三）配制"三剂型"茶黄素染发剂配方

以茶黄素、金属盐、L-半胱氨酸和毛发多肽为主要功能成分，设计"三剂型"茶黄素染发剂配方，以色差值为主要指标，比较了染发效果。不同配方染色结果表明，含亚铁盐的染发剂染发色差最大，呈黑色，但对毛发出现显著损伤；含铁盐和铜盐的染发剂染发呈灰绿色和棕黄色，未对毛发产生显著损伤；含锌盐、铝盐和钛盐的染发剂染发，分别呈现土黄、黄红和金黄色，染色毛发光滑、损伤小。

1. 六种金属盐的 C 剂染色结果 亚铁盐可以使白色毛发变暗，颜色接近于黑色，铜盐和铁盐次之，铝盐和锌盐在会使得染色的颜色更明亮；经过染色毛发的颜色均向红色方向偏移；亚铁盐、铜盐及铁盐处理后，其颜色向蓝色方向偏移，铝盐、锌盐及钛盐均是向黄色偏移。六种金属盐处理过的毛发，亚铁盐处理的毛发色差最大，呈接近黑色；铁盐铜盐次之，呈灰绿色和棕黄色；最后锌盐铝盐钛盐，分别呈现土黄、黄红和金黄色（彩图 3－16）。

2. 不同金属盐浓度的 C 剂染色效果 C 剂配方中采用不同浓度的金属盐，染色毛发颜色具有较明显的差异性；随着金属盐浓度的增加，染色结果的颜色更深，明度会降低；由色差值可知，随着金属盐浓度的增加，上染率更好，染色效果更佳，表明在金属离子浓度升高，较多的金属离子与茶黄素形成的大分子被锁在毛发鳞片中，难以脱落，从而导致染色颜色较深，效果较优化。每种金属盐处理效果具有显著性差异，其染发颜色呈现系列化（彩图 3－17）。

3. 染色毛发的微观形貌评价损伤情况 毛发在经过染色工艺可能会造成一定的损伤，通过微观形貌的观察评价染发的损伤程度，结果表明：茶黄素染色，无金属盐 C 剂处理的毛发表面的部分鳞片被破坏，经过预处理的毛发，在 L-半胱氨酸打开毛发鳞片的同时，小分子多肽渗入毛发鳞片里，当茶黄素的加入，茶黄素分子会和小分子多肽产生结合形成较大结构的茶黄素多肽复合物，当染色结束后，鳞片会闭合，但从微观形貌的破坏程度来看，可能是因为茶黄素多肽复合物大分子结构导致部分鳞片无法闭合，从而导致鳞片微观破坏较严重（彩图 3－18）。

第四章　中国乌龙茶产业经济研究

中国乌龙茶产业协同创新中心紧紧围绕"中国乌龙茶产业可持续发展"这一战略目标，聚焦产业发展需求，开展理论基础研究；把握产业前沿动态，破解行业共性问题；强化产业平台建设，推动行业技术融合；注重产业成果转化，提升社会服务水平。在服务行

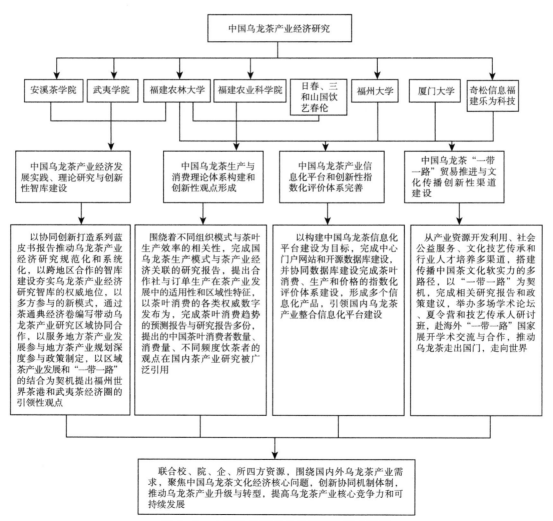

图 4-1　中国乌龙茶产业经济研究技术路线

业共性需求方面，每年主持发布出版权威《中国茶产业发展研究报告（茶业蓝皮书）》，推动产业健康发展；牵头产业典籍编撰，担当《中华茶通典·茶产业经济典》典长单位；服务行业社会需求，创造性高质量主持完成《福州茶志》编纂工作；助力武夷国际茶文化艺术之都建设，编撰《武夷茶大典》取得显著社会效益等。在开展理论基础研究方面，聚焦供给侧结构性改革，开展中国乌龙茶产业链前端生产模式比较研究；直面新技术新业态变革，剖析中国乌龙茶产业链中端国内外消费趋势；探索行业供求制度设计，系统梳理中国乌龙茶产业宏观政策发展变化等。在搭建产业共享平台方面，借力信息技术，构建富有区域特色的中国乌龙茶产业大数据库；创新资源利用，完善中国乌龙茶种质资源数据库；服务产业发展，优化中国乌龙茶产业大数据智库平台等。在推动产业成果转化方面，坚持学术研究，带动茶产业传统资源深度挖掘和开发；坚持平台融合，引领茶产业各方主体参与软实力建设；借力"双创"战略，培育中国乌龙茶产业创新人才；注重社会公益服务，建立青少年乌龙茶文化传承与推广平台；致力文化传播实效，制作乌龙茶动漫微视频丰富乌龙茶产业供给等，都取得了一系列重点突破。现将建设成果总结如下：

技术路线如图 4-1 所示。

第一节　中国乌龙茶产业经济理论研究高地的建设

中国乌龙茶产业协同创新中心致力于聚焦中国乌龙茶和中国茶产业发展中的重大现实问题的持续跟踪研究，扎实开展中国乌龙茶产业理论基础研究，把脉中国乌龙茶和茶产业发展新方向，多层次探求产业企业发展新路径，为新时代中国乌龙茶产业发展升级注入思想新动力、贡献智慧与力量，产生了一批具有自主知识产权、较高产业美誉度和行业公信力的创新成果。主要协同创新成果如下：

一、夯实中国茶产业经济研究的专业智库地位

中国乌龙茶产业协同创新中心的依托单位之一福建农林大学茶叶经济与科技研究所率先在全国开始系列化地分析和研究中国茶产业全产业链。2010 年，主编并出版了第一本《中国茶产业发展研究报告（茶业蓝皮书）》，通过对中国茶产业的理论创新和探索，服务于中国茶产业的发展。中国乌龙茶产业协同创新中心自成立以来，持续跟踪研究中国茶产业发展前沿与脉络，每年主持出版被列入中国社会科学院理论创新工程的权威《中国茶产业发展研究报告（茶业蓝皮书）》，并在厦门 9·8 投洽会和深圳茶博会等重要国内外产业平台开展新书发布活动，以此引领推动中国乌龙茶产业健康发展。截至目前，已连续主编出版《中国茶产业发展研究报告（茶业蓝皮书）》6 册，在历年的蓝皮书中，中国乌龙茶产业协同创新中心都针对行业发展的热点和前沿，提出行业发展理念和路径。

2018 年出版的《中国茶产业发展研究报告（茶业蓝皮书）》在针对 2017 年以来中国茶产业发展概况基础上，主要提出 3 个观点：中国茶产业发展的不平衡性带来的产销失衡，中国茶叶的过度包装带来的资源浪费，中国茶产业新业态的快速发展和强势崛起；并对中国茶产业发展提出 4 个方面的趋势预测：对茶叶产业和行业的分析的大数据化，茶叶消费的日趋碎片化和大众化，未来茶产业产品和服务的体验化，茶产业生产加工的智能化。有关专家指

出，这一系列的茶业蓝皮书完整、忠实的再现 2010 年以来中国茶产业发展全貌和趋势，是目前国内唯一集客观、全面、专业、实用于一身的茶业年度报告，具有很高的参考价值和资料价值（彩图 4-1）。

二、出版中国乌龙茶系列专著

中国乌龙茶产业协同创新中心牵头福建农林大学、浙江大学、中国农业科学院茶叶研究所、福建省农业科学院、中国茶叶股份有限公司等协同单位和有关专家，担当《中华茶通典·茶产业经济典》典长单位，分期出版 8 卷经济类典籍（彩图 4-2）。《中华茶通典》是"'十三五'国家重点图书、音像、电子出版物出版规划"之"自然科学与工程技术"第 82 项，是全国第一部茶产业经济正典，它系统、完整、科学地反映了中国茶产业经济发展的整体面貌和最新研究成果。《茶产业经济典》共分 8 卷，分别为：《茶产业经济概况》《茶类产业》《茶产区经济》《茶企业与品牌》《茶叶国内贸易》《茶叶国际贸易》《茶馆业》和《茶服务与相关产业》。

创造性高质量主持完成《福州茶志》编纂工作，福州作为"一带一路"倡议中 21 世纪海上丝绸之路核心区域和重要节点城市，在中国茶文化软实力的传播中具有特殊的意义和价值。2017 年 7 月 28 日，中国乌龙茶产业协同创新中心与福州市地方志编纂委员会签署了《福州茶志》编纂合作协议。编纂《福州茶志》，对于展现福州茶文化、凸显福州 21 世纪海上丝绸之路核心区域和重要节点城市地位，具有十分重要的意义。双方共同努力将《福州茶志》打造成精品特色志书，更好地传承和弘扬福州茶文化。《福州茶志》本志以马克思主义辩证唯物主义和历史唯物主义为指导，实事求是，全面、客观、系统、真实地记述福州茶叶栽培、加工、茶政、科教、品鉴、文化、贸易、宗教、人物、传承等各方面的历史变化与现状，力求科学性和资料性相统一，为茶产业发展服务。

牵头率先出版《福建茶产业发展研究报告》，中国乌龙茶产业协同创新中心围绕福建省茶产业发展现状〔包括茶叶种植业发展、茶叶加工业、重点龙头企业发展情况、"一带一路"与自贸区下的福建茶叶贸易、茶业服务业（第三产业）发展情况、茶叶教育与科技发展现状等〕，对省内重点茶区的茶叶生产状况（乌龙茶、红茶、白茶、茉莉花茶）进行全面分析。在此基础上提出福建省茶产业发展存在的问题，主要包括受到西部黑茶的冲击、宣传力度有待提高、营销手段较单一、产销不平衡、茶叶企业小而弱、茶产业附加值不高、茶企资金压力大等。最后提出促进福建省茶产业发展的建议与措施，主要包括注重茶叶质量，提升茶叶品质；强化科技支撑，提高创新能力；拓展精深加工，提高产品附加值；加大宣传力度，支持品牌建设；壮大龙头企业，推进转型升级；把握市场机遇，拓宽营销思路；支持茶旅产业融合发展等。该课题也对各产区（福州市、南平市、泉州市、宁德市、漳州市、龙岩市、三明市）茶产业的发展现状提出对策建议。还对重点茶企的发展历程、茶事活动进行了案例研究，对茶文化传承大师进行了系统盘点梳理。

主持完成《武夷茶大典》编撰，武夷山作为世界自然与文化双遗产地，既是国际化的休闲旅游度假城市，也是文化和旅游部授予的"中国茶文化艺术之乡"，更是世界乌龙茶的重要产区和发源地之一。中国乌龙茶产业协同创新中心紧紧围绕武夷山独特的历史地理优势和文化传统积淀，牵头各协同单位和学者专家主持完成《武夷茶大典》编撰工作，助力武夷国际茶文化艺术之都建设，取得了显著的社会效益和积极的行业评价。《武夷茶大典》的编撰工作历时 5 年、全文 50 余万字，由二十余位学术造诣深厚的学者和精通武夷茶的专家与践行者合力编撰，以翔实的资料、严谨的论证及丰富的图片，深入浅出地介绍了武夷茶的方方面面，是一部关于武夷茶的百科全书。2018 年该书荣获"2018 茶媒推荐阅读十大茶书榜单"称号。

公开出版了一系列"一带一路"中国乌龙茶传播与文化研究书著，主编出版新时代第一部讲述茶叶与丝路故事的书著《丝路闽茶香——东方树叶的世界之旅》（彩图 4 - 3），入选福建省第十三届"书香八闽"全民读书月活动百种优秀读物推荐目录第 78 项；全书共分成九章，第一章《清新福建多彩闽茶》，第二章《闽茶魅力世界共享》，第三章《浪漫红茶的世界之旅》，第四章《武夷茶走向世界》，第五章《泛舟国际的闽南乌龙茶》，第六章《丝路中的一味阳光芳香》，第七章《中西合璧的"人间第一香"》，第八章《茶港岁月》，第九章《天风相送丝路飘香》。

完成《少儿新茶经》书稿，举办茶文化教材《少儿新茶经》审稿研讨会；与福建教育出版社初步达成出版意向。完成《民国时期武夷茶文献选辑》，出版社与时间待定。完成《武夷茶种》《武夷茶路》《武夷岩茶》《武夷红茶》《中国乌龙茶种质资源利用与产业经济研究》5 本编著的撰写。牵头率先出版《福建茶产业发展研究报告》，围绕福建省茶产业发展现状〔包括茶叶种植业发展、茶叶加工业、重点龙头企业发展情况、"一带一路"与自贸区下的福建茶叶贸易、茶业服务业（第三产业）发展情况、茶叶教育与科技发展现状等〕，对福建省重点茶区的茶叶生产状况（乌龙茶、红茶、白茶、茉莉花茶）进行全面分析。

三、开展中国乌龙茶产业的实践服务

中国乌龙茶产业协同创新中心深度服务与参与中国乌龙茶产业发展政策设计，围绕茶产业宏观发展提出前瞻性观点，在茶产业宏观政策领域，课题组也从规模发展、经济效益和供求关系对茶产业 2000 年以来的发展进行系统梳理。课题组首次提出茶产业供求的基本失衡，2017 年发表《中国茶产业供求失衡的再思考》，通过利用中国主要茶叶交易市场的年度数据，拟合出中国茶叶消费需求的年度变化，在此基础上结合中国历年的茶叶产量、茶叶出口量等，对 2013 年以来中国茶产业的供求缺口进行了分析。结论显示，中国茶产业快速的扩张，导致茶叶供过于求的趋势不断加剧，供求缺口持续扩大，2016 年国内茶叶市场供求缺口达到 42.19 万吨，占该年国内茶叶市场供给量的 20%，这是学术界首次估算国内茶产业供求缺口，为更合理的定量判断中国茶产业供给过剩提供了理论支持；2019 年在《茶叶通讯》上发表《中国茶产业区域竞争研究》，提出构建多维度的 HI 指数，对近年来中国茶产业的竞争程度进行测算，结果显示 2002 年以来中国茶产业各个层面的竞争都在不断加剧，不同区域、不同茶类及各区域内部的竞争程度都有所提升，规模化的竞争给中国茶产业带来供求失衡的压力。基于分析结论，提出政府应该积极引导中国茶产业由增量竞争向存量竞争转变、进一步构建良序竞争制度规范茶叶市场竞争以及以大众茶为中国乌龙茶产业协同创新中心推动中国茶产业消费市场的健康可持续发展。并从未来产业供给能力估算、茶叶出口贸易估算等角度，发表了系列论文，为茶产业相关政策的设计提供了一定的理论参考价值。

中国乌龙茶产业协同创新中心积极致力于社会公益服务，为政府决策推动产业发展参考，中国乌龙茶产业协同创新中心成员深入到茶业各个领域传播茶叶文化，解决实际问题，提出科学建议，在实际运用中发挥重大作用。开展"一带一路"国家茶叶贸易中心、全球农业文化遗产福州市茉莉花传承保护规划以及多个市县区茶产业规划研究。在北京、厦门、深圳、广州、湖南、湖北、福州等国际与国家级大型论坛上，提出了以消费拉动经济发展，提出了当前茶行业的使命与责任担当；提出了"一带一路"国家茶叶合作共赢；提出了茶旅发展，提出福州世界茶港建设、重塑武夷世界茶叶"圣地"、打造安溪铁观音茶叶旗舰、白茶可持续发展等构想。上述研究成果被国家有关部委和省级相关行业部门作为决策参考依据，并在行业推广，取得了显著的社会效益、经济效益和生态效益，为茶以及相关产业经济做了重要贡献。同时，中国乌龙茶产业协同创新中心注重汇聚多方资源、集合多方智慧、引领多方参与，积极推动协同创新成果的应用转化，促进产业的转型升级。

第二节 中国乌龙茶产业生产与消费
研究以及应用

中国乌龙茶产业协同创新中心积极开展中国乌龙茶产业的前沿发展动态，聚焦中国乌龙茶全产业链有机融合，在破解中国乌龙茶可持续发展的行业共性问题中，提出了一些具有学术创新力、产业适应性和行业接受度的协同成果，主要协同创新成果如下：

一、政策助推乌龙茶产业链的整体优化升级

在全产业链的生产端，关于生产模式效益研究重点围绕乌龙茶的产前、产中和产后，从产业链的视角对前端的生产及其模式展开分析。自 2016 年开展研究以来，本着横向协同合作的原则，基于研究单位的协同和研究内容的拓展，与中国农业科学院茶叶研究所信息中心、安徽农业大学茶与食品科技学院、福建省农业科学院茶叶研究所等单位相关研究人员展开协同合作，共同开展研究并合作撰文，在研究内容上除完成原有的乌龙茶生产模式研究外，还及时把握产业链后端的消费和整个茶产业发展的宏观情况，对茶叶消费及茶产业宏观分析展开了细致的分析。形成《中国乌龙茶生产模式研究报告》1 份；在福建、广东建立乌龙茶主产区成本收益固定跟踪观察点 2 个，并与 CHNS 和 CKB 等国内外数据库建立良好合作关系，为中国乌龙茶消费与价格数据库不断更新输入数据，从而服务于整个中国乌龙茶产业发展；发表学术论文 9 篇，其中乌龙茶及中国茶产业宏观分析 5 篇、乌龙茶微观主体分析 4 篇，其中 CSCD 权威论文 1 篇、SCI-E 论文 1 篇、CSSCI 论文 1 篇、核心论文 2 篇，报纸 1 篇；共培养 11 名硕士研究生，其中 2 名已毕业，9 名在读。

在研究乌龙茶生产组织模式研究方面，研究小组在研究视角上提出不同的组织模式在生产效率上存在一定的差异，这种差异不见得仅仅来自各自的资源配置情况，也与不同组织模式之间的生产种植行为差异有关，基于此考虑，在后续的横向比较不同组织模式生产效率时，在研究方法上有所创新，通过利用投入产出数据构建共同前沿面，将生产效率分解为

两个部分，即一部分是根据投入产出情况测算该样本到组前沿面的距离即 TEk（x，y），另外一部分则是测算该样本所属的组前沿面到共同前沿面的距离即 MTRk（x，y）。因此，要提升某个样本的技术效率，既可以考虑改善这一样本在该组中的表现，缩小其与该组前沿面的距离，又可以考虑缩小该组前沿面与整个产业共同前沿面的距离，达到其生产效率的改进。对政策制定者来说，这就需要将样本分成不同的组别，识别出哪种方式能够更为有效的提升样本的生产效率，从而采取针对性的政策安排，而不是采取一刀切的措施。

研究结论显示，不同组织模式下农户的生产效率，确实存在着明显差异，说明当考虑到现有所有可用的技术后，订单生产农户这一群体的技术较之农民专业合作社社员，在资源配置上更为有效。而农民专业合作社社员通过进一步改进生产技术，其效率提升的空间较之订单生产农户更大。因此相对应的政策建议：①对于订单生产农户来说，要加快先进技术在订单生产农户中的推广与应用。政府可以通过评选示范户来鼓励大户的示范作用，或是在税收上将优惠政策与农业订单企业的技术推广力度挂钩，引导农业订单企业成为先进技术的传输带，以实现农户生产效率的提升。②对于农民专业合作社来说，政府应该积极鼓励科研机构和高校介入农业生产领域，立足于福建茶产业的实践和农民专业合作社的发展，通过改进和创新，研发出适用于农民专业合作社发展的生产技术，以提升农民专业合作社社员的生产效率。

二、深挖乌龙茶消费市场演变拓展乌龙茶营销

全方位探索了中国乌龙茶市场流通、消费领域与品牌构建等前沿关键问题，重点开展中国乌龙茶流通消费方面研究，分别从国内消费和国外消费两个角度展开，其中国内消费分为消费者对乌龙茶食品安全认识、偏好和支付意愿研究、福建省乌龙茶消费者购买行为的影响因素研究、95 后对现制奶茶的消费偏好及影响研究以及乌龙茶流通价格指数研究-线上铁观音茶叶价格指数等 4 个方面，国外消费则集中在一带一路乌龙茶贸易研究。通过揭示中国乌龙茶消费水平的现状及问题，来探讨目前乌龙茶的消费趋势，以期可以从政府层面针对茶叶生产区的地方政策提出相应的建议与对策，引导当地茶产业有序发展；并从企业层面，促进企业开发不同茶产品，确定其销售目标群体的特征，对不同产品针对性地定价，以更好地帮助茶叶企业走出困境，更好地发展。

国内消费部分形成了《消费者对乌龙茶食品安全认识、偏好和支付意愿研究报告》《福建省乌龙茶消费者购买行为的影响因素研究报告》《95 后对现制奶茶的消费偏好及影响研究报告》《乌龙茶流通价格指数研究报告》4 份；完成乌龙茶消费趋势预测并发布 2 次；建成中国乌龙茶消费与价格数据库 1 个，包括乌龙茶消费者食品安全认识、偏好和支付意愿数据库，样本来自全国各地，共计 1 704 个，其中福建省内数据 1 177 个，省外数据 527 个；还有乌龙茶茶饮料消费数据库，样本来自全国各地，共计 760 个；公开出版专著 2 部（彩图 4-4），一是《茶叶地理标志品牌成长研究》（谢向英，2015 年 11 月中国农业出版社出版）；二是《乌龙茶产业竞争力研究》（屈峰，2018 年 11 月中国农业出版社出版）；形成《茶产业文献汇编》《乌龙茶文献汇编》著书 2 部，已完成大田县《章公祖师禅茶品牌》的撰写与编制，报告已成为大田县茶产业的重要发展战略，大田县已经按本报告中的相关策略进行分步实施，并取得一定的成效。有效引进各种企业，注册章公祖师禅茶

品牌，优化多个茶叶品种，并成功创建"大仙峰·茶美人"国家 AAAA 级旅游景区。课题组 2015 年以来先后以本课题资助的形式撰写茶叶消费学术论文 6 篇，论文下载引用率均位居国内该领域前列，系列论文提出的茶叶消费两阶段性、茶叶消费者数量和人均消费量核算、茶叶消费习惯双向变化等，均被国内茶叶消费相关论文加以转载和引用。首次提出中国国内茶叶消费者数量为 3.88 亿，为后续其他研究的延伸奠定了基础，并成为中国参与 FAO 联合国粮农组织汇报中中国茶叶消费者数量的权威数字。而关于茶叶消费者数量的明确界定，也为后续茶叶消费市场拓展需要考虑两个部分，即茶叶消费的增加，有赖于茶叶消费者数量的增加以及消费者个体茶叶消费量的增加两个环节，后者相对增长缓慢，中国茶叶消费市场的拓展更应该集中于前面的增加消费者数量，这为今后的茶产业政策奠定了一定的基础。

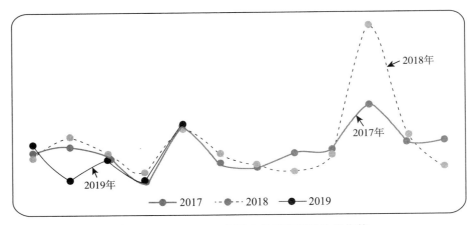

图 4-1　2017—2019 年线上铁观音茶叶价格指数

由于现代社会产品更新换代频率加快，许多产品的销售及价格具有生命周期特征，即在刚推出时由于相似产品较少，可替代选择不多，因此产品可以享受相对较高的溢价，随着时间推移，越来越多可替代产品以及技术上更新的产品参与市场竞争，这一溢价会越来越低。这一由技术进步和市场竞争带来的特点，会带来物价下跌的自然趋势，从而使得固定篮子指数在长期有可能会低估消费支出成本的上升趋势。由于网络零售中新产品涌现和传播速度更快，这一问题可能更为明显。目前已有的茶叶价格指数主要有两个，都使用的是线下批发市场的数据，且采用固定篮子进行计算，因此，本研究项目避免了以往茶叶价格指数测算中采用固定篮子所造成的估值偏差，并对其他价格指数形成有效的补充，可以更好地监测整个中国茶行业的综合发展水平和动态发展变化，更加全面地掌握中国茶行业整体状况和市场活跃度走势变化、运行状况，发挥茶叶价格晴雨表和风向标的作用，对中国茶业发挥实时预警作用。

发表相关论文 11 篇，其中中国乌龙茶产业消费研究系列论文一组（5 篇），核心以上论文 2 篇。《中国乌龙茶产业消费研究系列论文》，通过市场调查，结合国内外相关数据库，对乌龙茶消费的行为、意愿、影响因素、阶段性、消费行为变化等展开了较为细致的分析，形成了一系列阶段性成果。论文下载引用率均位居国内该领域前列，深度参与了该领域的各项研究和政策建议设计等，提出的茶叶消费两阶段性、茶叶消费者数量和人均消费量核算、茶叶消费习惯双向变化等，均被国内茶叶消费相关论文加以转载和引用。

第三节　中国乌龙茶产业开源大数据信息中心建设

中国乌龙茶产业协同创新中心创新性开展中国乌龙茶产业信息化建设，构建中国乌龙茶产业种质资源与共性技术创新利用等 4 个数据库，为中国乌龙茶产业大数据建设提供了全行业的共享信息平台，同时结合当前高新信息技术，以 VR、3D 渲染、霍格沃兹的墙和动漫微视频为手段，推动了中国乌龙茶产业传播的方式创新和实效提升。

一、建成开放的乌龙茶综合数据信息平台

（一）夯实产业基础，构建中国乌龙茶种质资源数据库

在对中国乌龙茶种资源性状的调查基础上，结合相关数据或图片，利用文献调查和网络搜索获取乌龙茶树种质资源的基本信息，对所获得的数据和图片信息进行规范化、标准化、统一化处理，将处理好的数据以 CSV 格式导入到用 SQL 编程语言建立的 MySQL 数据库，采用 Apache 作为服务器，以 SQL 作为数据库查询语言，运用 PHP 动态脚本编程语言来编写关于"中国乌龙茶种质资源数据库"的动态网站（彩图 4 - 5）。该数据库为关系型数据库，将生物学特性、分子生物学数据、原生境数据分别建表，增加了数据采集的灵活性（图 4 - 2）。

采集者	科中文名	科拉丁名	属中文名	属拉丁名	种中文名	种拉丁	国家	省自治区	地区	区县	具体地点	纬度	经度
陈常颂、林郑和	山茶科	Camellia	山茶属	Camellia	都匀毛尖		中国	贵州		湄潭县	湄江镇湄水桥	东经107.48946	北纬27.76368
陈常颂、林郑和、钟秋生	山茶科	Camellia	山茶属	Camellia	广西青皮簕果茶		中国	广东	英德市		广东农科院茶叶所	东经113.23	北纬24.81,
陈常颂、林郑和、钟秋生	山茶科	Camellia	山茶属	Camellia	广宁白花油茶		中国	广东	英德市		广东农科院茶叶所	东经113.23	北纬24.81,
陈常颂、林郑和、钟秋生	山茶科	Camellia	山茶属	Camellia	广宁白花油茶		中国	广东	英德市		广东农科院茶叶所	东经113.23	北纬24.81,
陈常颂、林郑和、钟秋生	山茶科	Camellia	山茶属	Camellia	越南油茶		中国	广东	英德市		广东农科院茶叶所	东经113.23	北纬24.81,
陈常颂、林郑和、钟秋生	山茶科	Camellia	山茶属	Camellia	红皮簕果茶（香港）		中国	广东	英德市		广东农科院茶叶所	东经113.23	北纬24.81,
陈常颂、林郑和、钟秋生	山茶科	Camellia	山茶属	Camellia	湖北油茶		中国	广东	英德市		广东农科院茶叶所	东经113.23	北纬24.81,
陈常颂、林郑和、钟秋生	山茶科	Camellia	山茶属	Camellia	安徽油茶1号		中国	广东	英德市		广东农科院茶叶所	东经113.23	北纬24.81,
陈常颂、林郑和、钟秋生	山茶科	Camellia	山茶属	Camellia	凤凰油茶5号		中国	广东	英德市		广东农科院茶叶所	东经113.23	北纬24.81,
陈常颂、林郑和、钟秋生	山茶科	Camellia	山茶属	Camellia	凤凰油茶5号		中国	广东	英德市		广东农科院茶叶所	东经113.23	北纬24.81,
陈常颂、林郑和、钟秋生	山茶科	Camellia	山茶属	Camellia	岑软2号		中国	广东	英德市		广东农科院茶叶所	东经113.23	北纬24.81,
陈常颂、林郑和、钟秋生	山茶科	Camellia	山茶属	Camellia	岑软2号		中国	广东	英德市		广东农科院茶叶所	东经113.23	北纬24.81,
陈常颂、林郑和、钟秋生	山茶科	Camellia	山茶属	Camellia	香花簕果茶		中国	广东	英德市		广东农科院茶叶所	东经113.23	北纬24.81,
陈常颂、林郑和、钟秋生	山茶科	Camellia	山茶属	Camellia	香花黄枝香		中国	广东	潮州市		广东农科院茶叶所	东经113.23	北纬24.81,
陈常颂、林郑和、钟秋生	山茶科	Camellia	山茶属	Camellia	宋种黄枝香		中国	广东	潮州市		广东农科院茶叶所	东经113.23	北纬24.81,
陈常颂、林郑和、钟秋生	山茶科	Camellia	山茶属	Camellia	丹霞种F1		中国	广东	潮州市		广东农科院茶叶所	东经113.23	北纬24.81,
陈常颂、林郑和、钟秋生	山茶科	Camellia	山茶属	Camellia	宋种古茶树F1		中国	广东	潮州市		广东农科院茶叶所	东经113.23	北纬24.81,
陈常颂、林郑和、钟秋生	山茶科	Camellia	山茶属	Camellia	丹霞5号		中国	广东	韶关市	仁化县 红山镇		东经113.749027	北纬25.085621
陈常颂、林郑和、钟秋生	山茶科	Camellia	山茶属	Camellia	丹霞9号		中国	广东	韶关市	仁化县 红山镇		东经113.749028	北纬25.085622
陈常颂、林郑和、钟秋生	山茶科	Camellia	山茶属	Camellia	丹霞8号		中国	广东	韶关市	仁化县 红山镇		东经113.749029	北纬25.085623
陈常颂、林郑和、钟秋生	山茶科	Camellia	山茶属	Camellia	宋种F1116米		中国	广东	潮州市	潮安县 凤凰镇		东经116.622604	北纬23.656950
陈常颂、林郑和、钟秋生	山茶科	Camellia	山茶属	Camellia	丹霞9号		中国	广东	韶关市	仁化县 红山镇		东经113.749029	北纬25.085623
陈常颂、林郑和、钟秋生	山茶科	Camellia	山茶属	Camellia	蜜兰香种		中国	广东	潮州市	潮安县 凤凰镇		东经116.622604	北纬23.656950
陈常颂、林郑和、钟秋生	山茶科	Camellia	山茶属	Camellia	凤曝马图茶		中国	广东	英德市		广东农科院茶叶所	东经113.23	北纬24.81,

图 4 - 2　为资源信息
供图：福建农林大学陈萍

服务器：localhost ▸ 数据库：tea1 ▸ 表：tb_teamis

浏览 结构 SQL 搜索 插入 导出 Import 操作 清空 删除

字段	类型	整理	属性	Null	默认	额外	操作
编号	int(11)			否		auto_increment	
种质名称	varchar(50)	utf8_general_ci		否			
原产国	varchar(50)	utf8_general_ci		否			
原产省	varchar(50)	utf8_general_ci		否			
原产地	varchar(50)	utf8_general_ci		否			
来源地	varchar(50)	utf8_general_ci		否			
繁殖方式	varchar(50)	utf8_general_ci		否			
春茶适采期	varchar(50)	utf8_general_ci		否			
树形	varchar(50)	utf8_general_ci		否			
树姿	varchar(50)	utf8_general_ci		否			
发芽密度	varchar(50)	utf8_general_ci		否			
芽叶色泽	varchar(50)	utf8_general_ci		否			
芽叶茸毛	varchar(50)	utf8_general_ci		否			
叶片着生状态	varchar(50)	utf8_general_ci		否			
叶长	varchar(50)	utf8_general_ci		否			
叶片大小	varchar(50)	utf8_general_ci		否			
叶形	varchar(50)	utf8_general_ci		否			
叶色	varchar(50)	utf8_general_ci		否			
叶面	varchar(50)	utf8_general_ci		否			
叶身	varchar(50)	utf8_general_ci		否			
叶质	varchar(50)	utf8_general_ci		否			
叶齿锐度	varchar(50)	utf8_general_ci		否			

图 4-3　为“生化数据”表生成结果详细

供图：福建农林大学陈萍

编号	副编号	名丛名称	叶位	季节	茶多酚	氨基酸	咖啡碱	水浸出物	黄酮类	图片1	图片1描述	图片2	图片2描述	图片3	图片3描述	图片4	图片4描述	图片5	图片5描述	是否删除	描述
1	JM021	正玉兰	一芽二叶	春	31.12	3.01	4.32	46.26	1.09											0	
2	JM021	正玉兰	一芽二叶	夏	32.61	2.08	2.90	44.49	1.19											0	
3	JM021	正玉兰	芽下三叶	春	25.70	3.49	3.37	43.12	1.10											0	
4	JM021	正玉兰	芽下三叶	夏	24.06	1.46	2.14	48.21	0.97											0	
5	JM021	正玉兰	芽下四叶	春	23.77	3.92	2.62	43.05	1.02											0	
6	JM021	正玉兰	芽下四叶	夏	21.24	1.30	1.99	47.78	0.78											0	
7	JM021	正玉兰	一芽二叶	秋	30.36	2.68	2.53	49.34	1.04											0	
8	JM001	不见天	一芽二叶	春	28.41	3.01	4.32	46.26	1.09											0	
9	JM001	不见天	一芽二叶	夏	31.02	1.76	2.59	48.22	1.15											0	
10	JM001	不见天	芽下三叶	春	23.03	3.49	3.37	43.12	1.10											0	
11	JM001	不见天	芽下三叶	夏	25.09	2.08	2.17	46.50	0.92											0	
12	JM001	不见天	芽下四叶	春	19.53	3.92	2.62	43.05	1.02											0	
13	JM001	不见天	芽下四叶	夏	22.58	1.56	2.18	44.06	0.81											0	
14	JM001	不见天	一芽二叶	秋	29.20	2.17	1.58	46.59	1.39											0	

图 4-4　为“生物性状及基本信息”建表详细

供图：福建农林大学陈萍

（二）创新资源利用，完成中国乌龙茶 SNP 指纹图谱数据库

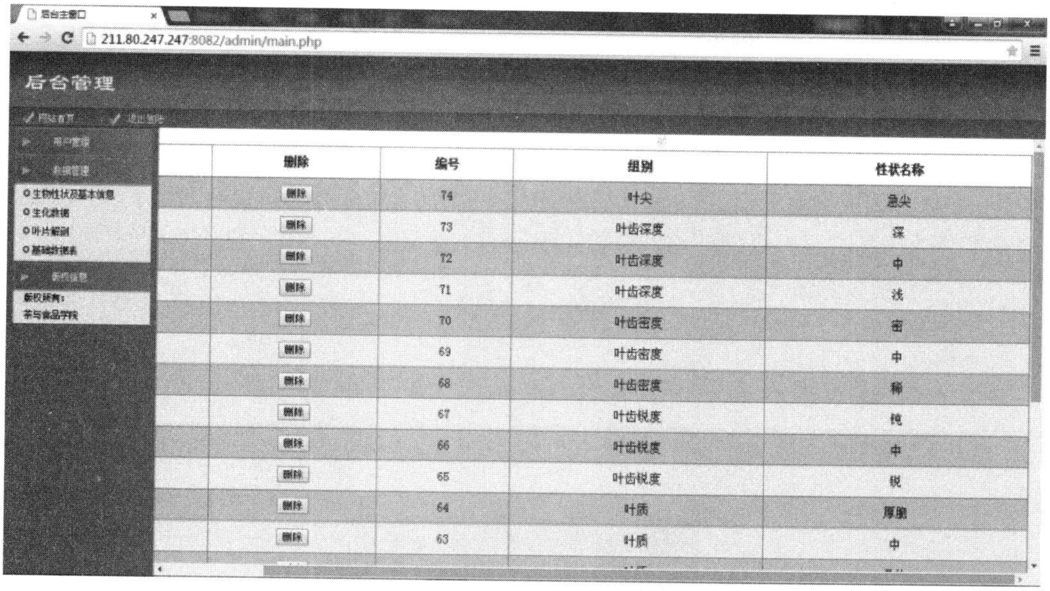

图 4-5 为"基础数据表"详细
供图：福建农林大学陈萍

图 4-6 为登录界面图功能区
供图：福建农林大学陈萍

表 4-1 2SNP 指纹图谱数据库

数据库	数据表	主要字段
乌龙茶品种 SNP 指纹图谱数据库	茶树品种	cs1、cs115、cs167、cs201、cs217、cs3、cs40、cs5、cs68、cs84、cs10、cs116、cs130、cs150、cs170、cs202、cs218、cs30、cs43、cs51、cs7、cs85、cs104、cs117、cs131、cs156、cs177、cs207、cs219、cs31、cs44、cs52、cs74、cs88、cs105、cs118、cs132、cs157、cs180、cs208、cs22、cs32、cs45、cs54、cs75、cs9、cs111、cs119、cs134、cs16、cs190、cs210、cs23、cs33、cs46、cs55、cs76、cs91、cs112、cs12、cs139、cs163、cs191、cs212、cs25、cs36、cs47、cs57、cs79、cs93、cs113、cs122、cs141、cs164、cs198、cs213、cs26、cs39、cs48、cs66、cs8、cs94、cs114、cs124、cs146、cs166、cs20、cs215、cs28、cs4、cs49、cs67、cs81、cs95

注：厦门大学夏侯建兵整理。

（三）服务国家战略，搭建中国茶产业"一带一路"贸易数据库

表 4 - 2 "一带一路"贸易数据库

数据库	数据表	主要字段
"一带一路"沿线国家茶叶贸易投资数据库	贸易信息	国家、贸易流向、年份、伙伴国、产品编号、贸易价值、净重、贸易数量
	国别基本信息与消费	国家、地区、年份、总人口、国土面积、铁路长度、人均 GDP、每百人互联网使用人数、至少完成学士教育人数占 25 岁以上总人数比、至少完成初中教育人数占 25 岁以上总人数比、进口所需时间、出口所需时间、开办企业所需时间、注册产权所需时间、人均健康支出、私人健康支出占 GDP 比重、家庭最终消费支出、人均家庭最终消费支出
	茶叶产值	国家、产品编号、年份、产值

注：厦门大学夏侯建兵整理。

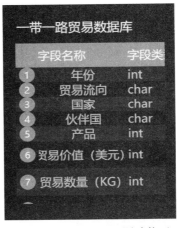

图 4 - 7 为登录界面图功能区
供图：厦门大学夏侯建兵

（四）提供实时动态，探索中国乌龙茶消费与价格指数数据库建设

表 4 - 3 乌龙茶消费与价格指数数据库

数据库	数据表	主要字段
乌龙茶消费与价格数据库	95 后现制奶茶消费行为	产品符合个人口味偏好、产品更新速度快、产品可选种类丰富、产品是否使用鲜奶、产品茶是否使用鲜茶叶、产品包装设计人性化、产品包装时尚、新潮、店内设座、店内装修风格、卫生状况、店员服务态度、等餐时间、产品口碑、品牌知名度、社交平台上他人的推荐、亲朋好友的推荐、商家或商品的平面广告、是否为网红产品、茶点、甜点、周边产品、常去该现制奶茶品牌的原因

注：厦门大学夏侯建兵整理。

图4-8　为登录界面图功能区
供图：厦门大学夏侯建兵

二、契合业态革新，创新多要素多形式的中国乌龙茶产业发展平台

围绕"中国乌龙茶产业种质资源与共性技术创新利用"和"中国乌龙茶产业发展研究"两大需求和任务，同时为了科学、合理地配置创新资源，处理好与校内院系之间、与现有基地和平台之间以及与外部机构之间的关系，扩大人员的合作与交流，加强成果和仪器设备的共享，在中国乌龙茶产业协同创新中心建立门户网站和统一的数据中心，有助于建立高效的内部管理机制和集成重大创新成果，提高工作效率，扩大中国乌龙茶产业协同创新中心的影响力。

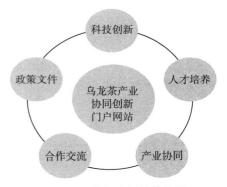

图4-9　为门户网站模块图
供图：厦门大学夏侯建兵

（一）完善中国乌龙茶产业协同创新中心基础建设，创建协同创新中心门户网站

协同创新门户网站可以发布通知、公告和新闻，收集研究成果并展示研究成果，还可以为协同创新各协同单位提供的统一的数据中心平台供各成员单位注册、登录和上传数据，丰富各数据库的内容，也可以为数据使用者提供统一的注册、登录界面，供大家查询和使用数据（彩图4-6）。

（二）注重社会公益服务，建立青少年乌龙茶文化传承与推广平台

中国乌龙茶产业协同创新中心在建设期间，建立青少年乌龙茶茶文化传承与推广平台，为在青少年群体中推广茶文化作出一定贡献。分别在武夷学院、福建农林大学、春伦茶业等高校和企业进行"小小茶艺师"系列活动，更好地将乌龙茶文化在青少年中进行传承与发展，此外福建省农业科学院茶叶研究所举办了第十七期青年学术交流论坛，福建农林大学园艺学院举办了多届茶文化节和承办"中非"茶文化夏令营，福建农林大学、华南农业大学、浙江大学、武夷学院均培养优秀的茶艺队队伍派出竞赛，推动茶学学科的特色人才培养和质

量提升取得巨大成效。其中，福建农林大学茶艺队连续三届（分别于 2014 年、2016 年和 2018 年）蝉联全国大学生茶艺技能大赛团体赛一等奖，并有百余名选手获得茶艺技能个人赛一二三等奖，在全国高校茶艺技能人才培养上居于首位。该茶艺队在 2018 年期间二次受福建省政府委托，带队参与中共中央对外联络部举办"中国共产党的故事——绿色发展"专题宣介会、中日黄檗文化大会，对福建省人才引进作出突出贡献，并连续 12 年在 6.18 中国海峡项目成果交易会代表本校进行宣传，同时参与中非夏令营及"小小茶艺师"等志愿者活动，在传播茶艺茶道上做出应有贡献（彩图 4-7 至彩图 4-10）。

（三）致力文化传播实效，制作乌龙茶动漫微视频

微动漫以青少年作为主要传播对象，采用受众喜闻乐见的动画、漫画等作为新的资讯形式和手段，所传播的内容紧密联系社会现实，形成虚拟与真实并存的传播环境，具备多元交叉的传播方式，可以产生让受众容易接受的传播效果。专题组开发了中国乌龙茶动漫微视频。

表 4-4　茶艺队奖项及文化交流

荣誉奖项：
2010 年 3 月获第一届全国大学生茶艺技能大赛团体赛二等奖
2014 年 11 月获得第二届全国大学生茶艺技能大赛团体赛一等奖及个人奖 11 项
2015 年 11 月受省农业厅邀请参加第十三届中国国际农产品交易会进行茶艺以及香道表演
2015 年获得 2015 年米兰世博会中国茶文化周支持单位
2016 年 11 月获第三届全国大学生茶艺技能大赛团体赛一等奖及个人奖 9 项
2018 年 11 月获第四届全国大学生茶艺技能大赛团体赛一等奖及个人奖 8 项
2018 年 11 月获第一届福建省评茶员茶艺师职业技能比赛个人奖 4 项
文化交流：
2015 年 1 月谷禹秀应邀中国大学生茶艺团赴米兰世博会进行茶艺展示
2017 年 1 月林琼珍应邀中国大学生茶艺团赴哈萨克斯坦进行茶艺展示
2017 年 9 月受福建省中联办委托赴北京参与福建省推介活动茶艺接待
2017 年 11 月受福建省委委托赴北京参与福建省人才引进计划接待
2017 年 11 月受福建省人民政府委托参与中日黄檗大会茶艺表演
2018 年 8 月接待中非共和国总统进行茶艺表演

注：福建农林大学陈萍整理。

三、推动建立乌龙茶产业智库的大数据中心

（一）借助"互联网＋"，丰富中国乌龙茶产业供给

在中国乌龙茶产业发展战略研究、乌龙茶流通与消费趋势研究、乌龙茶生产组织模式研究等方面，致力于中国乌龙茶和中国茶产业发展中的重大技术经济问题的持续跟踪研究，构建了乌龙茶流通价格指数，将文化因素、空间因素作为重要变量纳入乌龙茶产业竞争力评价模型，完善了钻石模型对乌龙茶产业竞争力评价的适应性，为乌龙茶产业竞争力的文化提升提供了理论与实证基础。紧跟国家倡议，主办和承办了多场"'一带一路'背景下中国乌龙茶文化与经济研究"高端论坛，开展相关市场与交易研究，为中国乌龙茶在世界提升影响力做了贡献。

茶叶电子商务标准研究：专题组负责人是中国茶叶电子商务标准化工作组组长，2017

年在福建宁德联合召开了"一带一路"中国茶产业电子商务高峰论坛暨全国电子业务标准化技术委员会茶叶电子商务工作组成立大会，会上众位专家共同探讨在"一带一路"背景下如何通过建立全国茶叶茶企的电子商务标准化实现中国茶叶的转型升级，同时还召开全国电子业务标准化技术委员会茶叶电子商务工作组一届一次会议，审议通过有关章程、规范及工作计划等。近几年中国乌龙茶产业协同创新中心组织并协调福建新坦洋集团股份有限公司、福建茶叶电子商务协会等单位共同拟定茶叶电子商务相关标准，并积极向有关管理部门申报（彩图 4-11）。

茶叶电子商务模式优化策略研究：随着电子商务的发展，广大茶企和茶农开展茶叶电子商务已成为普遍的现象，但他们却面临着电子商务模式的选择与优化问题。专题组从当前主流电子商务模式入手，分别分析了平台型电子商务模式和社会化电子商务模式应用特点，同时研究发现了电子商务环境下农产品消费呈现信息不对称加剧和重复购买率高的特点，在此基础上提出"多种形式引流，降低推广成本；加强信任建设，提升流量效率；回归品质竞争，获取合理收益；紧扣商品特点，提升重复购买率"等茶叶电子商务模式优化策略。

在互联网时代背景下，作为茶叶消费生力军的年轻人已不满足于传统的单向信息传播模式，他们更加注重互动感、参与感、体验式、趣味性。大数据、云计算等技术广泛运用于各领域，涌现出一批高效便捷的新媒体传播方式。新兴的"互联网＋"媒体资源为中国乌龙茶文化的传播提供了更加多样化和广泛的表现形式和高速便捷的渠道。专题组从传播的视角充分探讨如何在互联网时代运用新兴的传播资源实现茶文化的广泛化推广和高效性传播。

虚拟现实（VR）：VR 具有特有的临境性、交互性和想象性（图 4-10）。专题组研发"一带一路"背景下武夷岩茶 VR 产品通过大环境场景建设，首先呈现在用户眼前的是"一带一路"沿线国家版图，用户可重走丝绸之路，体验沿线不同的景观；随后，用户将置身于万里茶道起点、世界文化与自然遗产地——武夷山，身临其境的感受"岩韵"独一无二孕育地（彩图 4-12、彩图 4-13）。其次，以大红袍传说故事为主线，采用 3D 模型引擎，对互动人物进行人物动画制作与渲染，通过配音讲述大红袍传说故事，并呈现状元荣归故里后将红袍加盖到大红袍母树上的场景。用户还可跳跃至九龙窠峭壁上去采摘已停

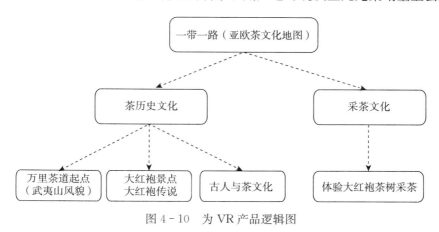

图 4-10　为 VR 产品逻辑图

采的大红袍母树茶叶，还可与状元一同坐在茶亭里，品茶、品味、品人生（彩图4-14）。目前此产品正在福建省武夷山香江园示范应用，主要用于茶山生态游学高级研修班的学员教学体验和茶室VIP客户体验。同时，该产品也在第十六届"6·18"高校成果展馆进行展示。

3D渲染：该技术通过现代互联网3D手段将传统产品进行3D实时互动体验，页面用多一个维度的三维方式将产品展示于方寸之间，使用者可以自主与产品进行交互，不受角度、时间、空间的限制（彩图4-15）。在交互体验过程中让消费者通过创意展示能够感受产品的科技含量，树立茶企品牌的高端形象，让品牌在众多同类产品中脱颖而出。专题组以日春两款经典铁观音为例，制作了沉浸"观音韵"3D渲染产品，目前已在日春电商部和全国加盟连锁店员工培训中使用，起到了良好的营销、培训等作用。

霍格沃兹的墙：速溶茶互动触摸墙（霍格沃兹的墙）福建农林大学茶业科技与经济研究所的研究团队在充分学习和调研的基础上，为春伦集团量身打造了一套兼备前沿化和数字化的"速溶茶互动触摸墙（霍格沃兹的墙）"茶叶科普项目。此产品旨在将VR/AR资源的沉浸性、交互性、娱乐性、直观性等技术特点，将新型产品速溶茶的深加工过程以直观、简易的方式让客户了解它的制备和泡饮过程。"速溶茶互动触摸墙（霍格沃兹的墙）"，以工艺流程为主线，以虚拟体验为核心，以高新技术为支撑，辅以新形态媒体、衍生品运营，将独特的产品文化与高尖产品融合，促进速溶茶工艺及文化的传播传承，同时科普速溶茶知识，提高其产品的价值。霍格沃兹的墙又称为互动触摸墙，该技术采用投影互动技术，通过手指触碰墙面上影像，魔法般的出现神奇动画影像（彩图4-16）。这面"魔法墙"，有声音发光发亮，不触碰的时候就会消失，通过多彩的图、文、声、像等形式，直观、形象、生动地作用于体验者的感官，提升了传播效果。专题组研发速溶茶互动触摸墙，让原本专业复杂、抽象的深加工流程跃然墙上，一目了然。

（二）借力"双创"战略，培育中国乌龙茶产业创新人才

1. 孵化"互联网＋茶产业"高层次创新创业团队2支

（1）茶叶点评网团队：首个专业化的第三方茶叶点评平台，通过自媒体——茶叶点评网和茶叶点评排行榜微信公众号，建立茶叶第三方评价、筛选、排名平台。通过多方达人对各类茶品的评价，建立一个消费者信任的审评团甄选机制，为消费者筛选性价比最优的原产地直供茶，推广老百姓喝得起的健康茶！

（2）数字茶产业服务团队：数字茶产业服务以茶与周边的产业链整体服务为重点，推出了智慧茶窖、茶树种管理、茶样全息数据库、茶间连锁、商圈直供、茶行业智慧码、区块链、营销工具、在线培训、海丝茶道融媒体等基于SAAS的全产业链信息化互联网产品平台（彩图4-17）。

2. 举办青少年乌龙茶创业大赛　中国乌龙茶产业协同创新中心牵头举办青少年乌龙茶创业大赛，搭建1个青少年乌龙茶文化传承与推广平台。为学习贯彻习近平新时代中国特色社会主义思想和党的十九大精神，在国家"大众创业，万众创新"的号召下，为调动高校大学生创新创业的积极性，锻炼大学生将专业知识与创新实践有机结合的能力，培养更多高质量人才服务于创新型国家，同时发挥福建当地品种多样质量上乘的乌龙茶优势，将创新创业与特色产业有机结合，激励青年创业和推动乌龙茶文化成果转化，由中国乌龙茶产业协同创新中心发起，由武夷学院承办，率先融合茶界专家、企业代表和高校师生，构建"互联网＋茶产业"高层次创新创业团队，探索茶产业创新创业模式。率先举办青少年乌龙茶创业大赛，充分发挥青少年的积极性、创造性，提升青少年对乌龙茶的认知度，扩大乌龙茶在青少年中的影响，实现前瞻性营销，推动乌龙茶的推广。各方共同举办了 2019 年"熹茗杯"国际大学生乌龙茶创新创业设计大赛（彩图 4 - 18、表 4 - 5）。经初审、复审，评选产生出 12 个项目进入终审答辩。

表 4 - 5　2019 年"熹茗杯"国际大学生乌龙茶创新创业设计大赛评选终审决赛入围项目名单

序号	姓名	项目名称	申报单位	参赛组别
1	罗博仁	MsCharming 玫瑰茶爽系列化妆品研究开发	福建农林大学	创意组
2	程福建	茶旅纪念品	福建农林大学	创意组
3	黄文瑜	"岁月沉香"陈茶——"封存您的年华韶光"	武夷学院	创意组
4	孟岩，阿里汉	我与"一带一路"之武夷山乌龙茶与蒙古国的现代缘分	武夷学院	创意组
5	邱佳雄	九弧双环"s"形盖碗	武夷学院	创意组
6	陈舒晴	乌龙茶文化邮票	武夷学院	创意组
7	曾淋	创衍茶艺居 & 茶人码头	福建农林大学	初创组
8	周珍	花草木茶文化	福建农林大学	初创组
9	朱琳	安溪咏溪网络科技有限公司	福建农林大学安溪茶学院	初创组
10	李明伟	绿金四维 Tea 空间	福建农林大学	初创组
11	朱浩楠	武夷山市清欢茶文化有限责任公司	武夷学院	初创组
12	李宗键	中闽印象团队《积极探索新的互联网茶叶电商模式》	武夷学院	初创组

注：福建农林大学陈萍整理。

3. 建立茶叶科技创新创客示范基地　在共同体协同单位福建春伦集团有限公司建立茶叶科技创新创客示范基地 1 个，为大学生实践、创业提供场地，着力打造技术创新、知识分享、创意交流、协同创造、创业孵化器的创新型创客空间，搭建开放性、智能化的孵化平台，实现了产学研高度结合（彩图 4 - 19、彩图 4 - 20）。

（三）融合智库联盟平台，提升中国乌龙茶产业人才培养质量

为建成中国面积最大、品种最为齐全的乌龙茶种质资源圃，对乌龙茶的品种创新和产业发展发挥示范引领作用，中国乌龙茶产业协同创新中心联合福建、广东、江苏三地校、所、企的学科、人才、平台、科研、资源优势，建设推动乌龙茶种质资源收集、创新与产业利用的协同创新平台（表 4 - 6、表 4 - 7）。

中国乌龙茶产业协同创新中心以协同创新中心为依托，有效促进高校茶学专业教学改革，并因地制宜优化构建人才培养模式取得社会认可。茶学专业以中心为依托，积极推进专业和教学改革。获批福建省本科高校"专业综合改革试点"项目、"产学研用联合培养茶学应用型人才"等项目，茶学学科建设成为"福建省重点学科"。教学改革取得实绩，中国乌龙茶产业协同创新中心主任杨江帆教授主持、中国乌龙茶产业协同创新中心骨干人员参与完成的教学成果"挖掘'五茶'资源，学校—产业—社会多维联动培养应用型茶学人才"获 2014 年福建省第七届高等教育教学成果奖特等奖。

几年的建设后，整体人才培养效果显现。茶学专业学生在全国性学科竞赛中屡创佳绩。在"第二届全国大学生茶艺技能大赛"中获创新茶艺一等奖 1 项、二等奖 1 项、三等奖 1 项；获茶席创新竞技一等奖 2 两项，三等奖 2 项；团体三等奖 1 项。在第二届"中华茶奥会"茶艺大赛中，获茶艺创新竞技团体一等奖、品饮竞技一等奖 1 项、二等奖和优秀奖 4 项。2015 年 10 月，在"2015 中国天门'陆羽杯'国际茶道邀请赛"中，荣获最佳创意奖与铜奖。五年来，已向社会输送了包括茶学、茶文化、茶经济专业方向的本科毕业生 900 余人，连续四年有 50 余人考取国内知名高校硕士研究生，为福建省乃至全国茶产业的发展注入了新的生力军。智库建立至今成效显著，以中国乌龙茶产业协同创新中心为依托促进乌龙茶资源、人才的融合及长足优化。

表 4-6　智库平台学术交流成果

序号	会议名称	会议时间	举办国别及地点	会议论文（讲演主题）	参加人员	负责人
1	第九届海峡两岸暨港澳茶业学术研讨会	2016 年 6 月 14～16 日	中国．安徽．合肥	铁观音均一化全长 cDNA 文库的构建与 EST 分析	张冬桃，俞滢	叶乃兴
2	首届庄晚芳茶学论坛暨乌龙茶创新国际会议	2017 年 4 月 10～12 日	中国．浙江．杭州	闽北水仙茶香气特征及其指纹图谱研究	张丹丹，姚雪倩，陈静，陈丹	叶乃兴
3	第一届可可咖啡茶（亚洲）国际学术大会	2018 年 11 月 17～20 日	中国．安徽．合肥	Genome-wide identification of WRKY family genes and the irresponsetoabioticstresses in teaplant（Camelliasinensis）	王鹏杰，郑玉成	叶乃兴
4	第二届国际园艺生物学研讨会	2019 年 4 月 19～21 日	中国．福建．福州	Identification of CBF transcriptionfactorsin teaplants and a survey of potential CBF target genes under low temperature	王鹏杰	叶乃兴
5	首届庄晚芳茶学论坛暨乌龙茶创新国际会议	2017 年 4 月 10～12 日	中国．浙江．杭州			屠幼英
6	纪念茶学泰斗张堂恒先生诞辰 100 周年暨 2017 全球茶业创新创业论坛	2017 年	中国．浙江．杭州			屠幼英
7	茶与眼健康国际会议	2018 年	中国．浙江．诸暨			屠幼英
8	第二届庄晚芳茶学国际会议	2019 年	中国．浙江．杭州			屠幼英

（续）

序号	会议名称	会议时间	举办国别及地点	会议论文（讲演主题）	参加人员	负责人
9	"第一届可可、咖啡和茶（亚洲）国际学术大会"分会	2018 年	中国.安徽.合肥	1. KIMEUNHYE：Thea flavin - 3,3' - digallate（TF3）improved insulin resistance in Hep G2 Cells and Zebrafishes 2. 屠幼英：The inhibition effectsand mechanisms of the aflavins - 3,3' - gallateon human ovarian carcinoma cells 3. KIMEUNHYE：Study on antibacterial effect of the aflavins	吴媛媛、金恩慧、屠幼英、仝团团	屠幼英
10	International al conference on advance sina gronomy, technology, value creation, processing and marketing of tea	2017 年	斯里兰卡	1. KIMEUNHYE：The aflavin - 3,3' - digallate（TF3）improved insulin resistance in Hep G2 Cells and Zebra fishes 2. 屠幼英：The inhibition effects and mechanisms of the aflavins - 3,3' - gallateon human ovarian carcinomacells 3. KIMEUNHYE：Study on antibacterial effect of the aflavins	屠幼英、李博、屠幼英、金恩慧等	屠幼英
11	256th National Meeting and Exposition of the American-Chemical-Society（ACS）Nanoscience, Nano technology and Beyond	2018 年	美国 Boston	Flavonoid salleviating insulinres is tance through in flammatory signaling	屠幼英	屠幼英
12	"一带一路"安溪铁观音发展高峰论坛	2019 年	中国.福建.安溪	Ceylon tea and tea industry on Sri Lanka	屠幼英，Hasitha Kalhari Warusa with arana	屠幼英
13	茶叶国际学术讨论会	2017 年	韩国宝成	红茶加工技术的发展	屠幼英 金恩惠	
14	海峡两岸乌龙茶产业发展学术研讨会	2017 年 6 月 21 日至 6 月 23 日	中国.福建.武夷山	茶叶的微炭化处理与吸附 Cr（Ⅵ）的研究	郑德勇	
15	安溪举办首届农业文化遗产保护传承高峰论坛	2019 年 10 月 17 日	中国.福建.安溪	致辞	杨江帆	
16	第 17 届国际无我茶会暨"一带一路"安溪铁观音发展高峰论坛	2019 年 10 月 16 日	中国.福建.安溪	《"一带一路"背景下安溪茶产业新腾飞的若干探讨》	杨江帆	

（续）

序号	会议名称	会议时间	举办国别及地点	会议论文（讲演主题）	参加人员	负责人
17	全国茶叶标准委员会花茶工作组一届五次会	2019年10月27日	中国．北京	《新时代中国茉莉花茶阳光产业之路》		杨江帆
18	福州茉莉花茶科技创新发展论坛	2019年5月19日	中国．福州	《福州茉莉花茶产业发展的若干问题》		杨江帆
19	2019年海峡两岸茶产业发展论坛	2019年3月31日	中国．漳平	《两岸携手，共推漳平茶业新发展》		杨江帆
20	"生态清新"福鼎白茶高质量发展高峰论坛	2019年3月23日	中国．福鼎	《白茶产业可持续的若干问题探讨》		杨江帆
21	丝路高峰论坛	2019年12月29日	中国．厦门	《推进一带一路茶叶合作共赢》		杨江帆
22	第二届中国茶产业T20峰会暨中国茶产业创新模式高峰论坛	2019年12月21日	中国．北京	《如何进一步拉动茶叶消费的路径探讨》		杨江帆
23	大咖茶话论坛	2019年12月23日	中国．北京	《新时代中茶的担当》		杨江帆
24	第二届中国茶旅大会暨2019五峰茶产业扶贫对接会	2019年5月26日	中国．五峰	《中国茶产业新业态——茶旅融合》		杨江帆

注：福建农林大学黄建锋等整理。

表4-7 智库平台社会服务

序号	提供智库决策或解决重大问题名称	时间	完成人	完成单位	成效说明或者单位
1	为茶农与茶企授课	2016—2019年	陈荣冰/石玉涛	武夷学院	显著
2	香港青年生物多样性保育实习	2019年	王飞权	武夷学院	明显
3	明道大学《茶叶加工原理与品质形成》	2015年	石玉涛	武夷学院	明显
4	美国纽约"中华文化大乐园"茶文化	2016年	石玉涛	武夷学院	明显
5	2018—2022年教育部高等学校教学指导委员会，园艺（含茶学）类教学指导分委会，委员	2018年10月26日	李远华	武夷学院	聘任单位：中华人民共和国教育部
6	第二届中华茶文化优秀教师	2016年8月	李远华	武夷学院	颁发单位：中华茶人联谊会、中华合作时报-茶周刊
7	云霄古茶树资源鉴定与利用技术		叶乃兴	福建农林大学园艺学院	云霄县茶叶科学研究所
8	寿宁茶树品质资源鉴定与利用技术		叶乃兴	福建农林大学园艺学院	寿宁县茶业管理局

注：福建农林大学吴芹瑶、黄建锋整理。

中国乌龙茶产业协同创新中心按照协同创新振兴技术要求，制定多项管理制度，规范中国乌龙茶产业协同创新中心运行管理与发展，推动各类资源深度融合与共享。在制度建设方面，制定了多项管理制度，规范了中国乌龙茶产业协同创新中心运行发展，推动了各类资源深度融合。构建了"管理委员会-中心主任＋分中心主任＋岗位专家"的四级组织管理模式，实施"科学咨询委员会＋首席专家＋岗位专家＋骨干成员"的"四位一体"科研运行模式，"责权统一、成果共享、风险共担"的利益分配机制，实行"按需设岗、以岗聘人、合约管理、优劳优酬"和"流动不调动、一人一策"的人事聘用机制，建立"贡献主导、双向考核、业绩同认"的综合评价机制，建立"有机整合、全面开放、产权不变、共享共用"的资源汇聚利用机制，建立"互访互派、开放流动"的国内外合作交流模式以及倡导"崇尚科学、协同创新、追求卓越"的学术氛围。

经过项目组成员近 5 年的努力与协同配合，现已超额完成课题所有任务指标，具体情况如表 4-8 至表 4-10。

表 4-8 举办论坛情况

序号	论坛主题	年份	协同单位	地点/规模	负责人
1	"一带一路"倡议海丝智库高端论坛	2016 年 11 月 28～30 日	中共中央党校国际战略研究院，福建省科学技术协会、福建社会科学院、中国乌龙茶产业协同创新中心	福建平潭/ 80 人	杨江帆、叶乃兴、谢向英
2	海峡两岸乌龙茶产业发展学术研讨会	2017 年 6 月 21～23 日	中国乌龙茶产业协同创新中心，武夷学院	武夷山/ 80 人	杨江帆、洪永聪、张见民
3	乌龙茶产业科技创新学术论坛	2017 年 12 月 16～18 日	中国乌龙茶产业协同创新中心，华南农业大学，福建农林大学	广东广州/ 50 人	杨江帆、黄亚辉、陈潜、黄建锋
4	乌龙茶保健功能学术研讨会论坛	2018 年 8 月 16～18 日	中国乌龙茶产业协同创新中心，武夷学院，福建农林大学	武夷山/ 50 人	杨江帆、张渤、洪永聪、张见明、叶乃兴、黄建锋
5	乌龙茶产业科技创新学术论坛	2018 年 8 月 20～22 日	中国乌龙茶产业协同创新中心，福建农林大学	福州/ 50 人	杨江帆、张渤、洪永聪、张见明、陈萍、黄建锋

注：福建农林大学杨江帆等研究、整理。

表 4-9 建立省部级以上基地平台

序号	基地或平台名称	获批时间	是否新增	批准单位	依托单位
1	智能信息技术福建省高等学校重点实验室	2005 年 12 月	否	福建省教育厅	厦门大学
2	大武夷茶产业技术研究院建设	2018 年 7 月	是	福建省科学技术厅	武夷学院

（续）

序号	基地或平台名称	获批时间	是否新增	批准单位	依托单位
3	福建省 6·18 协同创新茶产业分院	2018 年 8 月	是	福建省发改委	福建农林大学
4	福建省茉莉花茶企业工程技术研究中心	2013 年	否	福建省科技厅	春伦集团有限公司、福建农林大学

注：福建农林大学吴芹瑶等整理。

表 4-10　社会服务与贡献

序号	提供智库决策或解决重大问题名称	时间	完成人	完成单位	成效说明或者单位
1	春伦茶业培训指导品牌建设	2019 年 2 月	谢向英	福建农林大学管理学院	明显
2	《细化武夷岩茶地理标志内涵，提升武夷岩茶美誉度的建议》政策建议报告	2018 年 5 月 17 日	屈峰	福建农林大学管理学院	福建省委办公厅《八闽快讯专报件》第 414 期采纳明显
3	"2019 年新疆昌吉州农技人员来闽农业产业化龙头企业高级管理人才研修班"，开展主题为"'一带一路'倡议下农产品电子商务"的授课。	2019 年 4 月 17 日	林畅	福建农林大学经济学院；中国乌龙茶产业协同创新中心	显著
4	受邀录制由福建电视台举办的省农村实用技术远程培训课程	2019 年 3 月 10 日	林畅	福建农林大学经济学院；中国乌龙茶产业协同创新中心	显著
5	大田县第三轮茶产业提升发展规划	2016 年	许亦善	武夷学院	显著
6	章公祖师禅茶品牌	2019 年	许亦善	武夷学院	显著
7	在宁德市茶叶质量与标准化培训班做关于"超竞争时代茶业营销与品牌建设新思维"的专题报告	2018 年 3 月 6 日	杨江帆	中国乌龙茶产业协同创新中心	显著
8	在福州市图书馆进行题为茶在当下主题演讲	2018 年 3 月 10 日	杨江帆	中国乌龙茶产业协同创新中心	显著
9	武夷山新疆干部培训	2018 年 5 月	杨江帆		显著
10	寿宁高山茶相关培训	2018 年 6 月	杨江帆		显著
11	武夷山新疆干部培训	2018 年 11 月 8 日	杨江帆		显著
12	首期乌龙茶非遗传承人高级研讨班	2019 年 5 月 17～18 日	杨江帆、陈萍、黄建锋		显著
13	第二期乌龙茶非遗传承人高级研讨班	2019 年 7 月 24～25 日	杨江帆、黄建锋、吴芹瑶		显著

注：福建农林大学吴芹瑶、黄建锋等整理。

第四节　中国乌龙茶产业成果传播与机制创新

中国乌龙茶产业协同创新中心注重汇聚多方资源、集合多方智慧、引领多方参与，积极推动协同创新成果的应用转化，在产业资源开发利用、社会公益服务、文化技艺传承和行业人才培养等方面，为传播和提升中国茶文化软实力构建多重路径。主要协同创新成果如下：

一、坚持科研带动，带动茶产业传统资源深度挖掘和开发

公开出版了一系列有关茶叶的书著，延伸三个省级课题：①福建省科学技术协会的"新常态背景下的福建茶产业发展战略思路"；②福建省省生态文明社科基地重大项目"基于生态文明观的福建茶叶品牌竞争力提升"；③2016 年教育厅新世纪人才项目"生态文明视野下的福建地理标志品牌竞争力提升"。形成三份研究报告：《新常态背景下的福建茶产业发展战略思路研究报告》《基于生态文明观的福建茶叶品牌竞争力提升研究报告》《生态文明视野下的福建地理标志品牌竞争力提升研究报告》。

延伸一个中国科学技术协会创新驱动助力工程"'一带一路'倡议中国科学技术协会主导型茶产业协同创新共同体建设"项目，延伸一个横向课题"'一带一路'国家茶叶贸易中心"项目（彩图 4 - 21）。

二、坚持平台融合，引领茶产业各方主体参与软实力建设

中国乌龙茶产业协同创新中心注重高端智库平台的整合和运用，积极主办"一带一路"倡议海丝智库高端论坛等活动："一带一路"倡议海丝智库高端论坛围绕"创新、协调、绿色、开放、共享"五大发展理念，来自全国各高校院士、教授、专家、各行各业代表近 70 人深入研讨，为中国茶产业可持续发展出谋划策，也为"一带一路"倡议实施贡献茶界力量。还参与了"一带一路"茶产业科技创新联盟成立大会暨首届"一带一路"茶产业国际合作高峰论坛，中国乌龙茶产业协同创新中心首席专家杨江帆教授做《合作共赢茶和天下》主旨报告（彩图 4 - 22 至彩图 4 - 26）。

同时，注重文化软实力的可持续发展，连续举办"中国乌龙茶传统制作技艺传承人"高级研讨班 2 期：中国乌龙茶产业协同创新中心分别在世界双遗产地——福建武夷山和世界茶港——福州举办过 2 期中国乌龙茶非遗传承人高研班，整体均取得了良好的成效。高研班的学员经过大量筛选，都是茶行业的优秀代表。开办中国乌龙茶非遗传承人高级研讨班具有五个目的。一是弘扬中国传统优势文化，二是打造乌龙茶工匠精神，三是乌龙茶传统技艺的保护与传承，四是乌龙茶人才队伍建设，五是带动产业发展（彩图 4 - 27 至彩图 4 - 29）。

三、坚持聚焦服务，助力茶文化产业实现跨界转型和升级

随着"一带一路"倡议的实施，在贸易和文化交流不断深化和频繁的背景下，乌龙茶将会以其质量、品类与文化优势重新获得国际茶叶市场的认可，而对于乌龙茶对外贸易和文化的研究也越来越多。但是，纵观现有文献，对乌龙茶对外贸易的研究缺乏深入、系统的研究。中国乌龙茶产业协同创新中心领衔开展基于"一带一路"与自贸区下的中国乌龙

茶贸易研究，通过系列调研，包括与课题组成员一起参访南非德班理工大学，开展学术研讨，讨论合作项目，并对南非茶叶市场及茶叶消费进行学术调研等活动，对中国乌龙茶对外贸易进行了细致的研究。完成"基于'一带一路'与自贸区下的中国乌龙茶贸易研究"系列报告4份，分别是"基于文化与空间因素考量的中国乌龙茶产业竞争力研究""一带一路沿线国家茶叶贸易问题研究""文化视角下中国茶叶走出去问题研究"与"'一带一路'背景下中国茶叶出口增长路径分析"；完成政策建议报告一份〔《细化武夷岩茶地理标志内涵，提升武夷岩茶美誉度的建议》——被福建省委办公厅《八闽快讯专报件》第414期（2018年5月17日）采纳〕，此外，当前正在准备政策建议报告"积极推进乌龙茶贸易发展，建设福建茶叶强省"；与厦门大学合作，共同完成"一带一路"沿线国家茶叶生产贸易数据库建设，并促成中国乌龙茶产业发展大数据库；共发表论文8篇，其中2篇CSSCI，1篇北大核心，2篇学报级论文，2篇外文CPCI收录以及2篇一般刊物；此外还有三篇文章处于投稿修改过程中。

第五章 中国乌龙茶产业协同创新机制构建

中国乌龙茶产业协同创新中心组建以来，重点在组织管理、人事制度、人才培养、绩效考评、资源配置、国际合作、文化创新等方面开展了管理体制和运行机制的创新，探索建立了适合并能够推动协同创新的新体制和机制，形成综合改革的特区。中国乌龙茶产业协同创新中心打破了高校与企业、科研院所间的壁垒，发挥人才作为创新核心要素的作用，促进创新资源融合共享和人才合理流动。中国乌龙茶产业协同创新中心积极吸引、组织省内外重点企业、研究所和高校参与项目，实现优势互补、社会资源的整合与共享。因此，本章通过中国乌龙茶产业协同创新中心组织机构建设与保障、中国乌龙茶产业协同创新中心体制机制改革与创新、中国乌龙茶产业协同创新中心建设创新成效、中国乌龙茶产业协同创新中心可持续发展能力等四个方面阐述中国乌龙茶产业协同创新中心的建设与运营。

第一节 组织机构建设与保障

中国乌龙茶产业协同创新中心实施目标管理和任务驱动，坚持动态、多元、融合、持续的运行机制。中国乌龙茶产业协同创新中心实行首席专家负责制，分别成立中心管理委员会和学术委员会。中心首席专家负责召开首席专家工作会议，具体制定中心实施方案与发展规划，组织实施中心的各项任务。

中国乌龙茶产业协同创新中心实行协同管理机制，由武夷学院和福建农林大学等协同单位相关部门组成中心管理委员会。中国乌龙茶产业协同创新中心管理委员会由13人组成，设主任1名，副主任2名，主任助理2名；下设办公室，设主任1名，副主任2名。中国乌龙茶产业协同创新中心管理委员会主任负责召开管理委员会工作会议，审议中心各项制度与专项资金使用，保障中心运行。中国乌龙茶产业协同创新中心学术委员会是中心的学术机构和决策咨询机构，由8人组成，设主任1名，副主任2名。

中国乌龙茶产业协同创新中心根据发展规划，确定主要方向和目标任务，制定中心任务分工与经费预算。根据任务分工，中心设置协同创新专题15个，专题实行岗位专家负责制，首批聘任岗位专家（PI）7位，负责各专题的协同研究，促进乌龙茶产业关键技术的协同攻关。

一、中国乌龙茶产业协同创新中心组织机构建设

中国乌龙茶产业协同创新中心作为相对独立的实体机构，挂靠武夷学院开展工作，成

立中国乌龙茶产业协同创新中心管理委员会和学术委员会，实行中心首席专家负责制，下设办公室和岗位专家，每个 PI 团队设置 1 个 PI 岗位，具体架构如图 5-1 所示。

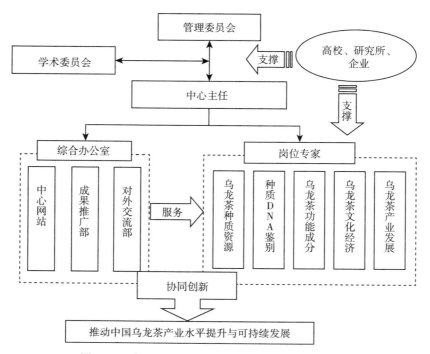

图 5-1　中国乌龙茶产业协同创新中心组织结构图

（一）中国乌龙茶产业协同创新中心首席专家与管理委员会

中国乌龙茶产业协同创新中心实行首席专家负责制，管理委员会由武夷学院和福建农林大学相关负责人及若干岗位专家组成，下设办公室。管理委员会由 13 人组成，设主任 1 名，副主任 2 名，委员若干名。办公室设主任 1 名，副主任 2 名。

中心首席专家：杨江帆

管理委员会主任：杨昇

管理委员会副主任：张渤、叶乃兴

管理委员会委员：郑细鸣、邱昌东、邵南、龚文华、刘晓青、熊孝存、洪永聪、张见明、王飞权

办公室主任：洪永聪

副主任：张见明、王飞权（基地办）

中心首席专家职责：领导中心的各项工作，组织实施中心的各项任务；负责年度工作计划的制定、组织和实施；负责管理中心经费；制定中心的管理规章制度，并组织实施；对中心人员有聘任和奖惩权。中心首席专家负责召开中心首席专家工作会议。

管理委员会职责：负责协同创新中心重大事务的协商与决策，资金使用，制定科学与技术的总体发展路线，明确各方责权和人员、资源、成果及知识产权等归属；审议中心发展规划和分年度计划；决定和批准中心首席专家提出的重大事项报告；召开年会听取和审

议中心首席专家年度工作报告和下一年度工作计划；审议中心重要的规章制度；协调协同创新成员单位及相关合作单位间的关系，实现开放共享与可持续发展；综合评估中心发展状况及其贡献等。中心管理委员会主任负责召开管理委员会工作会议。

办公室职责：负责中心的日常行政事务工作。

（二）中国乌龙茶产业协同创新中心学术委员会

中国乌龙茶产业协同创新中心学术委员会是中心的学术机构和决策咨询机构。由 8 人组成，设主任 1 名，副主任 2 名。

学术委员会主任：陈宗懋

学术委员会副主任：刘仲华、杨江帆

学术委员会委员：李清彪、夏涛、关雄、屠幼英、肖力争

学术委员会职责：立足行业发展需求，根据中国乌龙茶产业的发展趋势，为"中心"的发展方向与目标制订，"中心"的研究开发、发展规划和年度计划制订提供决策咨询，对"中心"研究工作的阶段性成效、科研成果进行评审，对"中心"的岗位设置、学术决策和人员绩效进行评估。

二、中国乌龙茶产业协同创新中心基础条件保障

（一）基本建设与基础设施

中国乌龙茶产业协同创新中心现有办公室 3 间、产业科技创新实验室 30 间（其中武夷学院 6 间），总占地面积 8 000 多平方米；重点建设了中国乌龙茶种质资源圃 252 亩（其中武夷学院 80 亩）、茶产业实践基地 800 亩（其中武夷茶学教科园 300 亩）。中国乌龙茶产业协同创新中心办公室设于牵头单位武夷学院，产业科技创新实验室、种质资源圃和实践基地分布在牵头单位和各协同单位。

（二）平台与仪器设备

中国乌龙茶产业协同创新中心共同申报建设了大武夷茶产业技术研究院、茶叶福建省高校工程研究中心、院士专家工作站、618 协同创新院茶产业分院等省级科研平台。中国乌龙茶产业协同创新中心现有仪器设备 300 多台，价值 8 000 多万元，配备了全自动名优茶生产线 1 条、乌龙茶白茶红茶加工生产设备 10 余台（套）、茶叶深加工中式生产线 1 条，形成了覆盖全产业链的专业高水平协同创新平台。

（三）图书资料、资源库和数据库

中国乌龙茶产业协同创新中心牵头单位藏书 112 万册，期刊 1 983 余种，拥有 SAN 架构的 IBM 存储系统，容量达 30TB，建立了期刊、报纸全文数据库、硕博论文数据库、知识视频数据库、电子图书等中外文本地镜像站点，以及覆盖全校的卫星地面接收系统和百兆交换到桌面的校园网。

三、中国乌龙茶产业协同创新中心经费投入与支出

建设期间牵头单位武夷学院共投入 1 350 多万元，包括用于基本建设 150 万元、平台设施与仪器设备 850 万元、科研经费与人才引进等近 50 万元、国内外合作与中心日常管理费用等 300 万多元。

中国乌龙茶产业协同创新中心专项资金严格按照有关规定进行管理，使用符合《福建省高校创新能力提升计划项目及专项资金管理办法（暂行）》（闽财教〔2015〕33 号）、《中国乌龙茶产业协同创新中心专项经费管理办法》等的规定，符合国家财经法规和财务管理制度以及有关专项资金管理办法的规定，资金的拨付有完整的审批程序和手续，项目的重大开支经过评估认证。经过学校监审处专项审计，资金使用规范，符合规定要求。

第二节　中国乌龙茶产业协同创新中心体制机制创新

中国乌龙茶产业协同创新中心根据建设要求，制定并实施《中国乌龙茶产业协同创新中心组织管理规定》《中国乌龙茶产业协同创新中心专项经费管理办法》《中国乌龙茶产业协同创新中心关于聘用 PI 岗位的规定》等 3 项管理制度，规范了人事管理、绩效考评、经费管理、知识产权管理和学术交流等相关制度，以制度规范、促进中心的发展。

中国乌龙茶产业协同创新中心基于 3 项管理制度，探索形成了以"任务牵引、责权利结合""产业贡献导向为主""绩效奖励"的综合评价机制，"中心首席专家＋岗位专家＋团队骨干成员"三位一体的科研组织形式，"任务牵引、深度融合、开放使用"的资源配置机制。通过协同创新中心，打破高校与企业、科研院所间的壁垒，面向茶产业领域，以乌龙茶产业需求为导向，高度共享各方资源，实现技术开发、人才建设、经济发展的良性循环。

一、中国乌龙茶产业协同创新中心制度改革具体举措

（一）规范人事管理制度

中国乌龙茶产业协同创新中心实行开放、流动的机制，由固定人员和流动人员构成。固定人员，由牵头单位和协作单位协商配备。固定人员实行聘用制，竞争上岗，有进有出，始终保持动态稳定和高效精干。

（二）创新人才培养模式

依托中国乌龙茶产业协同创新中心，不断汇聚国际知名专家学者、行业企业带头人，协同搭建多元化创新实践平台；创新教育教学培养模式，开创茶学创新班、建立创新创业团队；加大培养经费投入力度，用于青年教师、博士、博士后等高层次人才培养；面向社会行业需求，开办乌龙茶传承人培训班，培养行业急需的技术型人才，打通基础研究与工程实践的复合交叉培养环节，进而培养茶叶科学、茶文化、茶经济等领域具有领导力、创新力、实践力、国际视野的高素质拔尖创新人才。

（三）健全考核评价机制

中国乌龙茶产业协同创新中心突破以论文、获奖、个人考核为主的评价机制，有效整合高校人才、学科、科研资源，汇聚校、政、企、院各创新要素，建立以创新质量和贡献为导向的多元化绩效考核评价体系。

（四）完善科研组织形式

通过集中研发、分散研发、定期会议、项目代表、专家代表等多元工作运行机制，联

系和整合各协同单位的信息与资源，逐步完善形成平台、人员、信息、成果等共享的科研组织形式。

（五）优化资源配置机制

以国家重大需求和区域发展需要为引领，有效整合学校、科研院所、企业各方力量，提供具有自主知识产权的创新成果，服务地方乌龙茶行业企业，逐步优化形成效益驱动、公益驱动等资源配置机制。

二、中国乌龙茶产业协同创新中心体制机制创新

（一）形成横向纵向全方位协同合作的新机制

中国乌龙茶产业协同创新中心牵头单位武夷学院，与浙江大学、厦门大学等一流高校形成立体合作关系和长效合作机制，通过发挥各方协同作用，建成国内最大的乌龙茶种质资源圃，为中国乌龙茶生产和育种提供了物质基础。与厦门大学联合研究，将人工智能技术运用于识别乌龙茶鲜茶叶叶片图像，进而识别乌龙茶种质资源，快速、客观地提高了辨别中国乌龙茶茶树品种的效率。浙江大学教授屠幼英、南京农业大学教授房宛萍等受聘担任福建武夷学院讲座教授，共同培养优秀年轻教师以及博士研究生。在师资、平台、项目、人才培养等方面密切合作。

此外，与国内其他一流大学在学科建设、科学研究等方面长期合作，新增国家自然科学基金8项，项目总金额达410万元，形成与一流大学的多层次立体合作关系和长效合作机制。

（二）密切联合并服务行业企业，引领行业科技进步

中国乌龙茶产业协同创新中心在研究活性成分和作用机制的理论基础上，开发系列乌龙茶产品并制定相关标准，创立乌龙茶健康功能研究开发体系及产业化推广机制；建成中国乌龙茶产业发展大数据库，为实现行业信息化发展提供软硬件支持；大武夷茶产业技术研究院、茶学福建省高校重点实验室、6·18协同创新院茶产业分院等省级科研平台的获批，为共同推进科学研究、技术创新及产学研合作提供了便利；通过与企业共同开展大型科技项目、编制武夷茶、大田茶发展规划、编制茶叶电子商务标准等，解决乌龙茶产业转型发展中的关键技术问题，引领行业科技进步。

（三）深化产学研高度融合、协同育人，在创新人才方面培养取得显著成效

中国乌龙茶产业协同创新中心建立"指标单列、导师互聘、学分互认、资源共享"的人才培养机制，每年进行2～3次项目交流、国际会议合办、邀请讲学和互访等工作；强化学科交叉融合，将茶学、医药学、食品学、人工智能、日用化工有机结合，组建了高层次创新团队，培养了一批从事茶叶全产业链科技创新与应用的"一专两师"拔尖创新型人才。以中心为依托，茶学学科积极推进专业和教学改革，获批福建省本科高校"专业综合改革试点"项目、"产学研用联合培养茶学应用型人才"等项目，成为"福建省重点学科"。

中国乌龙茶产业协同创新中心主任杨江帆教授主持、中国乌龙茶产业协同创新中心骨干人员参与完成的教学成果"挖掘'五茶'资源，学校—产业—社会多维联动培养应用型茶学人才"获2014年福建省第七届高等教育教学成果奖特等奖；茶学专业学生在全国性学科竞赛中屡创佳绩，5年来，已向社会输送了包括茶学、茶文化、茶经济专业方向的本

科毕业生 900 余人，连续 4 年有 50 余人考取国内知名高校硕士研究生，为福建省乃至全国茶产业的发展注入了新的生力军。

三、基于中国乌龙茶产业协同创新机制建立产业协同平台

（一）组建"一带一路"茶产业科技创新联盟

2018 年，在农业农村部、国家林业和草原局等主管部委的支持下，由中国乌龙茶产业协同创新中心主要协同单位福建农林大学校联合中国农业大学和西北农林科技大学共同发起成立"一带一路"茶产业科技创新联盟。联盟秘书处设在福建农林大学，每 2 年召开一次联盟大会，以"提高茶产业科学研究水平、人才培养质量和茶产业效益"为议题，推动落实"一带一路"倡议。

联盟共有境内外 77 家涉及茶领域的高校、科研院所、协会、学会、企业共同发起成立联盟。其中，发起单位与中国农业科学研究院茶叶研究所、福建省农业科学院茶叶研究所、安徽农业大学、浙江大学、湖南农业大学、云南农业大学、中国茶叶股份有限公司、天福集团、福建清铧茶业股份有限公司、云南景谷白龙茶业股份有限公司等 13 家单位为联盟的创始成员。斯里兰卡斯中友好协会、巴基斯坦农业大学、佛罗里达大学、巴基斯坦信德农业大学、厄立特里亚阿斯马拉大学、莱索托国立大学、巴布亚新几内亚技术大学、苏丹农业研究公司、南京农业大学、华中农业大学、四川农业大学等 64 家单位为"一带一路"茶产业科技创新联盟成员。联盟的成立进一步贯彻了实施"一带一路"倡议，促进"一带一路"茶产业的国际合作交流，拓宽茶产业合作领域。

（二）组建茶产业协同创新分院

茶产业协同创新分院由中国乌龙茶产业协同创新中心首席专家杨江帆主任兼任执行院长，由中心主要协同单位福建农林大学、福州大学、福建省农业科学院茶叶研究所、武夷学院共同建设，于 2018 年启动筹建，2019 年正式成立。茶产业分院已拥有茶树种质资源评价与创新、茶叶加工工程与品质评价技术创新、茶叶功能成分化学与资源利用技术创新和茶业经济与茶文化创新 4 个茶产业技术创新实验室，主要工作围绕福建省发展茶产业的战略任务，整合茶产业技术创新资源，积极开展茶产业共性技术和关键技术研发展开，通过高端论坛、对接活动和专业培训等，实现茶产业项目对接、成果转化、技术服务和人才培养交流，提升茶产业链协同创新能力。

茶产业分院注重产学研结合，产业一线的服务，自建成以来，构建了一批对福建省茶产业发展具有重大应用价值的成果，形成具有 64 项成果的信息库，征集企业共性关键技术 24 项，举办 3 场有关茶的大中型对接活动，推进 10 余项创新成果对接，举办各类茶专业培训、技能讲座 10 余场，技术培训和技术服务 60 余场，为企业或各级政府职能部门提供行业公共技术服务 60 余次，在三明市、龙岩市和宁德市各地对口帮扶共计 100 余个村，为福建省茶产业发展、乡村振兴起到了重要的科技支撑作用。分院创建的协同创新茶产业分院网站（http://net.fafu.edu.cn/ccyfy/），吸引国内外知名涉茶高校及科研院所 30 余家入驻，构建了由 150 名国内外知名茶叶专家组成的。目前国内外茶行业中人数最多、覆盖面最广、影响力最大的专家信息数据库。茶产业分院成果显著，是全国首个有关茶的协同创新院，为茶产业协同创新发展与协同机制创新提供示范。

第三节　中国乌龙茶产业协同创新中心建设创新成效

建设期内，中国乌龙茶产业协同创新中心以中国乌龙茶产业重大需求为牵引，围绕乌龙茶种质资源收集、鉴定与创新利用，乌龙茶种质资源基因分型鉴定与质量安全，乌龙茶保健功效、分子机制与深加工产品研发，中国乌龙茶产业信息化与发展研究，以及中国乌龙茶"一带一路"贸易与文化研究等关键技术开展联合攻关，研究形成一批促进乌龙茶产业提升的关键技术成果。其中，第一部分"中国乌龙茶产业种质资源与共性技术创新利用"下设三个专题，分别为中国乌龙茶种质资源的收集鉴定与选育、中国乌龙茶产业共性技术、中国乌龙茶功能成分与新产品开发；第二部分"中国乌龙茶产业发展研究"下设两个专题，分别为中国乌龙茶产业链研究、中国乌龙茶营销模式与品牌建设研究。

截至目前，中国乌龙茶产业协同创新中心共发表论文 69 篇，其中一级期刊论文 15 篇，SCI、EI 检索论文 17 篇；获得浙江省科技进步一等奖 1 项，福建省科技进步一等奖 1 项，福建省科技进步二等奖 1 项，福建省科技进步三等奖 2 项，南平市科技进步一等奖 1 项，南平市科技进步三等奖 1 项，福建省自然科学优秀学术论文二等奖 1 项；申请或获得国家发明等各项专利 28 项；编写国家级等教材或专著 14 部；承担省部级或其他科研项目 38 项，累积科研经费达 1 700 多万元。

一、中国乌龙茶产业协同创新中心科研创新与产出

（一）积极承担各类科研项目

中国乌龙茶产业协同创新中心承担国家自然科学基金面上项目和福建省科技厅、发改委重大、重点项目近 28 项，承担中国科学技术协会创新驱动助力工程"'一带一路'倡议中国科学技术协会主导型茶产业协同创新共同体建设"项目和"'一带一路'国家茶叶贸易中心"建设项目等多项重大横向科研项目，项目总经费达到 1 700 多万元。

（二）科研产出明显取得成效

截至目前，中国乌龙茶产业协同创新中心共发表论文 260 余篇，其中一级期刊论文 20 篇，SCI、EI 检索论文 40 余篇；获得浙江省科技进步一等奖 1 项，福建省科技进步一等奖 1 项，福建省科技进步二等奖 1 项，福建省科技进步三等奖 2 项，获 2014 年福建省第七届高等教育教学成果奖特等奖 1 项，南平市科技进步一等奖 1 项，南平市科技进步三等奖 1 项，福建省自然科学优秀学术论文二等奖 1 项；申请或获得国家发明等各项专利 28 项；编写国家级等教材或专著 14 部；申报并获批"6.18 虚拟研究院茶产业分院"，每年 80 万元经费。

二、中国乌龙茶产业协同创新中心社会服务与贡献

（一）资源公共服务

建成中国乌龙茶产业协同创新中心门户网站 1 个，中国乌龙茶产业发展数据库 4 个（分别为乌龙茶种质资源数据库、SNP 分子标记图谱数据库、乌龙茶消费与价格数据库和"一带一路"沿线国家茶叶贸易投资数据库），为茶产业提供便捷、前沿、持续地产业信息

互通以及成果转化服务。

（二）产业发展推动

中国乌龙茶产业协同创新中心建成全国品种最为齐全的乌龙茶种质资源圃，并联合魏荫名茶、日春及正山世家等龙头企业，建立了 3 个中国乌龙茶种质资源示范园，累计示范优质品种 60 余种，面积为 1 万多亩，为中国乌龙茶种质资源的保存和示范推广提供了重要的实践参考；在全省建立了 10 余个绿色防控示范基地，示范推广应用科技创新研究成果与集成技术的茶园面积 2 万多亩；乌龙茶精准 SNP 鉴定技术转化地方项目 2 个，分别在宁德市寿宁县及漳州市云霄县对当地茶树资源进行鉴定和评估，助力地方茶产业发展。

（三）成果转化

经福建省发改委批准，中国乌龙茶产业协同创新中心成立 6·18 协同创新院茶产业分院，搭建科技创新平台，编制福建省产业发展规划，发布产业梳理报告，提升我省茶产业科技创新、成果对接、技术服务、技术培训等方面的成效，以创新成果助力茶产业千亿产业集群；此外，茶学福建省高校重点实验室、大武夷茶产业研究院、院士专家工作站等省级科研平台的搭建，对培养和造就一批茶叶科学研究、技术开发和成果转化创新创业人才，提升中国乌龙茶的国际竞争力，促进茶产业健康持续发展均有重要推进意义。

（四）技术培训

中国乌龙茶产业协同创新中心多次主办公益活动，举办绿色防控相关技术培训班 21 期，培训 16 300 余人次，赠送培训材料 1 600 余份；邀请茶学专家开办"武夷茶大讲堂"，主办开设二期"中国乌龙茶非遗传承人高级研讨班"，不断为行业输送专业技术人员。

三、中国乌龙茶产业协同创新中心人才培养与团队建设成效

（一）团队建设

中国乌龙茶产业协同创新中心共培养茶学、园艺学等学科带头人 2 名；"全国优秀茶叶科技工作者" 1 名，"第二届张天福茶叶发展贡献奖""中华优秀茶教师" 1 名、"全国优秀女茶叶科技工作者" 1 名；"福建省高校新世纪优秀人才支持计划" 1 名。中国乌龙茶产业协同创新中心组建的"广东省茶叶产业体系育种团队"经广东省农业厅获批"广东省现代农业产业技术体系创新团队"称号、"中药资源与开发研究导师团队"经福建省教育厅组织评审获得省级优秀研究生团队，为产业发展提供持续稳定高效的技术支撑。中国乌龙茶产业协同创新中心培养博士后 3 名，博士生 12 名，硕士生 38 名，为行业产业培养大量的专业技术人才。中国乌龙茶产业协同创新中心牵头单位已引进教授 3 名，副教授 5 名，博士后 7 名，晋升教授 2 名，副教授 5 名。中国乌龙茶产业协同创新中心多位成员积极赴国外、境外深造与访问，与南非德班理工大学、斯里兰卡佩拉德尼亚大学等就乌龙茶贸易合作与"一带一路"等前沿问题进行合作与探讨。

在人才培养方面，中国乌龙茶产业协同创新中心重视人才团队构建，培养 2 名茶学、园艺学等学科带头人，引进和培养教授（研究员）2 人、副教授（副研究员）5 人，博士后 3 人，团队规模达到 30 人左右，其中博士占 30%，硕士占 70%，并实现动态平衡。

（二）人才培养

茶学专业学生在全国性学科竞赛中屡创佳绩。在"第二届全国大学生茶艺技能大赛"

中获创新茶艺一等奖 1 项、二等奖 1 项、三等奖 1 项；获茶席创新竞技一等奖 2 两项，三等奖 2 项；团体三等奖 1 项。在第二届"中华茶奥会"茶艺大赛中，获茶艺创新竞技团体一等奖、品饮竞技一等奖 1 项、二等奖和优秀奖 4 项。在"2015 中国天门'陆羽杯'国际茶道邀请赛"中，荣获最佳创意奖与铜奖；指导研究生为第一发明人获发明授权专利 3 项；培养博士研究生获得"博士研究生国家奖学金"、培养研究生获得第十四届"挑战杯"福建省大学生课外学术科技作品竞赛三等奖；还承办"熹茗杯"国际大学生乌龙茶创新创业设计大赛，注重对应用型专业技术人才的培养。

四、中国乌龙茶产业协同创新中心依托学科建设成效

（一）依托的茶学学科得到提升

通过与福建农林大学、浙江大学、厦门大学等重点高校高位嫁接、深化与行业主管部门和龙头企业的协同合作，推动学科建设跨越发展，有效提升牵头单位茶学专业人才培养水平和整体办学实力，先后获批福建省省级一流专业（茶学）、福建省省级应用型重点建设学科（园艺学）、福建省示范性专业群（生态食品产业专业群），同时为获得"应用型本科整体转型示范校""福建省 2018—2020 年硕士学位授予培育单位立项建设高校""省级文明校园""福建省征兵工作先进单位""福建省第七批省级水利风景区"等荣誉称号做出重要贡献，2019 年协同单位福建农林大学茶学专业入选国家一流专业，为福建经济社会发展、乌龙茶产业转型升级提供强有力的科技支撑、人才支撑和智力支撑。

（二）带动相关学科、培育交叉学科

中国乌龙茶产业协同创新中心的协同发展，同时带动了基因组学、食品安全、药物化学、分析化学与茶学的交叉融合，产生茶与种质创新、茶与经济文化、茶与健康等茶学新兴学科。

（三）提升主体学科排名

根据办学实力排名，牵头单位武夷学院茶学专业 2018 年全国排名第八。

五、中国乌龙茶产业协同创新中心国际合作交流成效

（一）举办国际论坛、会议

中国乌龙茶产业协同创新中心通过"请进来，走出去"的办法，积极组织和参加各类学术活动，努力提高本学科在全国、全省的学术地位。目前已承办国际学术会议 2 次，国内学术会议 5 次。

2017 年 6 月，在武夷山主办"一带一路"与"万里茶道"武夷山茶事活动和"2017 海峡科技专家论坛分会场——海峡两岸乌龙茶产业发展学术研讨会"；2017 年 4 月，与浙江大学在杭州共同主办"2017 首届庄晚芳茶学论坛暨乌龙茶创新国际会议"；2016 年 11 月，与中共中央党校国际战略研究院、福建社会科学院、福建农林大学等在福建平潭主办"'一带一路'倡议海丝智库高端论坛"，来自全国各高校院士、教授、专家、各行各业代表近 70 人深入研讨，为中国茶产业可持续发展出谋划策，也为"一带一路"倡议实施贡献茶界力量；2016 年 11 月，在武夷山主办"首届海峡两岸乌龙茶（青茶）技艺交流大会暨乌龙茶技艺交流研讨会"；2018 年 6 月 19 日，在福建农林大学举办"一带一路"茶产

业科技创新联盟成立大会暨首届"一带一路"茶产业国际合作高峰论坛。2015—2018 年出席各大型茶事活动 20 余次。包括中非发展合作研讨会、白茶与糖代谢疾病国际高峰论坛、中国茶产业发展高峰论、绿色产业高峰论坛、第二届中国茶旅大会暨 2019 五峰茶产业扶贫对接会。围绕大会的要求与茶产业的需求，组织团队深入研究，为茶产业发展提供新观点与新思路，取得良好的声誉。

（二）开展国际合作

积极开展国际出访学术交流，相继赴南非德班理工大学、斯里兰卡佩拉德尼亚大学、芬兰奥卢大学进行交流访问，并与南非孔子学院达成建立中国乌龙茶文化推广和研修基地的意向；参与中非论坛，会见荷兰欧中现代农业技术研发中心、中欧食品产业发展中心主任朱望钊博士、香港青年大学生相聚福建，体验"海丝"茶陶文化。开展国家茶叶夏令营活动。与德州农工大学、波兰格但斯克医科大学联合开展课题研究，并与 CHNS 和 CKB 等国内外数据库建立良好合作关系。

第四节　中国乌龙茶产业协同创新中心可持续发展能力

以中国乌龙茶产业协同创新中心为依托，集聚校内分散的科研资源，汇集校外高水平创新力量，汇集高水平科研平台，围绕乌龙茶产业需求，为中国乌龙茶产业协同创新中心开展重大科研任务、解决产业重大需求提供良好的可持续发展支撑。

一、中国乌龙茶产业协同创新中心资源集聚能力

（一）人才共享与团队整合

聘请 7 位知名教授担任中心 PI 专家，分别是厦门大学夏侯建兵教授、李绍滋教授、南京农业大学房婉萍教授、福建医科大学徐国兴教授、福建省农业科学院茶叶研究所吴光远教授、福建中医药大学褚克丹教授、福建省农业科学院茶叶研究所陈常颂研究员。

协同各方资源，建成国内最大的乌龙茶种质资源圃，为中国乌龙茶生产和育种提供了物质基础，联合福建农林大学、香江集团有限公司共同研制"一带一路"背景下武夷岩茶的文化传播 VR 以及动漫视频等产品，与福建农林大学共同出版《武夷茶大典》《中国茶产业发展报告（茶业蓝皮书）》等重要书著。

此外，中国乌龙茶产业协同创新中心举办"中国乌龙茶传统制作技艺传承人"高级研讨班，孵化"互联网＋茶产业"高层次创新创业团队，主协办"中国乌龙茶茶叶之旅"国际夏令营，广大吸引、融合校内外人才，刺激创新要素活力释放。与乌龙茶大数据平台共同合作，以建立乌龙茶数据工作站和信息数据库平台、与协同创新中心乌龙茶产业发展研究课题组合作，在厦门大学配合下，建立大数据库为支撑，开展相关数据库与文献信息建设研究，聚集信息资源，激发创新活力，机制保障，更加富有成效地工作。

（二）资源配置与融合

通过中国乌龙茶产业协同创新中心，聚集学科、人才、平台、资源、成果等创新创业的核心要素，发挥高校、院所、企业的各自优势，打破要素、单位、部门之间的壁垒，目前正在与福建省供销社、福建春伦集团有限公司密切合作，聚焦茶叶在"一带一路"发展

的重大需求，开展《"一带一路"国家茶叶贸易中心项目》建议书、《丝路闽茶香——东方树叶的世界之旅》等研究，进一步加强协同，全力推动茶产业进一步与国际接轨，转型升级。进一步扩大合作范围，逐步建立起与北京大学、斯里兰卡佩拉德尼亚大学、南非德班理工大学进浙江大学等相关团队的密切合作。

二、中国乌龙茶产业协同创新中心持续发展潜力

（一）持续开展中国乌龙茶产业关键技术研究

通过中国乌龙茶产业协同创新中心建设，面向国家和地方重大需求的创新能力大幅度提高，在创新平台建设方面成效显著，新增6•18虚拟研究院茶产业分院、大武夷茶产业研究院、福建省高校茶叶工程研究中心、茶学福建省高校重点实验室、国家茶树改良中心福建分中心、国家茶叶质量安全工程技术研究中心、福建茶树及乌龙茶加工科学观测实验站、茶树栽培与茶叶加工技术服务平台、福建省特种茶企业重点实验室等科研平台，为人才培养、学科建设、科学研究提供良好的基础条件。

中国乌龙茶产业协同创新中心将进一步加强和扩大中国乌龙茶种质资源圃和示范园的引领示范作用，加强优特乌龙茶品种的育种和推广，收集更全的茶树品种，将SNP精准鉴定技术推广至全球范围内进行鉴定与评估。中国乌龙茶产业协同创新中心通过功能成分研究，挖掘出更多乌龙茶所含有的健康功能成分，并开展构效关系研究。与其他药食同源中药进行复方研究，极大拓宽乌龙茶的健康应用价值。进一步开展乌龙茶日化、食品、纺织品等开发研究，从喝茶推广到吃茶、用茶，促进乌龙茶对人民生活全面渗透，服务人民对美好生活的追求。

（二）持续聚焦中国乌龙茶文化经济核心问题

创新协同机制体制，将有利于解决乌龙茶产业发展中质量与安全、标准化建设、品牌、营销、效益、互联网开发等方面存在的突出问题，进一步促进中国乌龙茶产业的转型升级与乌龙茶产业结构调整和经济发展方式转变，持续提升乌龙茶产业自主创新能力和国际核心竞争力，从多方面增强中国乌龙茶产业的经济、社会效益，提升中国乌龙茶产业综合竞争力和可持续发展能力。

（三）逐步形成研究特色鲜明的创新团队

通过"两岸四地"校、所、企、媒等多方的交流与合作，中国乌龙茶产业协同创新中心形成"乌龙茶种质资源创新与开发""乌龙茶产业信息化与发展研究"等多个跨学科、跨地域创新团队。不断输送产业急需人才，通过多方联合培养，源源不断地为茶产业输送应用型创新人才。持续为地方茶产业服务，通过中国乌龙茶产业协同创新中心项目成果转化，为地方茶产业发展提供强有力的科技支撑。

第六章 结果与展望

第一节 研究结果

一、优良茶树种质创新与示范推广

中国乌龙茶产业协同创新中心建成全国品种最为齐全的乌龙茶种质资源圃，收集、鉴定茶树种质资源 357 份，杂交创新优良种质 30 份，新品系 39 个，育成新品种 1 个。并联合魏荫名茶、日春及正山世家等龙头企业，建立了 3 个中国乌龙茶种质资源示范园，累计示范优质品种 60 余种，面积为 1 万多亩，为中国乌龙茶种质资源的保存和示范推广提供了重要的实践参考。

二、绿色防控体系创立与集成推广

在全省建立了 10 余个绿色防控示范基地，示范推广应用科技创新研究成果与集成技术的茶园面积 2 万多亩次；发布茶树病虫情报与安全用药方案 20 期 2 000 余份；举办绿色防空相关技术培训班 21 期，培训 16 300 余人次，赠送培训材料 1 600 余份。通过示范推广工作，掌握了各种绿色防控技术的茶区适应性，验证并完善了防控技术模式，茶叶产量稳定提高，防治费用明显下降，单用替代农药亩增收节支 300～500 亩元。同时也辐射带动了基地周边及福建省无公害茶叶和绿色食品茶叶生产的发展。

三、茶叶保健功能挖掘与产品开发

承担企事业单位委托研究项目 15 项，实现专利、成果转化数 8 项。在实验基础上，研究并创制开发了视觉保健茶 1 号、视觉保健茶 2 号、EGCG 口服片、乌龙茶爽含片、茶氨酸片、岩茶核桃、乌龙茶瓜子等系列新食品；乌龙茶洗发皂、乌龙茶洗发水、乌龙茶洗手液、大红袍茶面膜等系列洗护新产品，并在武夷星茶业有限公司、福建香江集团有限公司、杭州英仕利生物科技有限公司等进行产业化集成推广与开发应用，新增产值 1.16 亿元，增收节支 3 367 万元。

四、茶叶经济贸易分析与发展对策

承担省部级以上科研项目和重大横向科研项目 14 项，申请专利 6 项。建成研发霍格沃兹的墙产品 1 个，在国家 AAA 级旅游景区春伦茉莉花茶文创园供旅游体验；在日春集团制成铁观音 AR 产品 1 个，供门店新品培训和消费者便捷使用；主办二期"中国乌龙茶非遗传承人高级研讨班"，为行业培训高端专业技术人员 150 余人。

建成中国乌龙茶产业协同创新中心门户网站 1 个，中国乌龙茶产业发展数据库 4 个（分别为乌龙茶种质资源数据库、SNP 分子标记图谱数据库、乌龙茶消费与价格数据库和"一带一路"沿线国家茶叶贸易投资数据库），为茶产业提供便捷、前沿、持续地产业信息互通以及成果转化服务。

五、开展中国乌龙茶文化传播

承担"一带一路"国家茶叶贸易中心建议书编写和中国科学技术协会"创新驱动助力工程项目"课题《"一带一路"倡议中国科学技术协会主导型茶产业协同创新共同体建设》项目，协同中国乌龙茶协同企业香江集团研制"一带一路"背景下武夷岩茶文化呈现创新产品 VR1 个，并在香江园供高级游学班会员使用；制作乌龙茶动漫微视频 1 个，已完成"基于一带一路与自贸区下的中国乌龙茶贸易研究"系列研究报告 4 份。主编出版新时代第一部讲述茶叶与丝路故事的书著《丝路闽茶香——东方树叶的世界之旅》，入选福建省第十三届"书香八闽"全民读书月活动百种优秀读物推荐目录第 78 项。

六、申报发改委并获批茶产业分院

2018 年 12 月，经福建省发改委批准，依托福建农林大学园艺学院筹建协同创新院茶产业分院，搭建科技创新平台，编制福建省产业发展规划，发布产业梳理报告，提升福建省茶产业科技创新、成果对接、技术服务、技术培训等方面的成效，以创新成果助力茶产业千亿产业集群。2019 年 3 月，完成了分院网站（网页）建设。2019 年 8 月 28 日，中国·海峡创新项目成果交易会组委会组织专家验收，分院顺利通过考评，摘除"筹建"。经过 1 年多的建设，取得很多的成效，吸引国内外知名涉茶院校及科研院所 30 余家入驻，构建了由 118 位国内外知名茶叶专家组成专家信息库；同时，茶产业分院是全国首个有关茶的协同创新院，为茶产业协同创新发展与协同机制创新提供示范。

第二节　展望与对策建议

一、研究展望

1. 乌龙茶资源方向　围绕乌龙茶种质资源创新、新品种选育、高效利用研究的关键问题，今后重点开展以下 3 个方面的研究工作：①乌龙茶种质资源收集保存和鉴定评价。开展乌龙茶种质资源的收集、整理、基因分型与综合评价研究，重点收集、挖掘福建和广东产区茶树形态性状特异和品质成分优特等具有重要利用价值的种质和基因资源。②乌龙茶重要性状遗传机理解析。开展乌龙茶高香品种的基因组测序和茶叶香气、滋味等重要品质性状相关基因的挖掘，选育优异育种新材料。利用现代技术手段，挖掘控制茶树品质、抗性性状的基因及其调控单元，解析其调控机理，服务于乌龙茶育种实践。③乌龙茶新品种选育与推广。以乌龙茶产业对优异品种的重大需求，开展高香优质、早生、特异等类型的乌龙茶新品种选育与推广，充分发挥良种对乌龙茶产业的支撑作用。

2. 乌龙茶保健方向 围绕乌龙茶在健康和深加工方面等关键问题，今后重点开展以下3个方面的研究工作：①通过研究不同焙火程度乌龙茶化学成分和生物活性变化结果，对于科学精确指导不同人群对乌龙茶的选择，了解乌龙茶对未来人类健康更多和更新的功能，开发更多功能产品和药物。目前我国随着人口老年化人群的增加，怎样预防和通过健康生活方法减少老年性疾病发生和发展尤为重要。如项目成果可以为阿尔兹海默症人群和对爱美人群提供科学饮用乌龙茶方法达到一定的预防作用，为国家2030健康中国计划的实施提供一定的科学方法，也可以推进茶农增收。成果可以促进乌龙茶深加工产品的开发，如活性成分茶黄素保健品和功能食品的开发。②活性成分黄酮类化合物护齿剂的开发，乌龙茶日化产品开发和推广，均可以促进乌龙茶产业向科学性和健康的轨道上顺利前进。③借用政府力量将项目成果通过科学饮茶科普方式进行推广，继续设立项目进行成果的转化，让科研成果为社会服务，为实现大健康中国做出更多贡献。

3. 乌龙茶经济方向 围绕乌龙茶产业发展等关键问题，今后重点开展以下3个方面的研究工作：①中国乌龙茶在宏观经济下行压力以及疫情影响下，国外出口受阻，深入研究国内如何拉动茶叶消费是当下重要课题。②进一步深入解决乌龙茶产业发展中质量与安全、标准化建设、信息化建设等方面存在的问题，提升乌龙茶产业整体实力。③从多方面增强中国乌龙茶产业的经济、社会效益，提升中国乌龙茶产业综合竞争力和可持续发展能力，持续提升乌龙茶产业自主创新能力和国际核心竞争力。

4. 机制创新方面 在体制机制改革创新方面已经形成不少行之有效的措施，但是较多方面依然停留在经验层面。①进一步总结、提升，形成系列制度和理论，从而进一步提升应用的效果，并有助于推广。②继续发挥协同创新中心机制的作用，形成乌龙茶协同创新联盟。③加大协同机制在产业推广的应用与作用研究。

二、对策建议

（1）目前，中国乌龙茶产业协同创新中心成效显著。希望福建省有关部门能进一步支持中国乌龙茶产业协同创新中心扩大影响，发挥更大作用。茶产业作为福建省千亿集群产业，需要其他省份不具有的特色，可进一步推荐进行国家级协同创新中心建设。

（2）中国乌龙茶产业协同创新中心是科技创新机制，各种制度、机制目前还处于探索研究阶段，机制体制需要进一步完善。尤其是财务制度机制，建议可参考国家杰青项目"包干制"，对部分子项目资金灵活应用，并加强监管，保证项目成果的施行、转化和监督。

（3）要进一步打造中国乌龙茶产业协同创新中心共赢机制，要以强带弱，浙江大学、南京农业大学等老牌高校，通过引进人才、协同项目、培养人才、交流经验、指导申报硕士点等方面协助武夷学院新办高校，提升新办高校综合实力。要构建校校、校企长期联合机制，资源共享，互补不足，让协同真正取得共赢。

附 录
APPENDIX

一、主要协同单位简介

武夷学院

武夷学院，创办于1958年，位于素有茶树品种王国、世界乌龙茶和红茶的发源地、晋商万里茶路起点之称的武夷山市。武夷学院茶学专业现为国家级特色专业、福建省重点学科、福建省一流专业、福建省省级特色专业；园艺学科现为福建省省级应用型重点建设学科、农业专业硕士授权点培育；拥有一支学科专业齐全、教学能力强、学术水平较高的教学科研团队，现有专任教师65人，其中教授6人、副教授14人、博士（含在读）18人，校外兼职教师20人。近年来，先后主持和承担国家自然科学基金等50余项；获得国家发明专利2项，福建省科学技术奖二等奖、三等奖各1项，南平市科技进步奖一等奖1项、二等奖1项、三等奖2项，中国茶叶学会科技奖三等奖1项；发表论文70余篇。

研究团队主要骨干：

姓　名	性　别	职　称	学　历	专　业
洪永聪	男	教授	博士	茶学
李远华	男	教授	博士	茶学
张　渤	男	高级经济师	硕士	茶学
张见明	男	高级农艺师	学士	园艺
王飞权	男	副教授	博士	茶学
叶江华	男	副教授	博士	茶学
侯大为	男	讲师	硕士	茶学
刘勤晋	男	教授	学士	茶学
陈荣冰	男	研究员	学士	茶学

福建农林大学

福建农林大学，是福建省重点支持建设的三所高水平大学之一，是农业部、国家林业和草原局与福建省人民政府共建大学，是福建省唯一的农林本科高校。福建农林大学茶叶科技与经济研究所，现有教学科研人员 17 人，其中教授（研究员）4 人，副教授 5 人，博士 12 人（博士生 4 人），同时聘请了多名校外兼职教授、研究员。实验室拥有尖端的科研仪器设备，主要开展茶叶保健功效与作用机制、茶业经济与茶文化、茶树遗传育种与生物技术、茶叶质量安全与资源利用等方面研究。近年来，研究所承担国家自然科学基金等项目 50 多项；先后获得福建省科学技术进步奖 3 项，市级科学技术奖 3 项，授权发明专利 7 件；主编《中国茶产业发展研究报告（茶业蓝皮书）》以及主编副主编农业部"十二五"规划本科教材等茶学专著 20 余部。

研究团队主要骨干：

姓 名	性 别	职 称	学 历	专 业
杨江帆	男	教授/博导	博士	茶学
叶乃兴	男	教授	硕士	茶学
谢向英	女	副教授	博士	茶叶经济
郑德勇	男	副教授	博士	林产化工
管 曦	男	副教授	博士	茶叶经济
陈 潜	男	副教授	博士	茶叶经济
林 畅	女	讲师	博士生	茶叶经济
岳 川	男	副教授	博士	茶学
金 珊	女	讲师	博士	茶学
曹红利	女	讲师	博士	茶学
黄建锋	男	助理实验师	硕士	茶学

浙江大学

浙江大学，直属于中华人民共和国教育部，是中国首批 7 所"211 工程"、首批 9 所"985 工程"重点建设的全国重点大学之一；是 C9 联盟、世界大学联盟、环太平洋大学联盟的成员，是中国著名顶尖学府之一。浙江大学茶叶研究所，依托于浙江大学茶学学科，成立于 1952 年，现有教学和科研人员 27 人，其中教授 7 人，副教授 8 人。主要研究内容涉及茶叶天然抗氧化剂作用机理及其新产品开发，茶叶深加工工艺及设备开发，茶树无公害栽培，茶树重要性状相关基因克隆，抗虫基因遗传转化和抗虫茶树品种选育等。荣获各级奖励 60 余项，省、部级以上科研成果奖 30 余项，其中国家发明奖 1 项，全国科学大会奖 1 项，国家级科技成果奖 1 项，省（部）级科技成果一、二等奖 6 项，三等奖 16 项。

研究团队主要骨干：

姓　名	性　别	职　称	学　历	专　业
屠幼英	女	教授/博导	博士	茶学
李　博	男	副教授	博士	生物化学
何普明	男	教授	博士	食品营养
吴媛媛	女	副教授	博士	茶学
张星海	男	教授	博士	茶学

华南农业大学

华南农业大学，建立于 1909 年，是广东省和农业部共建的省部共建大学，国家重点建设大学，国家卓越农林人才教育培养计划改革试点高校。

华南农业大学茶学学科，创建于 1930 年的中山大学农学院茶蔗部，目前设有 6 个试验室。华南农业大学茶业科学研究所为依托于本校茶学学科的科研机构。主要在特色茶树资源利用、茶树高产优质栽培技术、茶叶深加工和综合利用以及茶叶加工新技术与新机械等方面进行了较深入的研究，并取得了一定的成果。近年来，先后承担了国家自然科学基金、广东省自然科学基金、广东省科技攻关项目、农业部丰收计划项目等项目 30 余项；有两项成果通过农业部主持的成果鉴定，1 项获广东省二等奖，1 项获农业部三等奖。

研究团队主要骨干：

姓　名	性　别	职　称	学　历	专　业
黄亚辉	男	教授	博士	茶学
张灵枝	女	副教授	博士	茶学
曾　贞	女	副教授	硕士	茶学
覃松林	男	高级农艺师	硕士	茶学

福建省农业科学院茶叶研究所

福建省农业科学院茶叶研究所始建于 1935 年，现有在职员工 85 名，其中研究员 5 名，副研究员 9 名，博、硕士（生）34 名。研究所拥有国家级创新平台 6 个，省级创新平台 2 个，征集保存国内外茶树种质资源 2 510 多份。

近年来，研究所荣获国家、省部级成果奖 56 项。成果涵盖茶树品种、茶树栽培、植物保护、茶叶加工与设施等方面。申报发明专利、品种权 10 项。育种成果获全国科学大会奖 3 项、省科技进步二等奖 3 项、省科学成果三等奖 1 项，省农科院科学技术一等奖 1 项、二等奖 2 项。

研究团队资源与育种主要骨干：

姓　名	性　别	职　称	学　位	专　业
陈常颂	男	研究员	硕士	茶学
林郑和	男	副研究员	博士	植物生理
游小妹	女	副研究员	硕士	茶学

研究团队植保主要骨干：

姓　名	性　别	职　称	学　位	专　业
吴光远	男	研究员	学士	植物保护
王定锋	男	副研究员	硕士	植物保护
王庆森	男	研究员	硕士	植物保护
曾明森	男	研究员	学士	植物保护

厦门大学

厦门大学，由著名爱国华侨领袖陈嘉庚先生于 1921 年创办，是中国近代教育史上第一所华侨创办的大学，也是国家"211 工程"和"985 工程"重点建设的高水平大学。厦门大学信息学院，可追溯至 1982 年成立的厦门大学计算机科学系，于 2019 年 6 月由原厦门大学信息科学与技术学院和原软件学院合并组建而成，是国内最早组建的计算机系之一。在职教职工 218 人，国家及省市各类人才计划入选者、教学名师等 30 余人次。信息学院学子多次获得国内外高水平专业竞赛最高奖，"厦门大学中美青年创客交流中心"获教育部首批授牌。学院先后与美国、加拿大、荷兰等国家和地区的 10 余所著名高校签订了合作办学与学术交流协议。

研究团队主要骨干：

姓　名	性　别	职　称	学　历	专　业
夏侯建兵	男	教授	博士	软件工程
符晓珠	女	无	硕士	计算机技术
杨丽华	女	工程师	硕士	软件工程
肖梦	女	无	学士	软件工程

福州大学

福州大学创建于 1958 年，是国家"双一流"建设高校、国家"211 工程"重点建设大学、福建省人民政府与国家教育部共建高校。福州大学食品安全与生物分析教育部重点实验室，2005 年获立项建设。是我国食品安全和生物分析相关领域的科学研究和人才培养基地。实验室固定人员 34 人，流动人员 33 人，包括教育部长江学者特聘教授 1 人、国家杰青获得者 1 人、百千万人才工程国家级人选 1 人、国家万人计划和科技部中青年科技创新领军人才 2 人等优秀人才。近 2 年在国内外著名学术期刊上发表论文 200 余篇，获国家授权发明专利 40 余项，获省科技进步一等奖 2 项、省科技进步奖二等奖 2 项、中国分析测试协会科学技术奖特等奖和一等奖各 1 项。

研究团队主要骨干：

姓　名	性　别	职　称	学　历	专　业
张　兰	女	教授	博士	分析化学
陈宗保	男	教授	博士	食品安全与药物化学
张文敏	男	副教授	博士	食品安全与药物化学
陈　晖	男	无	博士	分析化学

南京农业大学

南京农业大学前身可溯源至 1902 年三江师范学堂农学博物科和 1914 年私立金陵大学农科。南京农业大学是国家"211 工程"重点建设大学、"985 优势学科创新平台"和"双一流"建设高校。南京农业大学现有 20 个学院（部），是首批通过全国高校本科教学工作优秀评价的大学之一。南京农业大学拥有一级学科国家重点学科 4 个，二级学科国家重点学科 3 个，国家重点培育学科 1 个。"十二五"以来，到位科研经费 60 多亿元，获得国家及部省级科技成果奖 200 余项，其中作为第一完成单位获得国家科学技术奖 12 项。主动服务国家脱贫攻坚、乡村振兴战略，凭借雄厚的科研实力，创造了巨大的经济社会效益，多次被评为"国家科教兴农先进单位"。

研究团队主要骨干：

姓　名	性　别	职　称	学　历	专　业
房婉萍	女	教授	博士	茶学
朱旭君	男	副教授	博士	茶学
马媛春	女	讲师	博士	茶学
李　芳	女	博士后	博士	茶学

宁德师范学院

宁德师范学院，创办于 1958 年，2010 年 3 月教育部批准生格为本科院校，其中 2002 年成立生物技术与应用专业（专科），2010 年升格为生物技术专业（本科），2017 年该专业被福建省教育厅批准为应用型学科，开始组建一支茶学研究团队，以刘伟研究员作为学科带头人，整合我校不同学院（生科院、化材院、信机学院、语言与文化学院）以及企业、行业的力量，成立了茶产业与文化研究所。在此基础上，通过引进和培养高层次人才，已建立起一支高水平的教学科研团队，茶学专业申报通过教育部评审。近年来，先后主持和承担国家、省市、校级各类项目20余项；获得国家发明专利4项，新型专利5项，宁德市科技进步奖三等奖2项，发表论文20余篇。

研究团队主要骨干：

姓　　名	性　　别	职　　称	学　　历	专　　业
刘　伟	男	研究员	博士	植物病理学
陈美霞	女	副教授	博士	生物化学与分子生物学
郑世仲	男	副教授	博士	茶学
连玲丽	女	副教授	博士	生物化学与分子生物学
钱庆平	女	讲师	硕士	计算机应用技术
余亚飞	男	工程师	学士	机械设计制造及其自动化

福建医科大学

福建医科大学创建于1937年，是我国建校较早的公立本科医学院校之一。学校是一所以医为主，多学科协调发展，具有完整人才培养体系的福建省"双一流"建设高校。福建省眼科研究所于1993年经福建省科委批准成立，挂靠福建医科大学附属第一医院。福建省科技创新领军人才徐国兴教授任所长。现有教授、主任医师7人，副教授、副主任医师8人，眼科学博士13人、硕士生18人。近年来，福建医科大学附属第一医院、福建省眼科研究所承担了国家自然科学基金项目9项、省部级科研课题26项。在国内外医学刊物公开发表论文500多篇，出版国家眼科教材6部、眼科专著三部。获得国家专利5项，福建省科学技术奖二等奖3项、三等奖6项，福建省眼科研究所现有病床58张。

研究团队主要骨干：

姓　　名	性　　别	职　　称	学　　历	专　　业
徐国兴	男	教授、主任医师/博导	大学	眼科学
郭　健	男	主任医师、副教授	博士	眼科学
谢茂松	男	主任医师、副教授	博士	眼科学
徐　巍	男	副主任医师	博士	眼科学
崔丽金	男	主治医师	硕士	眼科学
姚　瑶	男	主治医师	硕士	眼科学

福建中医药大学

福建中医药大学创建于 1958 年，是我国创办较早的高等中医药院校之一，两次入选福建省重点建设高校，是福建省"一流大学"建设高校。福建中医药大学药学院的前身为福建中医学院中药系，办学历史可追溯到学校创办之初，2010 年药学系更名为福建中医药大学药学院。学院教师拥有 3 名闽江学者，1 名福建省第三批特殊支持"双百计划"科技创新领军人等多位高层次人次。学院拥有国家级、省部级、地厅级等 19 个科研服务平台。近三年学院取得科研成果 14 项；发表论文 367 篇，其中 SCI 64 篇，核心期刊 124 篇；申请专利 69 项；获中国中西医结合学会科学技术奖三等奖、中华医学科技奖三等奖、中国民族医药学会科学技术奖二等奖、福建省科学技术进步二等奖等。

研究团队主要骨干：

姓　名	性　别	职　称	学　历	专　业
褚克丹	女	教授	学士	中药学
徐　伟	男	教授	博士	中西医结合
张玉琴	女	副教授	博士	中西医结合
李　煌	男	副教授	博士	中西医结合
吴　仲	男	讲师	在读博士	食品科学

福州海关技术中心

福州海关技术中心，创办于 1998 年，前身为福建出入境检验检疫局技术中心，现有在职人员 76 人。包括博士 11 人、硕士 36 人，正高级职称人员 13 人，副高级职称人员 35 人。有 3 位享受"国务院特殊津贴"专家。目前获得 CNAS 认可和计量认证的检测项目涉及食品（含茶叶）、化妆品、水、饲料以及生物、化工、机械、电气、动植物检疫等多领域的 442 类产品、2120 个标准。中心拥有仪器设备总价值约 2.5 亿元，其中 100 万元以上的仪器设备 70 余台套。2010 年以来，获省部级以上科研立项 53 项；国际标准立项 2 项，国家标准立项 20 项；科研获奖 94 项，其中国家科技进步奖二等奖 1 项，省部级奖项 29 项；发表论文 300 余篇。

研究团队主要骨干：

姓　名	性　别	职　称	学　历	专　业
蔡春平	男	研究员	硕士	食品科学
于文涛	男	高级农艺师	博士	植物学
郑　晶	女	研究员	硕士	食品科学
杨　方	女	研究员	博士	食品科学
沈建国	男	研究员	博士	植物保护

福建省茶叶质量检测与技术推广中心

福建省茶叶质量检测与技术推广中心于 1986 年经福建省编制委员会批准成立，是我省最早组建的茶叶专业检验检测机构。2016 年 10 月，更名为福建省茶叶质量检测与技术推广中心。主要承担茶叶安全生产指导、新技术推广和技能培训工作；从事茶叶质量检验、品质鉴定等工作。自 1992 年开始，持续多年通过福建省质量技术监督局的实验室资质认定和授权认证。中心拥有一支技术过硬、经验丰富的茶学、化学、生物学、感官审评、质量管理等方面的专业人员队伍。实验室拥有 50 多台（套）用于茶叶及茶制品质量检测的大型精密仪器。

福建省气候中心

福建省气候中心于 2006 年 6 月重新组建，隶属福建省气象局的正处级直属事业单位。主要开展气候灾害监测与诊断、气候预测、延伸期预报、气象灾害影响评估、气候影响评价、气候应用服务与研究、气候资源开发利用、气候变化影响评估和对策研究、福建省茶叶气候品质认证关键技术研究等；中心拥有健全的计算机网络系统；有一支以中青年技术骨干为主体，由天气、气候和计算机技术等专业人员组成的学历层次高、科研开发和业务能力强、实践经验丰富的专业队伍。近年来组织完成多项国家级、省部级以上科研项目，获多项省部级科学技术进步奖，发表多篇 SCI 论文，具有很强的科研实力。

海峡消费报

《海峡消费报》于 1985 年创刊，是福建日报报业集团系列报之一，全国十强消费周报，是全国发行的省级新闻媒体，同时也是福建省记者协会消费维权工作委员会主任单位。《海峡消费报》以"聚焦市场监管，服务消费维权"为定位，紧紧围绕市场监管、消费维权开展工作，是福建省市场监管的省级媒体宣传平台，是每年福建省 315 主会场联办刊物。报社现已形成微博、微信、公众号、抖音号、视频号等相关融媒体矩阵。在报道内容上，涵盖食品安全、质量监督、市场监管、消费维权、商品抽检、权威发布、品牌知识产权、标准化建设等各个领域，始终将目光集中在经营与消费的"热点、难点、焦点"上。

福建春伦集团有限公司

福建春伦集团有限公司原名"福州春伦茶业有限公司"，成立于 1985 年，是农业产业化国家重点龙头企业、"世界最具影响力品牌"企业、"中国茉莉花茶传承品牌"企业、中国茶业行业百强企业，还是全国茶叶标准化技术委员会花茶工作组秘书长单位。春伦集团拥有 3.8 万多平方米的现代化厂房，先进的自动化、洁净化茶叶生产线以及优质服务的销售网络，产品从原来的单一化走向系列化、多元化，主要生产各种"春伦"牌福州茉莉花茶、绿茶、铁观音、大红袍、红茶、白茶、速溶茶、茶饮料、保健茶以及高、中档礼品茶及茶食品等。全国范围内拥有 200 多家直营店与春伦名茶茶馆。

日春股份公司

日春股份公司是一家从茶叶基地科研、生产、到"不二价销售＋100％直营连锁销售体系"的全产业链"国家级农业产业化重点龙头"企业，公司注册资本一亿零八百万元，以"日春·中国茶"为终端连锁品牌，公司分别在安溪成立了安溪日春农业开发公司负责"日春"牌铁观音生产、在武夷山成立了武夷山红方茶业有限公司负责"红方"牌武夷茶生产、在福鼎成立了福鼎如意祥茶业有限公司负责"煮煮相传"牌白茶生产，在云南成立了云南勐海勐润茶业有限公司负责"勐润号"普洱茶生产，在杭州成立了杭州龙心大悦茶业有限公司负责"江南美人"牌绿茶、花茶生产，公司还经营有"恒也"沉香茶艺品、"民间艺人"茶点等系列产品，以及以茶文化为主题的日春茶道酒店。

福建香江集团有限公司

武夷山香江茶业有限公司成立于 2006 年 10 月 24 日，是集茶叶种植、生产、销售、科研、茶文化传播与茶产业生态文化旅游为一体的农业产业化省级重点龙头企业。企业年产量达 30 万千克，年产值 2 亿元，每年上缴的纳税额连续被评为武夷山市茶产业纳税大户奖，为武夷山茶产业纳税前五名企业。先后荣获武夷山市茶产业品牌创建先进企业、武夷山市茶产业纳税大户、南平市纳税信用 A 级单位、武夷山市第三届"十佳"诚信茶企业、南平市守合同重信用企业、福建省科技型企业、福建省农业产业化省级重点龙头企业、福建省首批观光工厂、福建省专精特新中小企业、金砖国家领导人厦门会晤赞助企业、中国五星级茶馆、国家 4A 级旅游景区、中国茶业行业百强企业、中国乌龙茶十大杰出品牌等诸多荣誉。

武夷山正山世家茶业有限公司

武夷山正山世家茶业有限公司成立于 2009 年，是一家集茶叶生产销售与茶文化推广为一体的企业。"金日良茗"作为公司的品牌已经逐渐深入人心，在国内的多个重要城市设立了加盟与直营店，带动就业 300 多人。从西南的重镇成都，到中原腹地的郑州，再到东北的哈尔滨；从祖国的首都北京，到中国经济的热土上海，到开放脉动的深圳，再到有福之州的福州。未来还会有更多爱茶的人加入我们的阵营，正山世家人传播正宗武夷茶的脚步不曾停歇。生产的主要产品"梦难求""熹硒""茶香不怕山涧深""金不换""则宏天下""深山幽谷"得到茶界专家以及爱茶人士的认可，2012 年与北京求是杂志《红旗文摘》战略合作。

魏荫名茶有限公司

福建安溪岐山魏荫名茶有限公司前身是创办于 1985 年的"安溪县西坪岐山茶叶加工厂"，现发展成为一家集茶业种植、加工、销售、科研、茶文化传播和茶文化旅游为一体的综合性茶企。公司总部设在安溪县城东工业开发区，占地 27 亩，总建筑面积 1．5万余平方米。公司董事长魏月德先生作为铁观音第九代嫡传人、国家级非遗乌龙茶铁观音制作技艺代表性传承人、中国制茶大师、安溪铁观音制茶荣誉大师。公司踏实走过 30 年，先后荣获"福建省农业产业化省级重点龙头企业""福建省非物质文化遗产生产性保护示范基地""福建省名牌农产品""福建省工业旅游示范点"等，得到社会各界的认可。

福建融韵通生态科技有限公司

福建融韵通生态科技有限公司于 2016 年成立于福建省福州市，为福建信通捷网络科技股份有限公司的控股子公司，是一个以茶与周边为服务对象的的数字茶产业生态科技型公司，公司业务以茶与周边的产业链整体服务为重点，推出了智慧茶窖、茶树管理、茶样全息数据库、智能鉴定、茶城商管、数字云店、茶间连锁、商圈直供、茶行业聚合一码通、区块链、营销工具、茶学在线培训、传家艺匠、海丝茶学融媒体等基于 SAAS 的全产业链信息化互联网产品及文化周边平台。多次承办大型斗茶赛，获得和苑博物馆收藏奖，武夷山政府颁发的茶博会贡献奖，永春农业局贡献奖。

华宸互动科技（北京）有限公司

华宸互动科技（北京）有限公司成立于 2010 年。公司致力于虚拟现实应用开发领域，专注于视景仿真、工程仿真和系统集成服务，是一家立足于高端制造业虚拟仿真整体解决方案提供商和服务商。公司先后与国内、欧洲、北美虚拟现实技术团队和硬件厂商建立了长期合作关系，整合全球领先技术和资源，形成以虚拟仿真底层技术研发、技术咨询、内容研发、硬件集成、项目实施和运营维护为核心业务的完整服务链。华宸互动全资子公司乐为科技（福建）有限公司，在福建省内作为省内 VR 知名企业致力于打造福建特色 VR内容，包含福建茶文化，福建建盏文化，福建特色旅游等，与众多当地知名企业合作。为数字福建做出贡献。

福建上呈茶业有限公司

福建上呈茶业，源自 1882 年光绪八年间陈氏茶坊，旗下（百岁岩）岩茶及（上呈）白茶多次荣获国际、国内金奖、银奖。是一家专注茶业，继承传统，集茶叶种植、精制、销售及茶文化传播为一体的茶业专业公司。上呈千亩生态茶园根植福建茶叶核心源产区，在武夷山国家森林公园和太姥山风景区分别拥有岩茶和白茶两大生态茶园基地。茶园出产的茶叶种类丰富，品质优良。其中（百岁岩）武夷岩茶有纯种大红袍、肉桂、水仙、铁罗汉等十余个系列产品。（上呈）白茶有白毫银针、白牡丹、上呈老白茶等三大系列产品。产品远销英国、美国、澳大利亚、匈牙利、俄罗斯、东南亚等国家与地区，同时也是国内茶商的重要供应商。

二、中国乌龙茶种质资源圃资源名录

乌龙茶种质资源名录

序号	品种名称	数量	收集单位	序号	品种名称	数量	收集单位
1	白芽奇兰	300	武夷学院	33	芝兰香	52	华南农业大学
2	大红袍	300	武夷学院	34	八仙香	50	华南农业大学
3	青心乌龙	300	武夷学院	35	老仙翁	50	华南农业大学
4	紫牡丹	300	福建省农业科学院茶叶研究所	36	红蒂	58	华南农业大学
5	紫玫瑰	300	福建省农业科学院茶叶研究所	37	凤凰苦茶	48	华南农业大学
6	矮脚乌龙	230	武夷学院	38	城门香	52	华南农业大学
7	向天梅	300	福建省农业科学院茶叶研究所	39	探春香	50	华南农业大学
8	留兰香	300	福建省农业科学院茶叶研究所	40	凤凰水仙	52	华南农业大学
9	0317 - A	300	福建省农业科学院茶叶研究所	41	贡香	129	武夷学院
10	510	300	福建省农业科学院茶叶研究所	42	乌叶单丛	140	武夷学院
11	玉麒麟	300	福建省农业科学院茶叶研究所	43	棕榈香	51	华南农业大学
12	水金龟	150	福建省农业科学院茶叶研究所	44	托富后	52	华南农业大学
13	大叶乌龙	150	武夷学院	45	鸭屎单丛	133	武夷学院
14	八仙茶	220	武夷学院	46	姜母香	51	华南农业大学
15	金桂	220	武夷学院	47	宋种	20	华南农业大学
16	白牡丹	220	武夷学院	48	杏仁香	52	华南农业大学
17	状元红	220	武夷学院	49	岭头单丛	137	武夷学院
18	小红袍	220	武夷学院	50	翠玉	190	武夷学院
19	老君眉	223	武夷学院	51	青心大有	190	武夷学院
20	0306C	150	福建省农业科学院茶叶研究所	52	本山	190	武夷学院
21	0318A	150	福建省农业科学院茶叶研究所	53	铁观音	190	武夷学院
22	0318D	150	福建省农业科学院茶叶研究所	54	毛蟹	190	武夷学院
23	0318E	150	福建省农业科学院茶叶研究所	55	石乳	150	武夷学院
24	0318F	150	福建省农业科学院茶叶研究所	56	0319	29	福建省农业科学院茶叶研究所
25	0205D	150	福建省农业科学院茶叶研究所	57	丹桂	100	武夷学院
26	3056	150	福建省农业科学院茶叶研究所	58	晏乌龙	100	武夷学院
27	0331E	150	福建省农业科学院茶叶研究所	59	平 101	150	福建省农业科学院茶叶研究所
28	0209 - 10	150	福建省农业科学院茶叶研究所	60	迎春	120	武夷学院
29	黄旦	150	福建省农业科学院茶叶研究所	61	青心奇兰	120	武夷学院
30	白瑞香	175	武夷学院	62	红骨乌龙	159	武夷学院
31	玉蟾	178	武夷学院	63	醉水仙	150	武夷学院
32	红芽	203	武夷学院	64	凤圆春	124	武夷学院

（续）

序号	品种名称	数量	收集单位	序号	品种名称	数量	收集单位
65	红梅	200	武夷学院	100	正太阴	300	福建省农业科学院茶叶研究所
66	瓜子金	210	武夷学院	101	0331-G	300	福建省农业科学院茶叶研究所
67	武夷金桂	260	武夷学院	102	0331-F	300	福建省农业科学院茶叶研究所
68	小叶毛蟹	256	武夷学院	103	玉井流香	300	福建省农业科学院茶叶研究所
69	悦茗香	122	武夷学院	104	胭脂柳	300	福建省农业科学院茶叶研究所
70	竹叶奇兰	121	武夷学院	105	铁罗汉	300	福建省农业科学院茶叶研究所
71	台茶18（红玉）	100	武夷学院	106	雀舌	300	福建省农业科学院茶叶研究所
72	肉桂	300	武夷学院	107	春闺	300	武夷学院
73	春兰	300	武夷学院	108	金凤凰	300	武夷学院
74	福建水仙	300	武夷学院	109	佛手	300	武夷学院
75	北斗	300	武夷学院	110	金毛猴	300	武夷学院
76	百岁香	300	武夷学院	111	金瓜子	300	武夷学院
77	九龙袍	300	武夷学院	112	秋香	300	武夷学院
78	瑞香	300	武夷学院	113	白毛猴	300	武夷学院
79	梅占	300	武夷学院	114	软枝乌龙	300	武夷学院
80	茗科1号	300	武夷学院	115	岩乳	300	武夷学院
81	白鸡冠	300	武夷学院	116	夜来香	300	武夷学院
82	黄观音	300	武夷学院	117	金锁匙	300	武夷学院
83	金牡丹	300	武夷学院	118	金玫瑰	300	福建省农业科学院茶叶研究所
84	0325-A	300	福建省农业科学院茶叶研究所	119	四季春	200	武夷学院
85	0314-C	300	福建省农业科学院茶叶研究所	120	赤叶奇兰	30	武夷学院
86	T2	300	福建省农业科学院茶叶研究所	121	早观音	50	武夷学院
87	0214-1	300	福建省农业科学院茶叶研究所	122	皱面吉	16	武夷学院
88	黄玫瑰	300	福建省农业科学院茶叶研究所	123	慢奇兰	4	武夷学院
89	0331-H	300	福建省农业科学院茶叶研究所	124	醉贵姬	9	福建省农业科学院茶叶研究所
90	半天妖	300	福建省农业科学院茶叶研究所	125	白鸡冠（鬼洞）	5	福建省农业科学院茶叶研究所
91	0205-C	300	福建省农业科学院茶叶研究所	126	姜花香	54	华南农业大学
92	0206-A	300	福建省农业科学院茶叶研究所	127	蜜兰香	52	华南农业大学
93	0312-B	300	福建省农业科学院茶叶研究所	128	棕榈叶	57	华南农业大学
94	0331-I	300	福建省农业科学院茶叶研究所	129	大乌叶	61	华南农业大学
95	金萱	300	福建省农业科学院茶叶研究所	130	野山茶	56	华南农业大学
96	0326-A	300	福建省农业科学院茶叶研究所	131	南姜香	51	华南农业大学
97	0212-12	300	福建省农业科学院茶叶研究所	132	竹叶	48	华南农业大学
98	0326-B	300	福建省农业科学院茶叶研究所	133	鸡笼香	52	华南农业大学
99	瑞茗	300	福建省农业科学院茶叶研究所	134	三月早黄枝香	54	华南农业大学

（续）

序号	品种名称	数量	收集单位	序号	品种名称	数量	收集单位
135	乌崇大乌	49	华南农业大学	162	12	50	华南农业大学
136	皇冠	200	武夷学院	163	17	50	华南农业大学
137	乐冠	200	武夷学院	164	5	50	华南农业大学
138	闽冠	200	武夷学院	165	7	50	华南农业大学
139	黑旦	100	武夷学院	166	1	50	华南农业大学
140	鸿雁 12 号	100	武夷学院	167	18	50	华南农业大学
141	茗冠	120	武夷学院	168	21	50	华南农业大学
142	农大 1 号	100	武夷学院	169	3	50	华南农业大学
143	农大 3 号	150	武夷学院	170	红心肉桂	100	武夷学院
144	农大 2 号	100	武夷学院	171	钜朵	100	武夷学院
145	通天香	100	武夷学院	172	梅尖	100	武夷学院
146	鸡笼刊	100	武夷学院	173	花香	100	武夷学院
147	雷扣柴	100	武夷学院	174	草兰	100	武夷学院
148	2	50	华南农业大学	175	陂头	100	武夷学院
149	16	50	华南农业大学	176	醉贵妃	100	武夷学院
150	11	50	华南农业大学	177	金罗汉	100	武夷学院
151	13	50	华南农业大学	178	正白毫	100	武夷学院
152	10	50	华南农业大学	179	木瓜	80	武夷学院
153	22	50	华南农业大学	180	玉观音	130	武夷学院
154	9	50	华南农业大学	181	墨香	49	武夷学院
155	8	50	华南农业大学	182	红芽观音	60	武夷学院
156	14	50	华南农业大学	183	金面奇兰	48	武夷学院
157	19	50	华南农业大学	184	桃仁	16	武夷学院
158	15	50	华南农业大学	185	早奇兰	58	武夷学院
159	6	50	华南农业大学	186	红孩儿	20	武夷学院
160	20	50	华南农业大学	187	农大 9 号	20	武夷学院
161	4	50	华南农业大学				

红茶、绿茶种质资源名录

序号	品种名称	数量	收集单位	序号	品种名称	数量	收集单位
1	蒙山 4 号	300	武夷学院	5	峨眉问春	300	武夷学院
2	马边绿	300	武夷学院	6	崇庆枇杷茶	300	武夷学院
3	蒙山 9 号	300	武夷学院	7	天府茶 11 号	300	武夷学院
4	蒙山 11 号	300	武夷学院	8	蜀科 3 号	300	武夷学院

（续）

序号	品种名称	数量	收集单位	序号	品种名称	数量	收集单位
9	蜀科 36 号	300	武夷学院	44	黄金袍	300	福建省农业科学院茶叶研究所
10	川农黄芽早	300	武夷学院	45	舒茶早	150	福建省农业科学院茶叶研究所
11	蜀科 1 号	300	武夷学院	46	乌蒙早	150	武夷学院
12	名山早 311	300	武夷学院	47	湘波绿 2 号	150	武夷学院
13	中茶 302	300	武夷学院	48	湘妃翠	150	武夷学院
14	特早 213	300	武夷学院	49	尖波黄	250	武夷学院
15	巴渝特早	300	武夷学院	50	潇湘红 21 - 3	250	武夷学院
16	川茶 9 号	300	武夷学院	51	川黄 2 号	120	武夷学院
17	名山白毫 131	300	武夷学院	52	茗丰	200	武夷学院
18	黄金芽	300	武夷学院	53	潇湘 1 号	200	武夷学院
19	川茶 2 号	300	武夷学院	54	湘红 3 号	200	武夷学院
20	苔子茶	300	武夷学院	55	群体品种	300	武夷学院
21	碧云	300	武夷学院	56	云抗 10 号	300	武夷学院
22	天府茶 28 号	300	武夷学院	57	台大叶	120	武夷学院
23	川茶 3 号	300	武夷学院	58	薮北	150	武夷学院
24	保靖黄金茶 1 号	300	武夷学院	59	劲峰	150	武夷学院
25	槠叶齐	300	武夷学院	60	翠峰	150	武夷学院
26	黄金茶 2 号	300	武夷学院	61	菊兰春	150	武夷学院
27	湘波绿	300	武夷学院	62	英红 9 号	100	武夷学院
28	黄金茶 1 号	300	武夷学院	63	江华苦茶	120	武夷学院
29	桃源大叶	300	武夷学院	64	香山早	150	武夷学院
30	53 - 34	300	武夷学院	65	峨眉 1 号	150	武夷学院
31	白毫早	300	武夷学院	66	北川 1 号	150	武夷学院
32	福云 6 号	300	福建省农业科学院茶叶研究所	67	建和香茶	150	武夷学院
33	白叶 1 号	300	福建省农业科学院茶叶研究所	68	古蔺牛皮茶	150	武夷学院
34	中茶 108	300	福建省农业科学院茶叶研究所	69	花秋 1 号	150	武夷学院
35	乌牛早	300	福建省农业科学院茶叶研究所	70	渝茶 1 号	150	武夷学院
36	迎霜	300	福建省农业科学院茶叶研究所	71	鄂茶 5 号	150	武夷学院
37	福鼎大毫茶	300	福建省农业科学院茶叶研究所	72	乞丐仙	150	武夷学院
38	福鼎大白茶	300	福建省农业科学院茶叶研究所	73	天府红 1 号	150	武夷学院
39	福云 7 号	100	福建省农业科学院茶叶研究所	74	中茶 102	200	武夷学院
40	福安大白茶	300	福建省农业科学院茶叶研究所	75	鄂茶 12 号	200	武夷学院
41	龙井 43	300	福建省农业科学院茶叶研究所	76	南江 4 号	200	武夷学院
42	安徽 3 号	200	武夷学院	77	圆叶茶	200	武夷学院
43	凫早 2 号	300	福建省农业科学院茶叶研究所	78	宜早 1 号	200	武夷学院

序号	品种名称	数量	收集单位	序号	品种名称	数量	收集单位
79	金光	200	武夷学院	114	福云 11－35	200	武夷学院
80	川茶 5 号	200	武夷学院	115	浙农 113	200	武夷学院
81	早白尖 1 号	150	武夷学院	116	湄江绿	200	武夷学院
82	川茶 4 号	150	武夷学院	117	蜀永 401	200	武夷学院
83	川沐 217	150	武夷学院	118	新田大茶	200	武夷学院
84	鄂茶 11 号	150	武夷学院	119	金钥	200	武夷学院
85	黄龙大叶种	180	武夷学院	120	黄山种	200	武夷学院
86	早逢春	150	武夷学院	121	福云 20 号	200	武夷学院
87	紫嫣	150	武夷学院	122	福云 10 号	200	武夷学院
88	川黄 1 号	150	武夷学院	123	蜀永 1 号	200	武夷学院
89	云 63－2	120	武夷学院	124	新品种 79－38－9	200	武夷学院
90	蒙山 23 号	120	武夷学院	125	蜀永 2 号	200	武夷学院
91	巴山早	120	武夷学院	126	川沐 28	200	武夷学院
92	南糯山大茶树（紫色）	150	武夷学院	127	南江 1 号	200	武夷学院
93	竹枝春	200	武夷学院	128	新田湾大茶	200	武夷学院
94	北川 2 号	200	武夷学院	129	金橘	200	武夷学院
95	鄂茶 1 号	200	武夷学院	130	玉兰	200	武夷学院
96	陕茶 1 号	200	武夷学院	131	蜀永 906	200	武夷学院
97	信阳 10 号	200	武夷学院	132	高桥早 4	200	武夷学院
98	春雨 2 号	100	武夷学院	133	渝茶 2 号	200	武夷学院
99	春雨 1 号	100	武夷学院	134	蜀永 3 号	200	武夷学院
100	鄂茶 10 号	100	武夷学院	135	蜀永 808	200	武夷学院
101	桐木奇种	300	武夷学院	136	浙农 702	200	武夷学院
102	黔湄 809	300	福建省农业科学院茶叶研究所	137	南川大茶	200	武夷学院
103	涟云奇奇	300	福建省农业科学院茶叶研究所	138	南糯山大茶树	200	武夷学院
104	千年雪	300	福建省农业科学院茶叶研究所	139	中茶 112	200	武夷学院
105	紫鹃	300	福建省农业科学院茶叶研究所	140	福云 591	200	武夷学院
106	大叶龙	300	福建省农业科学院茶叶研究所	141	早白尖 5 号	200	武夷学院
107	碧香早	300	福建省农业科学院茶叶研究所	142	崇枇 71－1	200	武夷学院
108	福毫	300	福建省农业科学院茶叶研究所	143	浙农 901	200	武夷学院
109	奇曲	150	福建省农业科学院茶叶研究所	144	太红九号	200	武夷学院
110	玉笋	300	福建省农业科学院茶叶研究所	145	浙农 701	200	武夷学院
111	平阳特早茶	300	福建省农业科学院茶叶研究所	146	苔选 03－10	200	武夷学院
112	政和大白茶	150	武夷学院	147	浙农 121	200	武夷学院
113	福云 595	100	武夷学院	148	紫笋	200	武夷学院

（续）

序号	品种名称	数量	收集单位	序号	品种名称	数量	收集单位
149	浙农 902	200	武夷学院	160	皖茶 91	158	福建省农业科学院茶叶研究所
150	南江 2 号	200	武夷学院	161	千年雪 2 号	8	福建省农业科学院茶叶研究所
151	云大种	150	武夷学院	162	黄金叶	120	武夷学院
152	高桥早 6	200	武夷学院	163	中黄 1 号	120	武夷学院
153	蜀永 703	200	武夷学院	164	奶白 1 号	120	武夷学院
154	浙农 12	200	武夷学院	165	郁金香	120	武夷学院
155	椒牛 1	200	武夷学院	166	霞浦春波绿	200	武夷学院
156	浙农 117	200	武夷学院	167	蓬莱苦茶	93	武夷学院
157	水古茶	200	武夷学院	168	苦茶	100	武夷学院
158	福丰 20 号	200	武夷学院	169	四茗雪芽	100	武夷学院
159	高桥早 1	200	武夷学院	170	龙井长叶	100	武夷学院

后 记
POSTSCRIPT

　　《中国乌龙茶种质资源利用与产业经济研究》是在中国乌龙茶产业协同创新中心研究的成果基础上编撰的。中国乌龙茶产业协同创新中心依托武夷学院，由首席专家杨江帆教授领衔，福建农林大学、浙江大学、华南农业大学、厦门大学、福州大学、南京农业大学、福建省农业科学院茶叶研究所、宁德师范学院、福建医科大学、福建中医药大学、福建海关技术中心、福建省茶叶质量检测与技术推广中心站、福建春伦集团有限公司、福建日春股份公司、福建香江集团有限公司、武夷山正山世家茶业有限公司、魏荫名茶有限公司、福建融韵通生态科技有限公司、福建日报报业集团《海峡消费报》、福建省气象局、乐为科技有限公司等校、所、企等单位协同创新，协同创新以中国乌龙茶产业技术与发展重大需求为牵引，发挥福建省为中国乌龙茶茶产业的区位、资源与国家特色专业的优势，实行高校、院所、企业，建立资源、人才与平台共享机制，提升产学研创四位一体的创新能力，服务国家茶产业体系发展战略，推动中国乌龙茶产业转型升级。

　　协同创新聚焦中国乌龙茶种质资源与产业发展的关键问题，主要围绕中国乌龙茶三个方向开展：①主攻中国乌龙茶种质资源与共性技术协同创新；②乌龙茶产业资源创新利用与保健功能开发；③中国乌龙茶产业可持续发展对策研究等。中国乌龙茶产业协同创新中心从 2015 年至 2019 年，协同创新 5 年，参与单位 30 余个，参与人员 100 余人，成果丰硕。

　　本书一共分为六章，各章主要编纂者是：第一章总论，杨江帆、黄建锋；第二章中国乌龙茶种质资源技术开发，叶乃兴、陈常颂、张渤、洪永聪、黄亚辉、房婉萍、刘伟、陈荣冰、王飞权、张见明、李远华；第三章中国乌龙茶产品技术开发，屠幼英、杨江帆、徐国兴、褚克丹、张兰、郑德勇、李博，第四章中国乌龙茶产业技术开发，杨江帆、夏侯建兵、李绍滋、何长辉、吴光远、管曦、谢向英、陈潜、林畅，第五章协同机制开发，杨江帆、叶乃兴、杨昇、张渤、洪永聪、张见明；第六章结论与展望，杨江帆、叶乃兴、屠幼英；统稿，杨江帆、王鹏杰、吴仲、陈潜、黄建锋。福建茶文化经济研究中心工作人员、福建农林大学茶叶科技与经济研究所研究生参与了部分研究工作。

《中国乌龙茶种质资源利用与产业经济研究》的顺利编写与出版，凝聚了协同中心所有成员的汗水与智慧。同时，得到了刘仲华院士、翁伯琦研究员、杨昇教授以及相关社会人士的大力支持与关心，在此一并致谢！

全书涵盖乌龙茶产业各个领域的前沿问题研究成果，具有很好的理论参考与实践指导价值。同时，乌龙茶产业协同创新工作是个系统工程，研究涉及面大，研究内容多，需要大团队，持续多年才能做好，本书呈现的内容，因研究年限短，难免挂一漏万，存在相关不足，敬请广大读者批评指正。

编　者

2020 年 5 月

2017年12月中国乌龙茶产业协同创新中心在华南农业大学召开2017年度工作会议及学术论坛

2018年8月中国乌龙茶产业协同创新中心在武夷山召开2018年中期工作会议

2018年12月中国乌龙茶产业协同创新中心在南京农业大学召开2018年度工作会议

2019年7月中国乌龙茶产业协同创新中心在福建农林大学召开项目各分专题验收会

2019年11月中国乌龙茶产业协同创新中心在宁德师范学院召开迎接验收准备工作会议

2016年11月中国乌龙茶产业协同创新中心在平潭召开"一带一路"倡议海丝智库高端论坛

2018年8月在福州召开《中华茶通典·茶产业经济典》2018年中期工作会议

2018年9月在湖南农业大学召开《中华茶通典》2018年度工作会议

2019年4月协同创新团队在漳平开展茶叶考察与培训服务

2019年9月首届"一带一路"农产品投资合作论坛《中国茶产业发展研究报告2018（茶业蓝皮书）》发布会与赠书现场

2019年9月在福州进行《丝路闽茶香——东方树叶的世界之旅》首发式与赠送现场

2019年12月 中国乌龙茶产业协同创新中心首席专家杨江帆教授在中国茶叶有限公司成立70周年会暨大咖茶话沙龙上做关于新时代中国茶业新发展的发言

2020年4月中国乌龙茶产业协同创新团队助推少数民族茶叶发展

2020年首届海丝国际茶文化论坛

2020年12月在福州召开首届茶产业协同创新论坛暨第二届"一带一路"茶产业科技创新联盟大会

2020年12月 中国乌龙茶产业协同创新中心首席专家杨江帆教授在2020年首届海丝国际茶文化论坛上做《基于RCEP背景下"一带一路"茶产业的新机遇》主旨报告

2016年7月 中国乌龙茶产业协同创新中心首席专家杨江帆教授与陈宗懋院士等在武夷山香江茶业有限公司调研与考察

2016年7月 中国乌龙茶产业协同创新中心首席专家杨江帆教授与陈宗懋院士等考察政和县东峰村范屯洋生态茶园基地

2020年9月 中国乌龙茶产业协同创新中心首席专家杨江帆教授携团队赴北京马连道建设指挥部调研以及研讨合作相关事宜

2016年7月中国乌龙茶产业协同创新中心首席专家杨江帆教授与国际友人品茶交流

2020年11月在寿宁县对野生茶树种质资源进行调查（左起王淑燕、卢明基、叶乃兴、王鹏杰、陈雪津、魏明秀）

2018年5月对大红袍等武夷名丛基因分型进行研究（样品采集，左起：林浥、刘宝顺、叶乃兴、王国兴、王文震）

课题组在云霄县首次发现福建秃房野生茶树种质资源

彩图2-1　中国乌龙茶种质资源圃

供图：武夷学院陈荣冰、王飞权

彩图2-2　武夷学院茶树种质资源标本室

供图：武夷学院陈荣冰、王飞权

彩图2-3　扦插繁育圃

供图：武夷学院陈荣冰、王飞权

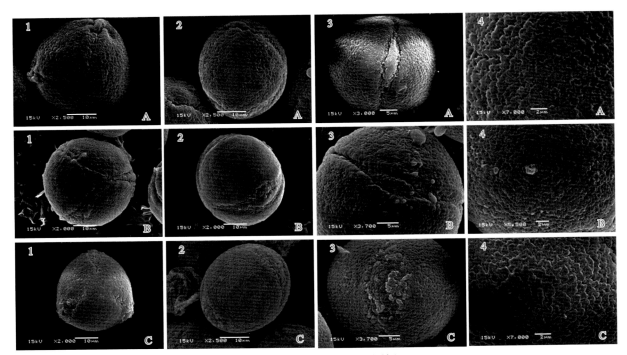

彩图2-4 茶树种质花粉形态特征

1.极面观 2.赤道面观 3.萌发孔 4.外壁纹饰
A.福云6号 B.福云20号 C.铁观音
福建省农业科学院茶叶研究所陈常颂等研究

彩图2-5 抗寒凤凰单丛茶树种质叶片
华南农业大学黄亚辉等研究

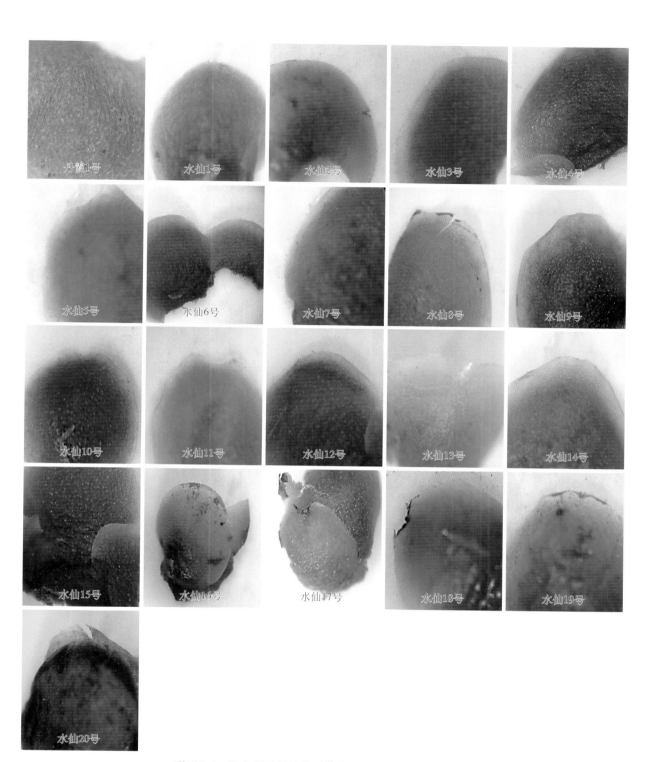

彩图2-6 抗寒凤凰单丛种质萼片的体视显微镜观察照片
华南农业大学黄亚辉等研究

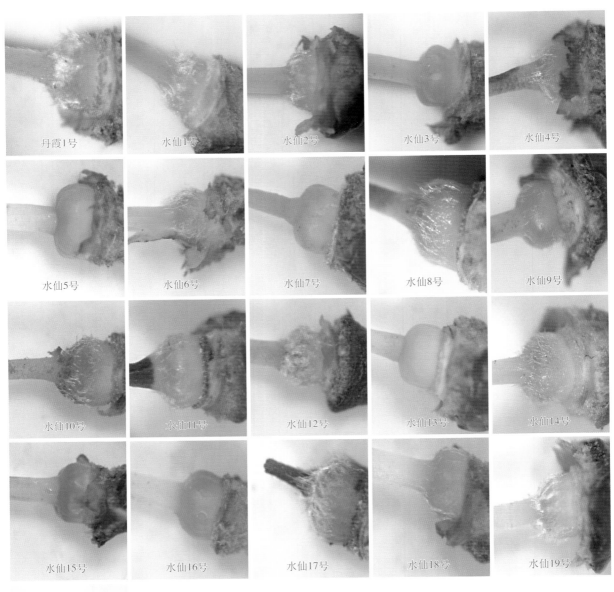

丹霞1号　水仙1号　水仙2号　水仙3号　水仙4号
水仙5号　水仙6号　水仙7号　水仙8号　水仙9号
水仙10号　水仙11号　水仙12号　水仙13号　水仙14号
水仙15号　水仙16号　水仙17号　水仙18号　水仙19号

水仙20号

彩图2-7　抗寒凤凰单丛种质子房的体视显微镜观察照片

华南农业大学黄亚辉等研究

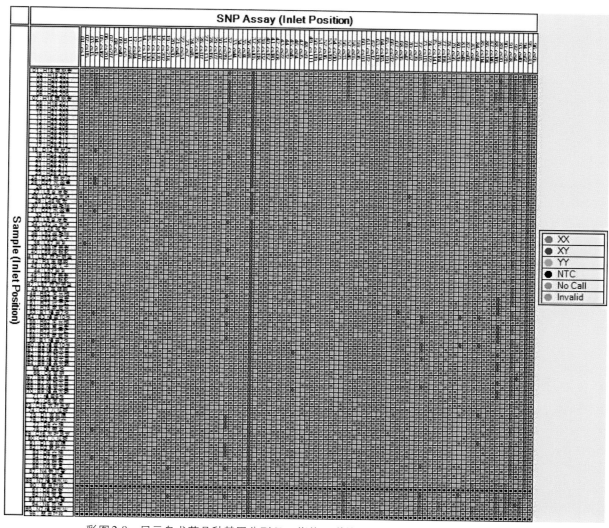

彩图2-8　显示乌龙茶品种基因分型SNP指纹图谱的DynamicArrayIFC调用读取视图
福建农林大学叶乃兴、福州海关技术中心于文涛等研究

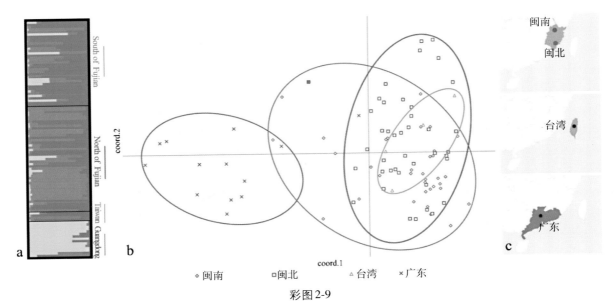

彩图2-9
a.100份中国乌龙茶种质资源的模型结构图　b.100份中国乌龙茶种质资源的PCoA图
c.4个中国乌龙茶产区及组群生长区的地理位置
福建农林大学叶乃兴、福州海关技术中心于文涛等研究

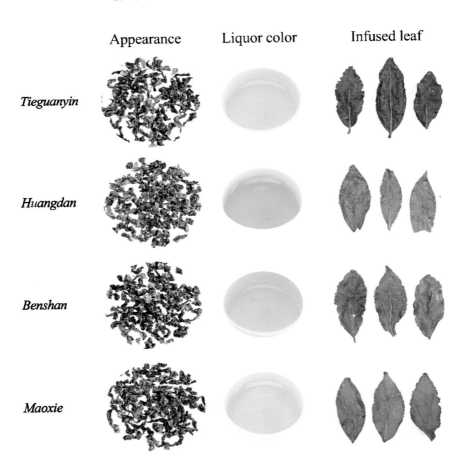

彩图2-10　4种闽南乌龙茶产品的外形、汤色和叶底
福建农林大学叶乃兴、福州海关技术中心于文涛等研究

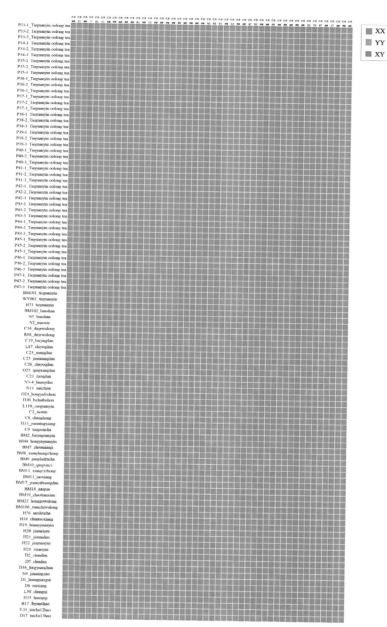

彩图2-11　100个样品在48个SNP位点上的SNP指纹图谱

福建农林大学叶乃兴、福州海关技术中心于文涛等研究

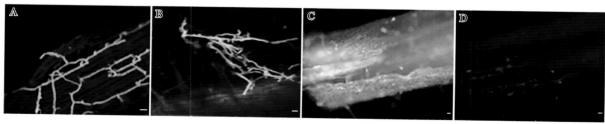

彩图2-12　GFP标记茶红根腐病菌菌株侵染茶树镜检图

A为没食子酸处理茶红根腐病菌后接菌茶树48小时后叶部组织在蓝色激发光下镜检图；B为没食子酸处理茶树根部组织后接菌茶树48小时后叶部组织在蓝色激发光下镜检图；C为单独接种处理48小时后茶树茎部在紫外光下镜检图；D为单独用没食子酸处理茶树茎部在蓝色激发光下镜检图，图中标尺大小为50微米。

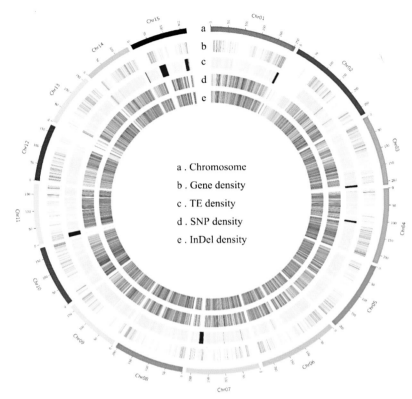

彩图2-13　乌龙茶品种黄棪的基因组特征
福建农林大学叶乃兴、张兴坦和杨江帆等研究

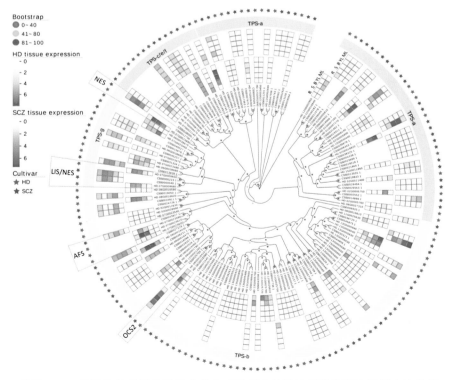

彩图2-14　黄棪和舒茶早品种的萜类合成酶TPS基因的系统发育和组织表达分析
福建农林大学叶乃兴、张兴坦和杨江帆等研究

彩图2-15　黄叶肉桂和肉桂品种的表型和色素含量

福建农林大学叶乃兴和杨江帆等研究

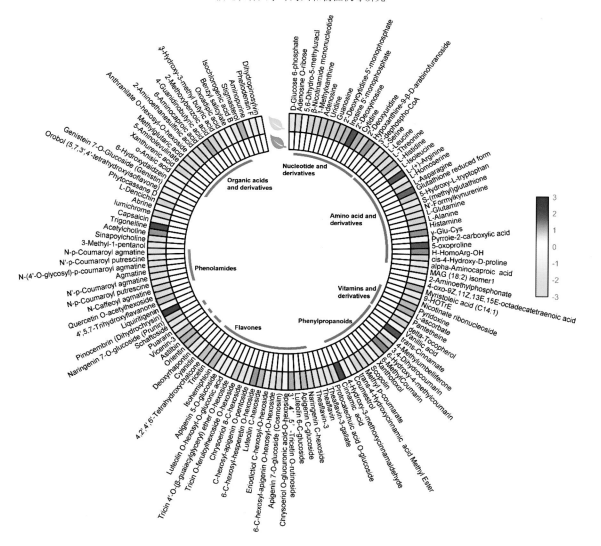

彩图2-16　黄叶肉桂和肉桂品种新梢差异代谢物倍数变化的热图

福建农林大学叶乃兴和杨江帆等研究

彩图 2-17　福建水仙及其突变体（黄金水仙）表型图片

福建农林大学叶乃兴等研究

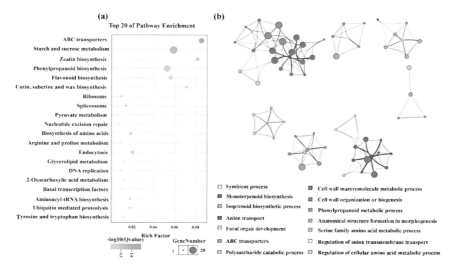

彩图 2-18　黄金水仙和福建水仙之间的差异表达基因

福建农林大学叶乃兴等研究

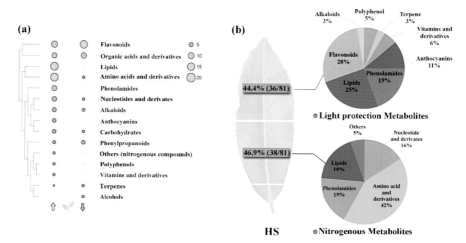

彩图 2-19　黄金水仙和福建水仙之间的差异代谢物

福建农林大学叶乃兴研究

彩图 2-20　金茗早和黄旦的植株和嫩芽的比较

福建农林大学叶乃兴和金珊等研究

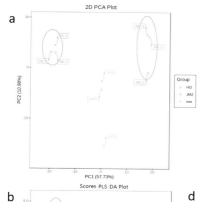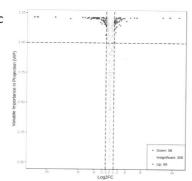

彩图 2-21　金茗早和黄旦的差异
代谢物的比较

福建农林大学叶乃兴和金珊等研究

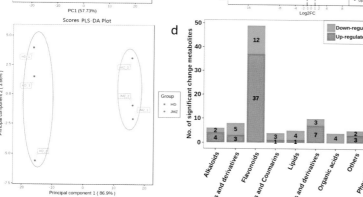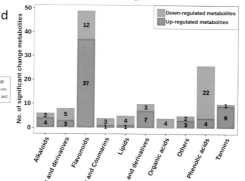

彩图 2-22　安溪魏荫名茶有
限公司乌龙茶种
质资源圃示范园

供图：福建农林大学陈萍

彩图2-23　日春股份公司乌龙茶种质资源圃示范园
供图：福建农林大学陈萍

彩图2-24　正山世家峡腰区乌龙茶种质资源示范园
供图：福建农林大学陈萍

彩图2-25　登录界面图7B:功能区
福建省农业科学院茶叶研究所等研究

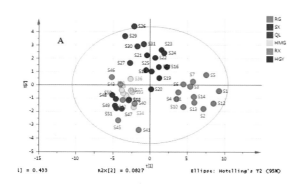

彩图3-1　6个品种闽北乌龙茶偏最小二乘判别分析(PLS-DA)（A）
6个品种闽北乌龙茶偏最小二乘判别分析(PLS-DA)3D模型(SIMCA)(B)

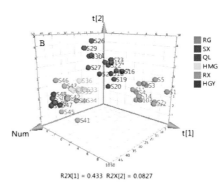

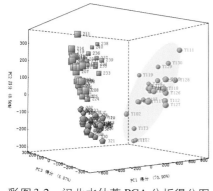

彩图3-2　闽北水仙茶PCA分析得分图

彩图3-3　茶叶现场快速检测仪器

彩图3-4　前处理装置

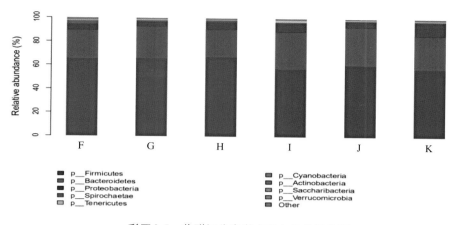

彩图3-5　菌群门分类学水平上的差异分析

F.低剂量组　G.中剂量组　H.高剂量组　I.阴性对照组
J.阳性对照组　K.正常组

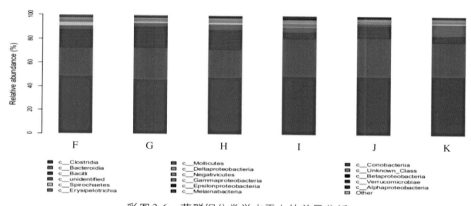

彩图3-6　菌群纲分类学水平上的差异分析

F.低剂量组　G.中剂量组　H.高剂量组　I.阴性对照组
J.阳性对照组　K.正常组

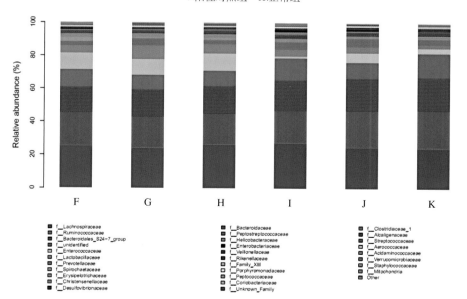

彩图3-7　菌群科分类学水平上的差异分析

F.低剂量组　G.中剂量组　H.高剂量组　I.阴性对照组　J.阳性对照组　K.正常组

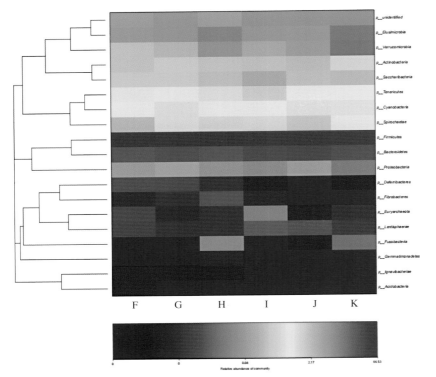

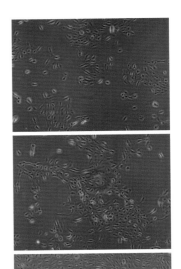

彩图 3-8　菌群门水平相对丰度前20菌门热图

F.低剂量组　　G.中剂量组　　H.高剂量组　　I.阴性对照组　　J.阳性对照组　　K.正常组

彩图 3-9　倒置显微镜观察，从左往右依次是：生长状态良好的第三至五代ARPE-19细胞

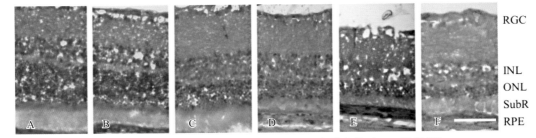

彩图 3-10　不同光暴露时间视网膜组织形态学变化（bar=50微米）

A.正常组　　B.3d组　　C.5d组　　D.7d组　　E.9d组　　F.12d组

福建医科大学徐国兴等研究

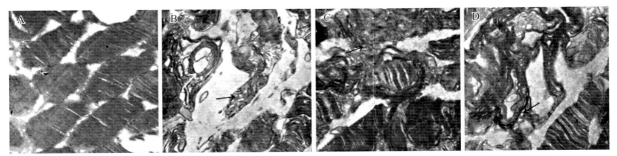

彩图 3-11　视网膜下腔注射后4w各组感光细胞的电镜下观察（bar=1微米）

A.正常组　　B.光损伤组　　C.条件培养液1组　　D.条件培养液2组

（图中黑色箭号为感光细胞外节膜盘损伤后出现的空泡，白色箭号为感光细胞外节膜盘损伤后呈同心圆样排列改变。）

福建医科大学徐国兴等研究

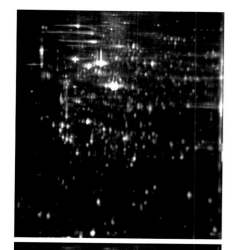

彩图3-12　蛋白组检测出50个差异表达
　　　　　蛋白，其中有38种蛋白表达
　　　　　明显上调，12种蛋白表达明
　　　　　显下调
　　　福建医科大学徐国兴等研究

彩图3-13　37个差异表达大于1.5倍的蛋白质点
（数字代表所鉴定蛋白质点的SpotID，红色代表下调，黄色代表上调）
福建医科大学徐国兴等研究

彩图3-14　质谱鉴定32个差异表达蛋白
　　　　　质点
　　（数字代表所鉴定蛋白质点的SpotID，红色
代表下调，黄色代表上调）
　　　福建医科大学徐国兴等研究

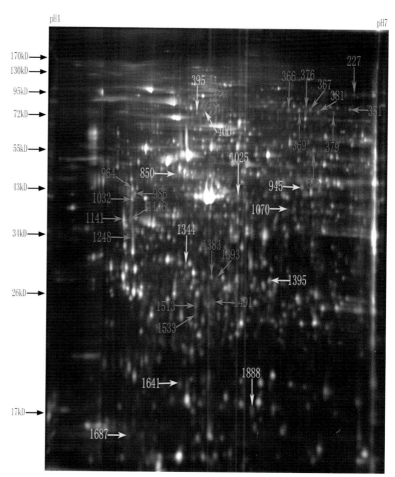

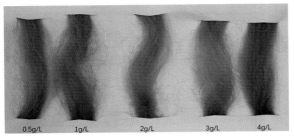

彩图3-15　不同浓度多肽预处理的茶黄素染发效果
福建农林大学郑德勇等研究

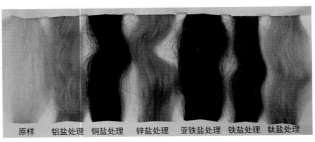

原样　铝盐处理　铜盐处理　锌盐处理　亚铁盐处理　铁盐处理　钛盐处理

彩图3-16　六种金属盐的C剂染色结果
福建农林大学郑德勇等研究

彩图3-17　不同金属盐浓度的C剂染色效果
福建农林大学郑德勇等研究

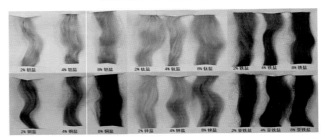

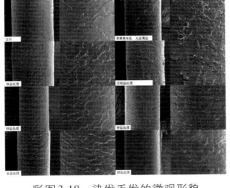

彩图3-18　染发毛发的微观形貌
福建农林大学郑德勇等研究

彩图4-1　2019年9月首届"一带一路"农产品投资合作论坛《中国茶产业发展研究报告2018（茶业蓝皮书）》发布会与赠书现场
供图：福建农林大学黄建锋

彩图4-2　《中华茶通典-茶产业经济典》第一次会议在福建农林大学举行
供图：福建农林大学黄建锋

彩图4-3　《丝路闽茶香——东方树叶的世界之旅》2000年获得第34届华东地区优秀哲学社会科学图书奖二等奖
供图：福建农林大学黄建锋

彩图4-4　地理标志品牌成长研究和
乌龙茶产业竞争力研究
供图：福建农林大学谢向英

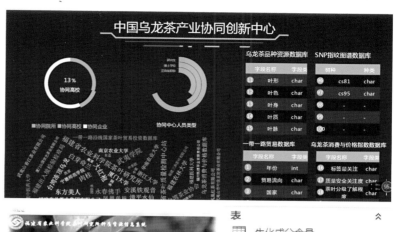

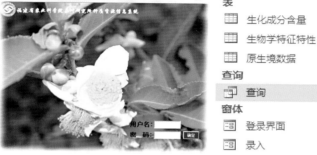

彩图4-5　登录界面图功能区
供图：福建农林大学陈萍

彩图4-6　中心门户网站首页
供图：福建农林大学陈萍

彩图4-7　福建农林大学校领导与中非夏令营学员及茶学志愿者合影
供图：福建农林大学陈萍

彩图4-8　武夷学院附属幼儿园小茶人教授外国留学生制茶泡茶工艺
供图：福建农林大学陈萍

彩图4-9　福建农林大学举办茶文化节"小小茶艺师"们进行了茶艺展示
供图：福建农林大学陈萍

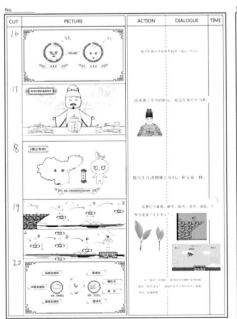

彩图4-10　中国乌龙茶动漫微视频分镜头展示
供图：福建农林大学黄建锋

彩图 4-11　茶叶电子商务工作组成立
供图：福建农林大学黄建锋

彩图 4-12　"一带一路"海陆版图
供图：福建农林大学吴芹瑶

彩图 4-13　风景秀丽的武夷风貌
供图：福建农林大学吴芹瑶

彩图 4-14　大红袍传说故事——状元荣归故里、红袍加身
供图：福建农林大学吴芹瑶

彩图4-15　3D渲染效果
供图：福建农林大学吴芹瑶

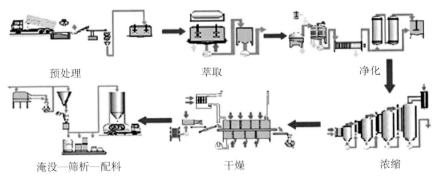

预处理　　　　　　　　萃取　　　　　　　　　净化

淹没—筛析—配料　　　　干燥　　　　　　　浓缩

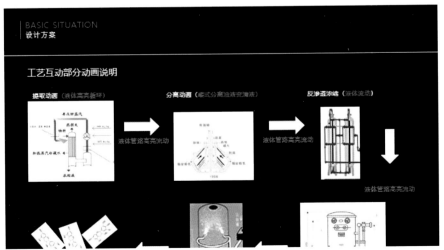

彩图4-16　速0墙流程
供图：福建农林大学吴芹瑶

彩图4-17　茶叶点评网
供图：茶叶点评网周萍

彩图4-18　大赛决赛所有成员于武夷学院合影
供图：福建农林大学陈萍

彩图4-19　茶叶科技创新创客示范
　　　　　基地入口处
供图：福建农林大学吴芹瑶

彩图4-20　可供大学生创业使用的工作室
供图：福建农林大学吴芹瑶

茶主题酒店

茶论坛中心

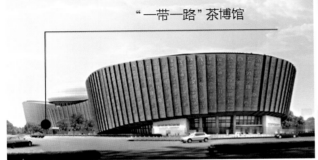
"一带一路"茶博馆

科研中心

彩图4-21
供图：福建农林大学黄建锋

彩图4-22 "一带一路"海丝
智库高端论坛
供图：福建农林大学黄建锋

彩图4-23 中非发展合作研讨会
供图：福建农林大学黄建锋

彩图4-24　2017年海峡科技专家论坛—海峡两岸乌龙茶产业发展学术研讨会
供图：福建农林大学黄建锋

彩图4-25　2017年首届庄晚芳茶学论坛暨乌龙茶创新国际会议合影
供图：福建农林大学黄建锋

彩图4-26
供图：浙江大学屠幼英

彩图4-27　首期中国乌龙茶非遗
　　　　　传承人高级研讨班
　　供图：福建农林大学黄建锋

彩图4-28　第二期中国乌龙茶非
　　　　　遗传承人高级研讨班
　　供图：福建农林大学黄建锋

彩图4-29　主办"中国乌龙茶茶叶之旅"国际夏令营4期
　　供图：武夷学院洪永聪